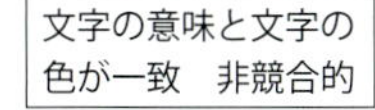

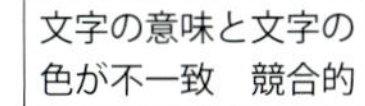

ストループ課題における
前帯状皮質の活性化

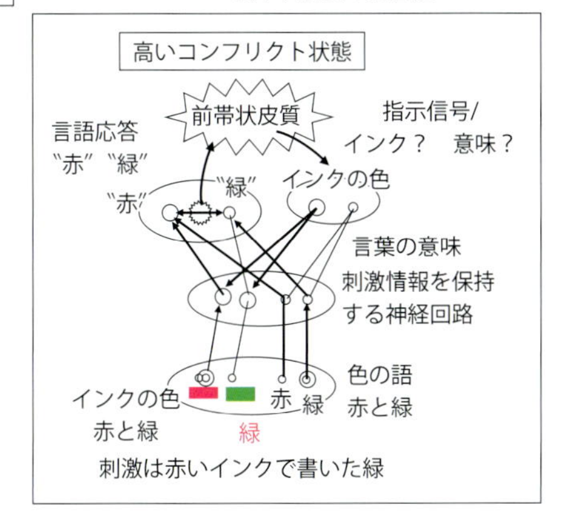

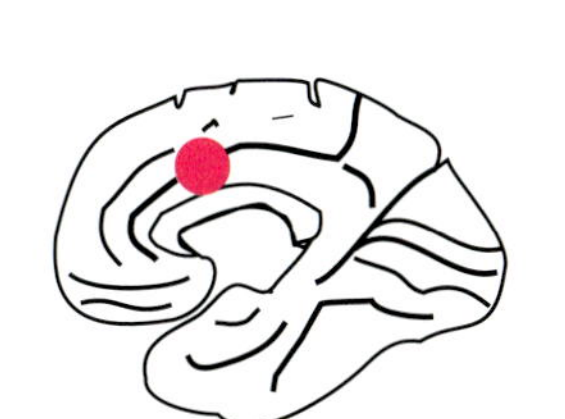

口絵 1　ストループ課題

ストループ課題は，色に関する語のインクの色を回答する課題である．文字の色の意味とインクの色が異なると反応時間が延長するのは，コンフリクトが起こっているためと考えられる．このコンフリクトの検出に前帯状皮質が関わる．（本文 p.184 参照）

ブレインサイエンス・レクチャー 8

前頭葉のしくみ

からだ・心・社会をつなぐネットワーク

虫明　元 著
市川眞澄 編

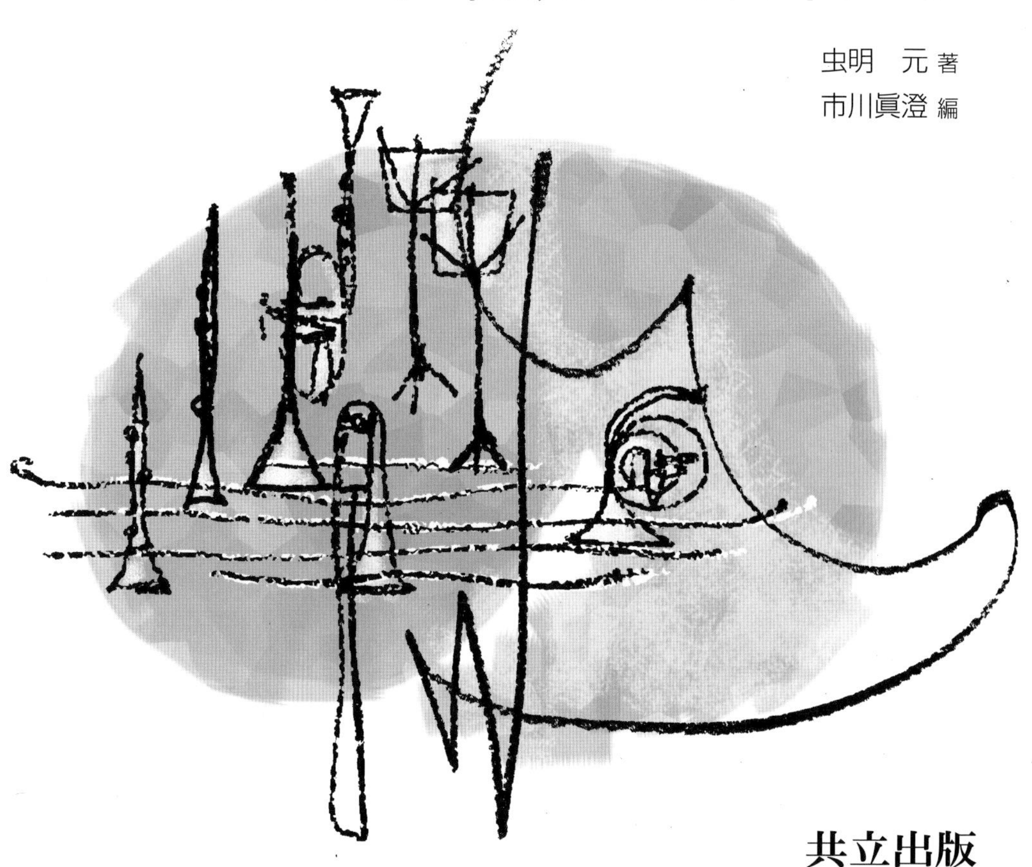

共立出版

本シリーズの刊行にあたって

脳科学とは，脳についての科学的研究とその成果としての知識の集積です．脳科学は，紆余曲折や国ごとの栄枯盛衰があったとはいえ，全世界的に見ると20 世紀はじめから 21 世紀にかけて確実に，そして大いに進んできたといえるでしょう．さまざまな研究技術の絶えまない発展が，そのあゆみを強く後押ししてきました．また，研究の対象領域の広がりも進んでいます．人間や動物の営みのほぼすべてに脳がかかわっている以上，これも当然のことなのです．

反面，著しい進歩にはマイナス面もあります．一個人で脳科学の現状の全体像を細かなところまで把握するのは，いまやとても難しいことになってしまっています．脳のあるひとつの場所についての専門家であっても，そのほかの脳の場所についてはほとんど何も知らないといったことも，それほど驚くべきことではありません．また，新たに脳について学ぼうとする人たちからの，どこから手をつければいいのかさっぱりわからない，という声も（いまにはじまったことではありませんが）よく理解できます．

こういった声に応えることを目標として，今回のシリーズを企画しました．このシリーズは，脳科学の特定のテーマについての一連の単行本からなります．日本語訳すれば「脳科学講義」となりますが，あえてちょっとだけしゃれてみて「ブレインサイエンス・レクチャー」と名づけました．1 冊ごとに興味深いテーマを選んで，ごく基本的なことから，いま実際に行われている先端の研究で明らかになっていることまで，広く紹介するような内容構成になっています．通して読むことによって，読者が得られるものは大きいであろうと期待しています．

本シリーズの編集にあたっては，脳科学研究の最前線にたって多忙をきわめている研究者の方々に，たいへんな無理をいってご執筆いただきました．執筆の依頼に際しては，できるだけ初心者にもわかりやすいように，そして大事な点については重複をいとわず，繰り返し書いていただくようにお願いしてあります．加えて，読みやすさとわかりやすさのために，できるだけ解説図を増やすことと，特に読者の関心を引きそうな点や注目すべき点についてはコラムなどで別に解説してもらうことも要請しました．さらに各章末では，Q&A 形式による著者との質疑応答も，内容に広がりをもたせるために企画してみました．

このシリーズによって脳の実際の「しくみ」と「はたらき」や，脳の研究の面白さが，読者の皆さんにわかっていただけるように願ってやみません．入門者や学生のみなさんにとっては，最先端研究の理解への近道として役立つことと思います．また，脳の研究者や研究を志している方々にとっても，自らの専門外の知識の整理になり，新しい研究へのヒントがどこかで必ず得られるものと信じています．

今回のシリーズ企画にあたっては共立出版の信沢孝一さんに，また実際の編集作業と Q&A 用の質問の作成については，同社の山内千尋さんにお世話になりました．たいへんありがとうございました．

東京都医学総合研究所　脳構造研究室長
徳野博信
(2015 年 8 月病没)

まえがき

ネットワークとしての前頭葉

人工知能の急速な進歩のなかで，改めて人の心とは何だろうかということが問われています．その一方でこの，人の心と深く関わりのある脳に関して，新しい事実が次々と明らかになっています．その一つは，脳はぼんやりしているときにも活動し，しかも活動している場所も次々に変化しながらさまざまなリズムで振動し続けているということです．脳はこのような多様なリズムが共存しながら，多くのネットワークでさまざまな部分が結び合わされています．つまり，人の心に関わる前頭葉は一つの統合された個体というより，多数のネットワークが他の脳部位とも時空間的に複雑に連携した総合体として考えることができるのです．脳が他の体の部分に比べ，とんでもなく大きなエネルギーを使う組織であることもうなずけます．

このような脳の新しい捉え方に基づいて前頭葉のはたらきを解説したのがこの本です．前頭葉は身体・注意・外界の認知，自己や社会の認知，情動など，たくさんの役割を担っています．この本では，人の心の動き，精神活動を，この多様な前頭葉のはたらきという点から解説を試み，人の心のあり方を俯瞰しようとしています．

人の心や脳に関する素朴な疑問からこの本は出発しています．脳はオーケストラのようなものなのか，あるいはジャズの即興演奏のようなものなのか？　脳は環境を一定に保とうとするための組織なのか，あるいは環境の変化を予測し柔軟に適応する組織なのか？　脳は科学的・分析的思考を生み出すもの？　あるいは創造的な物語を生み出すもの？　情動は低次な脳遺産にすぎないのか，それとも進化した前頭葉を含む高次機能を支えるものなのか？　この本では，このようなさまざまな疑問の答えを脳科学の研究のなかに求めていこうとする一つの試みです．

第１章では，脳のはたらき方の特徴を概観します．脳の細胞はネットワークを形成し，さまざまな振動現象をひき起こします．この振動を解析することで，安静時にも多数のネットワークがあることがはっきりしてきました．

第２章から各論になります．

第２章では，まず前頭葉の後方にある前頭運動関連領野を取り上げます．この場所は単に運動の調節だけでなく，身体性認知といって身体を介して行うさまざまな認知にも関わっています．

第３章では前頭前野後方部領域についてお話しします．ここでは，“注意”に関係する前頭眼野を含むネットワークを取り上げます．ここでいう“注意”とは，外界の多くの対象の中から何かを選択することを意味しますが，これは認知の基本になる大切なはたらきです．

第４章では外側前頭前野のはたらきのなかで，高次の認知機能に関わることを取り上げます．認知機能には作業記憶が必要で，目標とルールから情報を柔軟に符号化し，変換して問題を解決します．結果として外側前頭前野は，分析的で熟慮する高次機能に関わります．

第５章で紹介する内側前頭前野は，自己や他者のモニタリング，エピソード記憶など，外側前頭前野とは異なるはたらきに関わります．外側前頭前野が分析的な思考に関わっているのに対して，内側前頭前野はヒトの行動を基盤とした物語思考とでもいうべき思考に関わります．

第６章では情動に関わる眼窩前頭前野と，それに関連して帯状皮質と島皮質の機能を取り上げます．情動については古典的な学説から心理学構築的，社会構築的な新しい考え方まで，さまざまな捉え方があります．この章では情動を身体からの感覚と脳の関係として捉えます．

第７章では前頭葉の長期的学習に関わる皮質下の基底核，扁桃体，小脳を取り上げます．これらの部分は，それぞれが大脳皮質といわばループ回路をつくり，そのはたらきによって手続き的な学習が行われます．

第８章では脳内のネットワークの視点と個体レベル，さらに対人関係としての社会ネットワークの視点から前頭葉のはたらきについて総合的に考えます．人のウェル・ビーイング（well-being; 幸福，福利）にとって，前頭葉を含むネットワークのはたらきがいかに大切なものであるかを振り返っていきます．身体–脳–社会のネットワークとして個人を理解し，社会の中で生きることの大切さについて考えてみたいと思います．

謝　辞

この本を書くにあたり，多くの方々にご協力をいただきました．脳の研究に関しては，新学術領域「非線形発振現象を基盤としたヒューマンネイチャーの理解（オシロロジー）」での研究，JST の CREST「脳神経回路の形成・動作原理の解明と制御技術の創出」での研究，さらには現在進行中の AMED の革新脳での霊長類の脳回路解明の研究「マルチスケール・マルチモーダルマップ法によるマーモセット脳の構造・機能解析」，そしてこれらの研究活動のなかでの多くの研究者との出会いや議論がこの本の基盤になりました．また研究室の関係者の皆様，共同研究者の先生方にも日々の研究・教育業務のなかで大変お世話になりました．講義としては東北大学の生理学講義，大学院講義，また宮城学院女子大学での自然科学特論，宮城県の高等学校などでの出前講義等のレクチャーシリーズが基盤になっています．授業での質疑応答なども，本書を豊かな内容にするのにたいへん助かりました．受講してくれた学生さんたちにも感謝いたします．

本巻執筆に関して有意義なアドバイスを下さった編集委員の市川眞澄先生，草稿段階の原稿を読んでコメントいただいた嶋 啓節先生，表紙イラスト作成していただいた古山 拓氏，最初から最後まで執筆を支えていただいた共立出版編集部の山内千尋さんに深く感謝致します．

なお表紙イラストは古山氏によると，脳の世界を多数の楽器の奏でる多様なリズム，メロディーをポロフォニーとして“楽器・五線譜”さらにあえて変則的なリズムの 4 分の 5 拍子をモチーフに即興性，変則的な脳の世界をイメージして描いていただきました．

目　次

column 目次

1 はじめに —振動する脳のネットワーク

1.1 平衡状態から離れた系としての振動

前頭葉は動物のなかでもヒトで最もよく発達した脳部位です．このはたらきの重要性は，ヒトの身体のエネルギーバランスを考えるときわめて重要な意義があることがわかります．Suzana Herculano-Houzel（スザーナ・クラーノ=アウゼル）によれば，ヒトの脳はおよそ 860 億個の神経細胞からなります．脳の重さは全体重の 2%しかありませんが，ヒトが 1 日に要するエネルギーの 25%を消費します．ヒトは 1 日 2000 kcal 消費しますのでそのうち脳が消費するのは 500 kcal にも達します（Herculano-Houzel, 2017）．

脳にはエネルギーのもとになる物質を長期に蓄積するしくみがありません．したがって，脳に必要なエネルギーは身体からの供給に依存しています．脳がはたらくには，身体が常に酸素やエネルギーのもとになる物質や栄養を送り届ける必要があります．しかも，Herculano-Houzel の研究によれば，もしヒトの脳が齧歯類などを含む動物の脳と身体の大きさの関係であれば，このような多数の脳細胞を支えるには，本当はもっと大きな身体が必要です．しかし，ヒトの身体はコンパクトにできています．もしこの体格で脳に必要な栄養を与え続けるには，原始時代の野生の時代なら 1 日中採餌行動に明け暮れることになってしまうと予想しています（Herculano-Houzel, 2017）．

脳はどのようにして，大消費の脳とその割に小型な身体の不均衡を解決しているのでしょうか？

前頭葉は，内部環境を保つ脳の最高中枢として，身体の内部環境をモニタリングして対応する一方で，変動する外界環境に適応するために認知行動力による個体としての調整機能を高めてきたと考えられます．そして，個体だけでは自己の内部環境を守ることに不十分なため，他者との協働性を高め，相互調整や社会的な調整能力を高めてきたのです．

ところで恒常性を示す“ホメオスタシス”という概念は，セットポイントに合わせるサーモスタットのようなものとして一般には理解されているのではないでしょうか．しかし，ホメオスタシスのこのような捉え方は必ずしも正しくないことが生理学的に指摘されています．実際，心拍数も決して一定ではなく，安静時ですら心拍は呼吸のリズムを受けて変動し，さらには呼吸のリズムより遅い周期で揺らいでいます．内部環境の調整には自律神経系が関わっていますが，その多くの生理的なパラメータは常に揺らいでいることが知られています．実は絶対揺らがないようにするには大変なコストが掛かります．むしろ，ある程度ゆらぎを許すことで調節のコストは抑えられ，持続可能な効率的な調節系となっているのです．実は，まったくゆらぎのない状態は，調節機能が十分はたらいておらず，変化への柔軟性がない危険性すらあるのです．語源的にもホメオスタシスのホメオは“似た”ということで，ホモ（同じ）ということでなく，元来ゆらぎをもった概念を含んでいます．

脳は内外の環境をモニタリングしながら常にどこかが活動し，時空間的に揺らぎながら活動しています．脳は平衡状態から離れた状態で自己組織化しながら，それを維持しているといえます．脳–身体には多数の調節しなければならない因子があります．変化の様子を見てみると，一般的にはゆっくりとした大きな変動から，速いけれど小さな変動まで，さまざまな種類のゆらぎが含まれています．そのため脳の状態は一定でなく，内外の環境をモニターしながら，いわばゆっくりと振動し続けています．エネルギー代謝における脳–身体の不均衡を，脳は“動的なホメオスタシス”として解決しようとしているように見えます．

どのようにして脳活動の振動はつくられているのでしょうか？

脳は，興奮する細胞と抑制する細胞のバランスにより成り立っています．そしてある集団の細胞は興奮と抑制の多数の入力のバランスにより，活性化状態とそれと比較して静かな静止期の 2 つの状態を交互に繰り返すことで振動することが考えられます．

脳活動のゆらぎはある程度周期的な変動があり，前頭葉にもさまざまな帯域の脳のリズムが認められます．デルタ波（1〜3 Hz），シータ波（4〜7 Hz），アルファ波（8〜12 Hz），ベータ波（13〜30 Hz），ガンマ波（> 30 Hz）がよく知られています．もっと遅い振動には，スローオシレーション（1〜0.1 Hz），さらにはインフラスローオシレーション（0.1 Hz 程度）が知られています（Buzsaki, 2011）．

これらはゆらぎというより，むしろ積極的にそれぞれの周波数でネットワークがコミュニケーションをしていることが示唆されます．互いに同じ周波数で振動し，さらに周期波の特定の位相で信号が送られるときに効率よく信号が伝わります．この状態をコヒーレンスによるコミュニケーション（communication through coherence）とよびます（Fries, 2015）．しかし異なる周波数，異なる位相だと効率的に信号が伝わりません．

前頭葉も含めて大脳皮質は，はたらき方や覚醒や注意の状態に依存してさまざまな周波数の活動変化を示します．一般的には低い周波数の波ほど広い範囲に影響を与え，記録も広範囲でなされます．また単に電気的な活動が物理的に

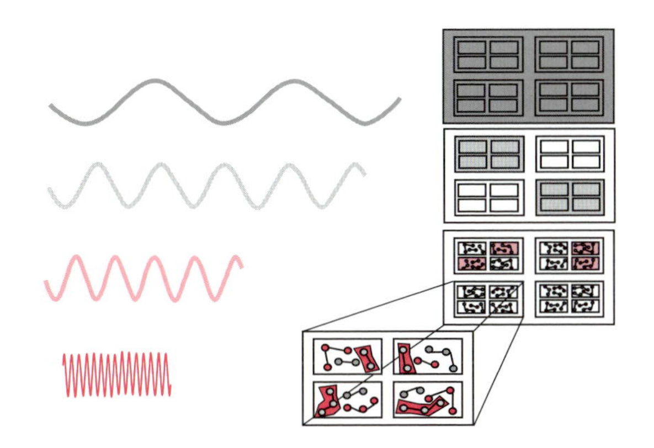

図 1.1　ローカルな振動とグローバルな振動
低周波の振動はより長距離の相関があり，高周波の振動は短距離の相関にとどまる．また低周波振動と高周波振動はしばしば入れ子の関係になる．

脳の中を伝わる結果ではありません．神経細胞と神経細胞がシナプスを形成することで，離れたところの部位とも相互に影響を与え合う構造があるから，振動が広い領域に影響を与えます．

脳振動の時空間的な関係を見ると，低い周期の振動の広い領域の中で中程度周期の振動がより狭い領域の個々に起こり，さらにその中では少数の神経細胞群が各々高い周波数で振動するというような“入れ子”のような構造が認められます(図 1.1).

この点は葛飾北斎の富嶽三十六景神奈川沖浪の図中の海の大小の波頭の様子に象徴的に見ることができます．脳の中にはもっと複雑な入れ子の波が存在し，波の周期，場所が変わり続けています．すなわち脳の状態は，常に循環的に活動を揺らがせることにあり，表面的に理解されたホメオスタシスで考える平衡状態からは遠い，非平衡の状態にあるといえます．

1.2 皮質の構造

振動する脳活動の現象を理解するためには大脳皮質の層構造の理解が不可欠です．大脳新皮質は 6 層構造になっており，脳の表面から深部に向かって順にⅠ：分子層（molecular layer），Ⅱ：外顆粒細胞層（external granular layer），Ⅲ：外錐体細胞層（external pyramidal layer），Ⅳ：内顆粒細胞層（internal granular layer），Ⅴ：内錐体細胞層（internal pyramidal layer），Ⅵ：多型細胞層（polymorphic layer）となっています（図 1.2）.

Ⅰ層（分子層）は，ほとんど細胞がなく，樹状突起や軸索が主になります．Ⅱ層（外顆粒細胞層）には顆粒細胞（granule cell）とよばれる細胞が多く，Ⅲ層（外錐体細胞層）は三角錐のような形をした錐体細胞が多く，Ⅱ層とⅢ層は機能的に似ていて，一緒にⅡ/Ⅲ層ともよばれます．Ⅱ/Ⅲ層はⅣ層から入力し，他の領野に出力をします．

Ⅳ層は内顆粒細胞層で，感覚野ではよく発達していますが，運動野などでは未発達で無顆粒層とよばれます．しかし霊長類では前頭前野は顆粒層が発達しています．一方齧歯類では，ほとんど顆粒層のある前頭前野がなく，霊長類との比較で議論になります．Ⅳ層はおもに視床からの入力を受け取っています．そしてⅡ/Ⅲ層へ出力します．

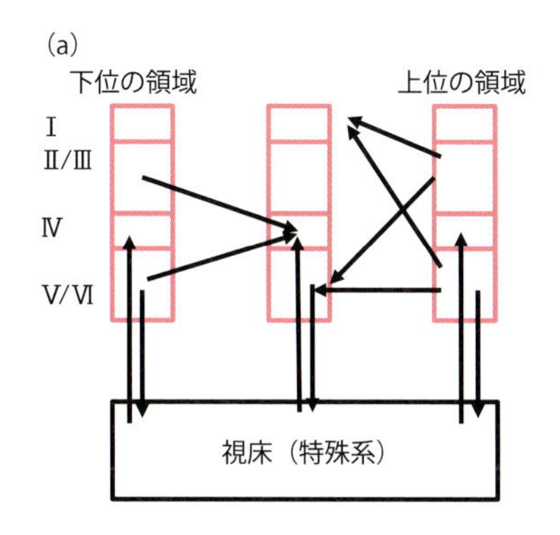

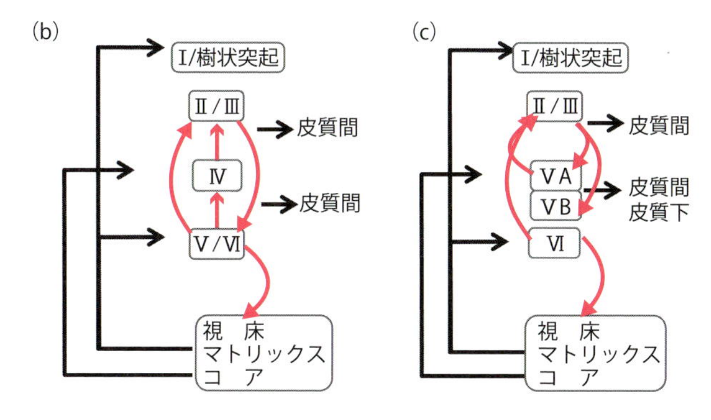

図 1.2　視床–皮質層構造
(a) 大脳皮質の領域の階層性，(b) 顆粒皮質（前頭前野，感覚野）の層間連絡，(c) 無顆粒皮質（運動野，島皮質など一部）の層間連絡.

V層，VI層は視床に対して出力し，IV層からも入力しています．また階層的には上位のV，VI層からの出力は下位の領野の I 層やV層，VI層に投射します．逆に下位のII / III層からの出力は上位の領野のIV層に投射します．

Jones によれば視床から大脳皮質の入力には 2 種類の投射パターンがあります（Jones, 1998; 2001; 2002)．これらは選択的な投射パターン（コア）と非選択的な投射パターン（マトリックス）とよばれます．

選択的投射は通常，大脳皮質の第IV層（内顆粒細胞層）にある程度選択的な情報が伝えられます．その後に，顆粒層から浅層に情報が伝えられ，さらに高次の領野へ投射したり，同じモジュール内の深層のV層に投射するパターンがあります．Ⅴ層の細胞はさらにⅥ層の細胞に投射して，さらにⅥ層の細胞は視床へ投射します．したがって，視床と大脳皮質は領域間で互いにループ回路を形成することになります．

もう一つの視床–大脳皮質の非選択的投射は，大脳皮質の浅層であるⅠ層と深層のⅤ，Ⅵ層に向かいます．投射する範囲が広く，離れた領野に投射することもあり，選択的なⅣ層投射パターンとは異なります．結果としては，大脳皮質には選択的視床入力のほかに，浅層と深層に広く分布する非選択的な視床の入力もあることになります．

さて，このような大脳皮質の層構造は，さまざまな周波数の振動を示すことが知られています．6層構造は少し細かすぎるので今後は，第Ⅳ層より浅い層を浅層，深い層を深層という分類も合わせて使います．前頭葉の機能にはさまざまな帯域の振動現象が関わるので，周波数ごとに説明します．

1.3　アルファ波と大脳皮質―視床回路による注意機構

安静時に閉眼すると，アルファ波は大脳皮質の後頭葉を中心に比較的容易に観察できます．また運動野で観察されるときには，アルファ波はミュー波とよんで習慣的に区別することもあります．運動野のミュー波も安静時や運動準備期に活性化し，運動時に抑制されます．アルファ波は“注意”に関わるとされています．知覚刺激をさまざまなタイミングで与えると，アルファ波の位相に応じて反応が良かったり悪かったりすることも知られています．したがってアルファ波は安静時にも活動時にも，脳のはたらきに重要であることが知られています．

アルファ波は大脳皮質でも視床でも形成されます．大脳皮質–視床の回路はいわば反響回路のようになっているので，実際にはどちらも生成しつつ，共鳴することがあります．また皮質–皮質間の結合性のなかでもアルファ波が共鳴することもあります．

大脳皮質は顆粒皮質と無顆粒皮質に分類されます．Ⅳ層の顆粒層が発達していれば顆粒皮質で，感覚野や前頭前野の部分が対応します．Ⅳ層の顆粒層が未発達なら無顆粒皮質とよび，運動野や島皮質の一部が対応します．運動野では

Ⅳ層がないものの，Ⅴ層が発達しており，反対側も含めた周囲の大脳皮質に出力がとどまる皮質内興奮性細胞と，皮質下など遠方へ投射する錐体細胞とよばれる 2 種類の興奮細胞があります．したがって感覚野も運動野も皮質内の層構造は異なりますが，アルファ波帯域の振動を示します（図 1.2 参照）．

一方，大脳皮質から視床へは，深層のⅥ層錐体細胞からの入力があります．その結果，大脳皮質と視床はループ回路または反響回路を形成しているといえます．視床の非選択性の出力は，他の皮質にも分布します．その結果，大脳皮質のある領野の活動は，視床を介して離れた領域とも関連をもつことができます．Nakajima らによれば，視床には大きな大脳皮質のそれぞれのモジュールに選択的な情報を伝えることと，比較的弱い皮質間結合の領域どうしを互いに結びつけるためのはたらきがあると考えられます（Nakajima and Halassa, 2017）．

視床には，視床周囲を囲むように存在する視床網様核が存在します．この核は視床から大脳皮質に向かう入力を一部受けて視床を抑制するはたらきがあります．一方で大脳皮質の入力を受けて，この視床にフィードバックするはたらきがあります．興味深いのは前頭前野から視床網様核への入力は，単に前頭前野に投射する視床の近くの視床網様核だけではなく，感覚野などの部位にも広く投射していることがわかりました（図 1.3）．

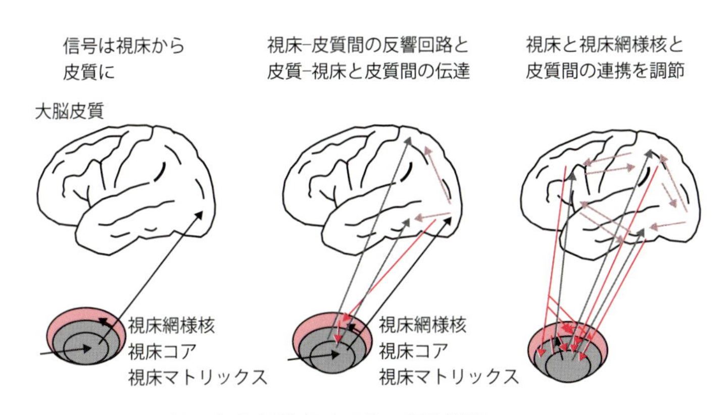

図 1.3　前頭葉による他の大脳皮質–視床回路の調節機構
視床網様核は，視床–大脳皮質の側副路としても投射を受けるが，その後，大脳皮質–視床入力で活性化，さらには前頭前野から視床–視床網様核への入力で，大脳皮質間結合にもトップダウンのバイアスをかける，（Zikopoulos, 2006）

視床は大脳皮質下からの中継核であると古典的には理解されていました．確かに視床には大脳皮質感覚野との情報連絡では，末梢からの感覚情報をリレーするいわゆる中継核としてのはたらきがあります．前頭葉では，基底核や小脳，さらには海馬からの入力を視床を通じて受けます．

しかしShermanによれば，実際に視床核の入力を調べると，意外なことに多くは大脳皮質深層からの入力が多数をしめていることが判明しました(Sherman, 2017)．また視床網様核を通じても大脳皮質の調節を受けています．大脳皮質から視床への経路が多数あることから，視床は大脳皮質にとって一つのハブとして，さまざまな大脳皮質の領域を連携させる役割を担っているのではないかと考えられています．前頭葉の各領野のつながりは，皮質–皮質投射，皮質–視床投射，皮質–皮質下（基底核，小脳，扁桃体，海馬）投射がいずれも，視床を介する回路で互いに連携していることになります．したがって，視床と大脳皮質は振動を通じて領域間の連携にも深く関わっていることが示唆されています（Zikopoulos and Barbas, 2006; Min, 2010)．

アルファ波のような振動が形成されると，アルファ波の特定の位相関係によって入力をフィルターすることになります．視床は皮質に入力すると同時に，皮質からのフィードバックの入力を受けます．このような反響回路のなかでは，周期的振動との同期性によってどのような信号が互いに伝わるかが位相によって識別されることになります．このような視床–大脳皮質回路のはたらきから，Llina'sによれば視床–大脳皮質回路がさまざまな意識に関わるとされています(Llina's, 2002)．

1.4　ベータ波とガンマ波と大脳皮質における予測符号化

アルファ波の次に高周波である**ベータ波**や，ベータ波より高周波である**ガンマ波**は，大脳皮質内の局所回路の興奮性細胞と抑制性細胞の相互作用により生成されることが明らかになってきています．興味深いことにベータ波とガンマ波は拮抗的に出現することが多いのが特徴です．ベータ波が強いとガンマ波が弱まり，ガンマ波が強いとベータ波が弱まります．そしてこの相反性が機能的にも重要だと考えられます．

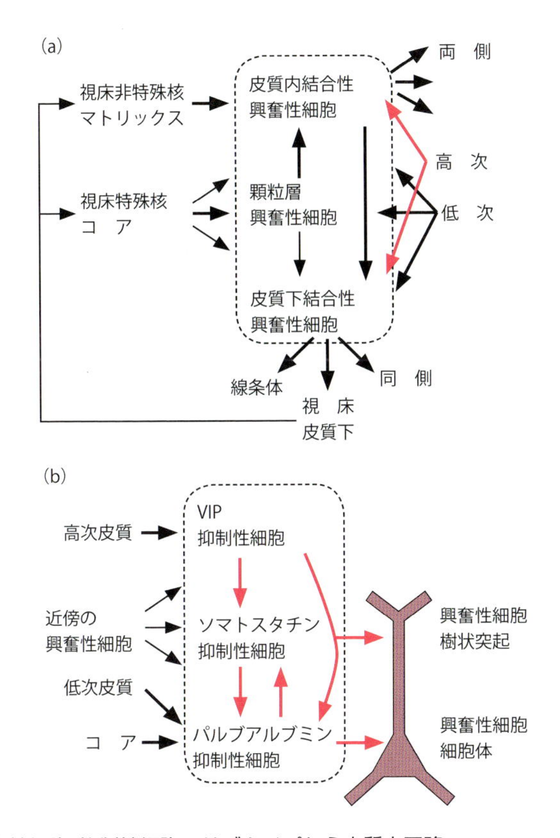

図 1.4　興奮性細胞–抑制性細胞のサブタイプから皮質内回路

(a) おもな興奮性細胞のサブタイプと層間連絡（入出力），
(b) 抑制性細胞のサブタイプから見た層間連絡によりソマトスタチンは先端樹状突起の入力側，パルブアルブミンは細胞体と樹状突起近位部，軸索起始部出力寄りを抑制する．
VIP: vasoactive intestinal peptide.

ベータ波とガンマ波は，大脳皮質を構成する興奮性細胞と抑制性細胞の相互の関係で生成されていると考えられています．興奮性細胞にはⅣ層の顆粒層の細胞，および浅層にある錐体細胞と深層にある錐体細胞から構成されます．抑制性細胞のおもな種類に PV 細胞（パルブアルブミン発現細胞：ほとんどがバスケット細胞）と SOM 細胞（ソマトスタチン発現細胞：マルチノッチ細胞）があります．PV 細胞はパルブアルブミンが特徴となる抑制性細胞で，SOM 細胞はソマトスタチンが特徴となる抑制性細胞です（図 1.4）．それぞれ，錐

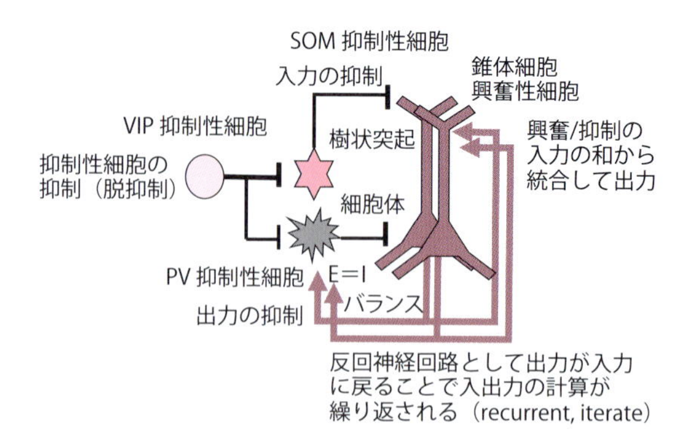

図 1.5　抑制性細胞のサブタイプ
2つの抑制性細胞サブタイプ（PV と SOM）にはさらに上位の抑制性細胞サブタイプが存在し，両者のバランスが変化する．E=I は興奮性入力 E と抑制性入力 I が同程度であることを示す．

体細胞や他の領域からの入力を受けて錐体細胞を抑制します．しかしよく調べると，抑制する場所に違いが見られます．PV 細胞は錐体細胞の細胞体付近を抑制します．PV 細胞のなかには細胞体が軸索を出す場所を抑制する細胞もあります．それに対して SOM 細胞は樹状突起に分布し，細胞体から離れて錐体細胞に入力する場所を抑制しています．両者は互いに抑制しあっていると考えられています．また PV，SOM 以外にも VIP（vasoactive intestinal peptide）をバイオマーカーにもった抑制細胞があり，これらを抑制していることがわかっています（図 1.5）（Tremblay *et al*., 2106）．

大脳皮質に見られる速い振動と遅い振動には共通の回路のモティーフがあると考えられています（Womelsdorf *et al*., 2014）．ガンマ波は PV 細胞と興奮性細胞とのはたらきで生成されると考えられています．PV 細胞は高い頻度で活動する傾向があります．また繰返し入力は最初が大きく，その後減少します．これは高い周波数の周期振動の生成にあった特性といえます．一方で SOM 細胞の活動は PV よりは頻度も少なく，また繰返し入力で次第に大きく反応する傾向があり，結果としてより遅い振動に合った特性をもっています．PV 細胞と SOM 細胞と興奮性細胞の 3 者のバランスで，速いガンマ波の振動からベータ波，アルファ波，シータ波などの遅い振動まで，さまざまな帯域の振動を生成します．PV 細胞と SOM 細胞で異なっているので，振動の違いと

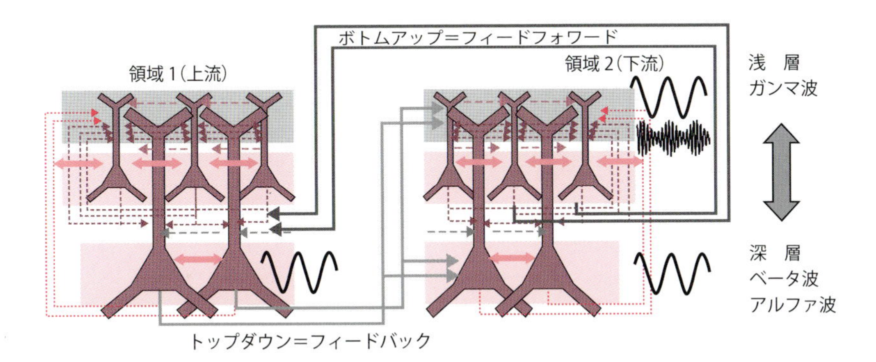

図 1.6　フィードバックとフィードフォワード
ベータ波はトップダウン信号として，上位深層から下位浅層へいく信号で見られる．一方でガンマ波はボトムアップ信号として下位浅層から上位に向かう経路で見られる．

同時に機能的な意義も異なると考えられています（Womelsdorf *et al.*, 2014）．

SOM 細胞は多くの興奮性細胞の入力を受け，また多くの細胞の樹状突起の部分を抑制するので，入力するシナプスのゲイン（増大率）を修飾することで周辺の抑制や入力の正規化に関わると考えられます．一方で PV 細胞は興奮性細胞の細胞体の近傍にあって抑制するので，実際の細胞の出力のゲインを調節することになります．

ベータ波とガンマ波は機能的にどのような違いがあるのでしょうか？　一つの仮説として領域間ネットワークのフィードバック・フィードフォワード処理と関わるという説があります（Wang, 2010）．大脳皮質は階層的に構成されています．視覚であれば単純なエッジの刺激に応じる一次視覚野から，主観的な輪郭や複雑な顔のような刺激，さらには顔というカテゴリーに応じる側頭葉まで，多数の階層的な領域が同定されています．低次の領野の浅層から高次の領野の顆粒層に信号が伝えられ，それが次々と上位の階層に向かいます．これが**フィードフォワードの投射**です．また逆に高次の領野の深層から低次の領域の浅層に出力します．これを**フィードバックの投射**とよびます（図 1.6）．

大脳皮質では多くの自由度をもつ環境から，また一方では限られた情報しか得られないために，その信号の意義を一意に決定できない不良設定問題に対応

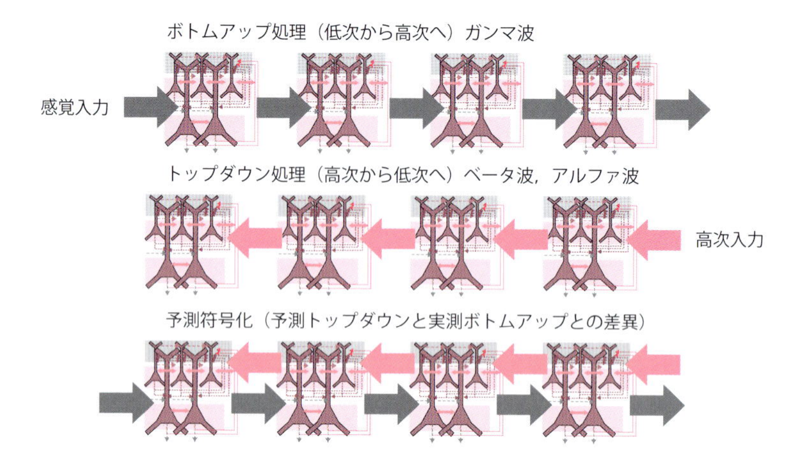

図 1.7　ボトムアップとトップダウン
予測符号化の理論ではボトムアップ信号が予測信号を，トップダウン信号が予測誤差信号を担う．そしてベータ波が予測信号，ガンマ波が予測誤差信号に対応した振動となる．

する必要があります．そのためには入力信号に対する予測を形成し，合致すれば良し，その差分があればより上位の領域にさらに出力するという階層的な予測符号化モデルが提案されています（Bastos *et al*., 2012）．これによるとフィードフォワードの投射により入力を受けると，フィードバックで受ける予測信号と照合されると考えます（図 1.7）．このように末梢からの情報を伝えるフィードフォワード投射は，下位の領域からのボトムアップの信号の流れと考えられます．逆に，中枢側から末梢側へ送るフィードバックはトップダウンの信号の流れに対応します（Rolls, 2016）．

トップダウンとボトムアップの信号には異なる振動が関わることが示唆されています．トップダウン信号に関してはベータ波のみならずアルファ波に関しても同様のはたらきが示唆されています（van Kerkoerle *et al*., 2014; Killian and Buffalo, 2014）．一般的にガンマ波は浅層で見られ，ボトムアップの信号や，予測誤差といわれるトップダウン信号による予測とボトムアップ信号による実際の結果との差を表すことも示唆されています．

1.5 シータ波とモニタリング—複数情報の保持や比較による行動調節

シータ波は，認知課題でとくにボトムアップの入力を受けつつ，トップダウンの制御の必要な課題や作業記憶の負荷が高い場合に前頭葉正中部に認められます（Cavanagh *et al.*, 2013; Cavanagh and Frank, 2014; Cavanagh and Shackman, 2015）．Töllner らによれば，たとえば刺激と反応関係が複雑な場合，きちんと状況を見て反応する際には慎重になり，その際の行動結果には敏感に反応します(Töllner *et al.*, 2017)．2 つの状況では前頭葉の正中にシータ波が顕著です．反応は遅くなり，エラーの確率も増えている状況でのパフォーマンスとの関係では，シータ波の存在は行動の結果に影響を与えます．このような認知的負荷の高い課題として，刺激と反応との関係が複雑で反応が拮抗し合う，いわゆるコンフリクト課題があります．Luu らによると，コンフリクトの際にはシータ波の出現とミスマッチ・ネガティビティというコンフリクトに関連した誘発脳波が記録されます（Luu and Tucker, 2001）．どちらもその信号源は前頭葉の正中の前帯状皮質近傍とされています．Oehrn らは，内側前頭前野と外側前頭前野の間でのシータ波とガンマ波でのやり取りが，コンフリクト時の拮抗解決に関わることを見出しています（Oehrn *et al.*, 2014）．

Halgren らによれば，シータ波には大脳皮質の浅層から中間層にかけて興奮性の内向き電流のシンクと相対的な，または抑制性の外向きの電流のソースが交互にシータ波の位相で交代するパターンが知られています（Halgren *et al.*, 2015）．中間層の入力には末梢から視床を経てきたフィードフォワードの信号入力が関わり，浅層の入力には高次の領域からのフィードバックの信号入力が関わるとされています．これにより予測される入力と実際の入力の差異を計算したり，入力の評価にトップダウンでバイアスを掛けたりすることができます（図 1.8）．

シータ波の生成には SOM 抑制細胞がおもに関わり，PV 抑制細胞とのバランスで錐体細胞がどの位相で活動するかを調節しています．SOM 抑制細胞はミスマッチネガティビティとよばれる誘発脳波生成にも関わります．PV 細胞より広範囲の入力を受けて広くその影響を及ぼすため，回路の中に形成された予測と異なる入力を受けたときにそれを検出することに関わると考えられます

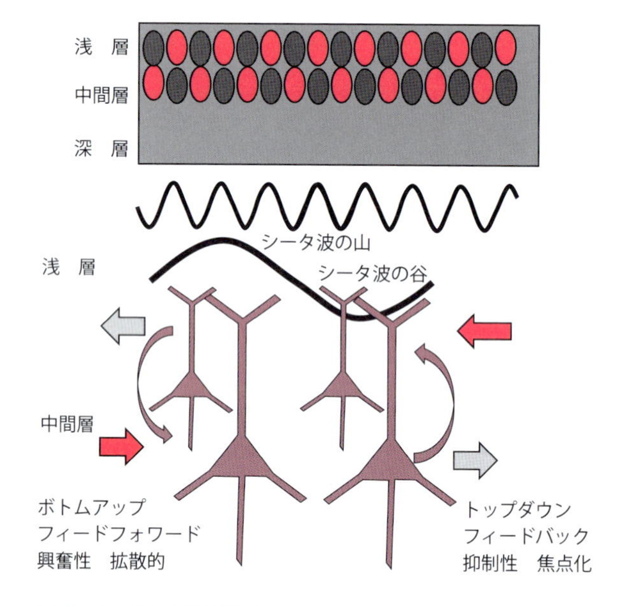

図 1.8　シータ波と大脳皮質の層構造
シータ波には複数のガンマ波が位相同期するが，シータ波の位相によって，ボトムアップとトップダウンの異なる信号の情報が含まれる．

(Hamm and Yuste, 2016)．

Backus によれば，シータ波はエピソード記憶などの長期記憶に関する想起や関連する情報処理にも関わります（Backus *et al.*, 2016）．たとえば 2 つのオブジェクトのペアを個別に覚えたあとで，ぞれぞれのペアが共通するオブジェクトをもっていることを用いて記憶判断をするような場合には，海馬と前頭葉内側がシータ波で同期することが知られています．

海馬のシータ波はよく知られています．記憶に関わる処理をする際には大脳皮質と海馬の機能的な連関が大切な役割をしています．

シータ波が前頭葉の作業記憶に関わることが示唆されています（Hsieh and Ranganath, 2014）．作業記憶は有限で，5 個程度の記憶に制限されることが知られています．この制限の説明として，シータ波とガンマ波とのカップリングが関わるのではないかという仮説があります．海馬では，シータリズムにガンマ波などの高周波が“入れ子”状にカップリングすることが知られています．

シータ波とガンマ波の周波数間カップリング現象です．ガンマ波はおよそ 5, 6 個の波が 1 つのシータ波の波に入れ子になれますが，これ以上の波を 1 つのシータ波に乗せることはできません．もしガンマ波の一つひとつが情報の一つひとつに対応するとすると，同時に処理できる数に限界ができることになります．実際に実験でシータ波の周期を変動させると作業記憶の容量がそれに合わせて変化するという報告もあります．

したがってシータ波は，海馬との長期記憶のやり取りや，作業記憶の形成に関わることが示唆されています．海馬のシナプスの長期増強現象でもシータ振動に合わせて高頻度刺激をするシータバースト刺激は，ある程度生理的な振動の特徴を捉えているとも考えられます．

1.6　デルタ波とスローオシレーションによる脳回路の状態調節

デルタ波は 1〜4 Hz 程度の遅い波で，デルタ波よりもさらに遅い周期のスローオシレーション（1 Hz 以下）があります．どちらもノンレム睡眠の睡眠の深い時期に認められます．しかし両者は異なった神経機構で生成されることが示唆されてます（Crunelli *et al.*, 2018）．

デルタ波帯域の遅い波は覚醒中にも存在していることが次第に明らかにされてきています．Lakatos らの行った反応時間課題などで反応時間のゆらぎが刺激と内因性のデルタ波のタイミング位相に関わることなどから，注意のゆらぎが実はデルタ波の帯域で見られることがわかってきました（Lakatos *et al.*, 2008）．

具体的には聴覚と視覚刺激を用いたオッドボール課題を用いて調べられました．視覚と聴覚刺激をある時間インターバルで交互に提示します．それぞれ 2 種の刺激を用いて，多くの場合はそれらの刺激が繰り返されますが，突然これまでと異なった刺激（オッドボール）が来たらボタンを押すなどの応答をします．あらかじめ聴覚刺激，視覚刺激どちらにオッドボールが来るかがわからないと，反応時間に大きなゆらぎが認められます．

この課題で反応時間を調べると，感覚野で自発的に生じるデルタ波の位相に依存して変動することがわかりました．同時に，記録したデルタ波の特定の位

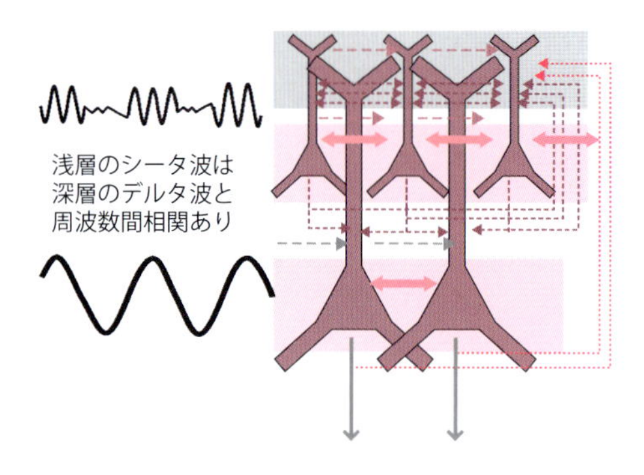

図 1.9　深層のデルタ波と浅層のシータ波
デルタ波と高い周波数の振動との間のカップリングが深層–浅層で見られる.

相では反応時間が短く，それからのズレに従って反応時間が長くなることが判明しました. しかし一度どちらの感覚刺激にオッドボールがあるかがわかると，自発性のデルタ波の位相が，その感覚種の刺激のタイミングに合わせるように変化することがわかりました．いわゆる“引き込み”が起こります．

デルタ波は，より周波数の高いベータ波と周波数間連携をして，時間を推定することに関わります（Arnal and Griraud, 2012; Arnal *et al.*, 2015）．タイミングが予測できる事象に関しては，脳波内因性のリズムをその事象に引き込むようにして，短い反応時間が可能になります．またタイミングが不明な場合は反応時間が変動しますが，そのゆらぎの原因は，内因性のゆっくりした振動の位相が毎回異なることが原因であることがわかりました．脳活動が外因性の刺激と内因性のゆらぎの両方に依存することは，基本的な脳のはたらき方といえます．

Carracedo らの脳スライスの実験からはデルタ波はとくに深層で顕著に観察され，同時に浅層にはシータ波が認められます．シータ波の大きさはデルタ波の特定位相で増大し，他の位相で減少することが認められます（図 1.9）．典型的な周波数間カップリングです．このようにして，深層の遅い波と浅層のそれより速い波の間では影響し合いながら情報処理が行われていることが示唆されます．これはアルファ波，ベータ波とガンマ波とも同様です．覚醒中でのデルタ波と他の周波数の連携にも同様のメカニズムが想定されます（Carracedo *et al.*, 2013）．

ノンレム睡眠の睡眠の深い時期に認められる，デルタ波よりも遅い周期のスローオシレーション（1 Hz 以下）は，振動というより，細胞レベルで見ると膜電位が脱分極した状態（アップステート）と再分極した状態（ダウンステート）の 2 状態間を行ったり来たりする特殊な振動状態です．覚醒時の持続的な発火活動と類似した特徴が認められます（Destexhe *et al.*, 2007; Crunelli and Hughes, 2010; Crunelli *et al.*, 2018）．マクロに見ると，多くの細胞が活動して高い周波数の振動をする時期（アクティブ状態）と比較的静かな状態（インアクティブ状態）の時期を繰り返します．

大脳皮質の層構造で見ると，アクティブ状態では深層がシンクとなり興奮性の活動が認められます（Csercsa *et al.*, 2010）．しかしインアクティブ状態では深層はソースになり浅層に電流が流れてきます．大脳皮質の広範な範囲を含む現象です．このとき視床でも同様にゆっくりとした振動が認められます．

大脳皮質でスローオシレーションが観察されているときに，海馬ではリップル波とよばれる高い周波数のリズム波を生成しています．海馬のリップル波は大脳皮質のスローオシレーションと同期しています．

海馬と大脳皮質の活性化は互いに関与していることが示唆されています．日中では，さまざまな感覚情報を皮質から受けて海馬に情報が流れるのですが，睡眠中は逆の流れが認められます．海馬ではこのリップル波中に記憶された多数の項目が再生されており，これが皮質の活動に影響を与えることで大脳皮質

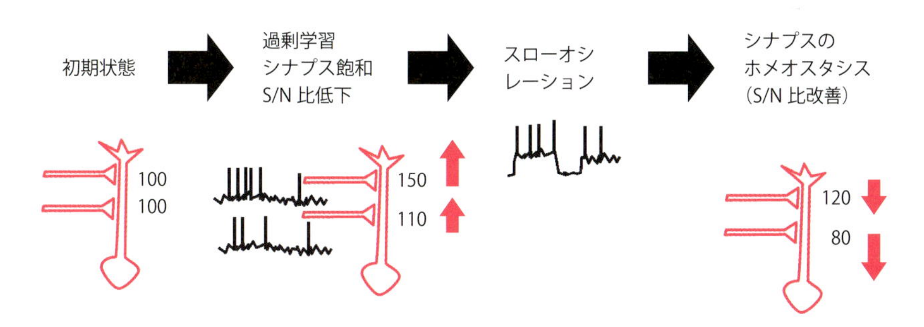

図 1.10　スローオシレーションによるシナプス強度のホメオスタシス説
スローオシレーションは，学習によってシナプス強度が飽和しないように，全体としてシナプス強度を調節する．このシナプスのホメオスタシスにより，弱いシナプスはもっと弱く，強いシナプスは相対的強度が維持され，結果としてメリハリのあるシナプス強度になる．それにより忘却と固定化のバランスを調節している．

での記憶の固定化に関わるとされています．

睡眠中のスローオシレーションは線条体などの基底核とも同期しています．このような広い領域の振動が記憶の固定化などに関わるとされています．Tononi らによれば，シナプスのホメオスタシスすなわち，日中に増強したシナプスは全体のシナプス強度を調整するなかで，記憶の固定と同時に忘却も起こるとされています（図 1.10）（Tononi and Cirelli, 2006）．

1.7 安静時のインフラ・スロー・オシレーションと脳の主要なネットワーク

これまで述べてきた周期よりもっと遅い振動またはゆらぎあることがわかってきました．それは**インフラ・スロー・オシレーション**（infra-slow oscillation: **ISO**）とよばれる 0.1 Hz 以下の振動です．この振動はデルタ波やスローオシレーション波とは異なる特性をもっており，他の周波数帯をいわば入れ子にした脳全体が関わるグローバルな振動であることがわかってきました（図 1.11）．本書では **ISO 振動**とよびます．ISO 振動もスローオシレーションも大脳皮質の 1 箇所で調べると振動に見えますが，脳全体を見てみると大脳皮質を伝搬する波のように見えます．しかしその伝搬する方向が，2 つの振動で異なることが知られています．また ISO 振動は，ヒトだけでなく他の動物種にも観察されます（Buckner *et al.*, 2008; Raichle, 2015）．

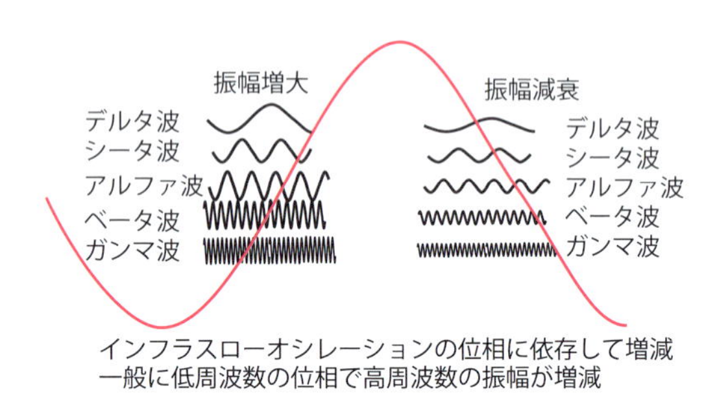

図 1.11　インフラスローオシレーションと他の振動との関係
インフラスローオシレーションには，他の多くの振動が位相同期する．インフラスローオシレーションが脳内を伝搬することから，脳の活性化やネットワークの連携はこの振動に左右される．

ISO 振動は，局所血流量と関わります．ヒトの脳血流は fMRI（機能的磁気共鳴画像法）で観測されます．この fMRI で捉える信号の原理を説明しましょう．血液は小さな動脈から毛細血管を通って静脈に達します．血液中の赤血球には酸素を運ぶヘモグロビンが多量にあります．このヘモグロビンは酸素分子を結合しているときには反磁性で，毛細血管で酸素を放出してデオキシヘモグロビンになると常磁性になり磁気共鳴現象を弱めます．このようにして捉えられる信号を **BOLD**（blood oxygenation level dependent）**信号**とよびます．局所脳血流量においてその部位の神経活動やシナプス活動に伴って局所の酸素消費が増えると BOLD 信号が変化します．これは脳機能と間接的ではありますが密接に関係した局所の脳血流量の変化なのです．この BOLD 信号は，安静時であったとしても，ゆっくりと揺らいでいます．このゆらぎには神経のネットワークも関わっており，ネットワークに属する領域は一緒に活動を変化させます．神経の集合的な活動として局所電場電位の変化や，領域の代謝の活発さとも関わっています．さらに複数の皮質の浅層と深層で活動を比較すると，その関係は ISO 振動とスローオシレーションでは異なっていることから，異なった生理機構が関わっていると考えられます（Mitra *et al*., 2015; 2018）．

安静時に認められる ISO 振動は単に血流の反映ではなく大脳皮質のネットワークの結合性にも依存し，ある程度関連するネットワーク単位で揺らぐので，いくつかのネットワークを区別することができます．しかもこれらのネットワークは課題に依存して活動が変化することから，単に揺らいでいるのではなく，機能的な連関が重要であることがわかってきました．

ヒトの脳研究は，ぼんやりとしている安静時とさまざまな認知課題中の活動の脳血流を比較する研究での発見から始まりました．すなわち，認知課題では大脳皮質外側の領域が活性化し，内側の領域が不活性になります．しかし，安静時には外側の課題関連の領域が休むのは予想どおりですが，驚くことに内側の領域が活性化しているのです．Ramot らは外側部では課題中はガンマ波が増え，安静時にはアルファ波が増え，内側部ではその逆のパターンが見られると報告しています（Ramot *et al*., 2012）．背側注意ネットワークと中央実行系に対応していると思われます．また課題中休んでいて安静時に活発になる大脳皮質内側の領域は，大脳皮質内側面のデフォルト・モード・ネットワークに

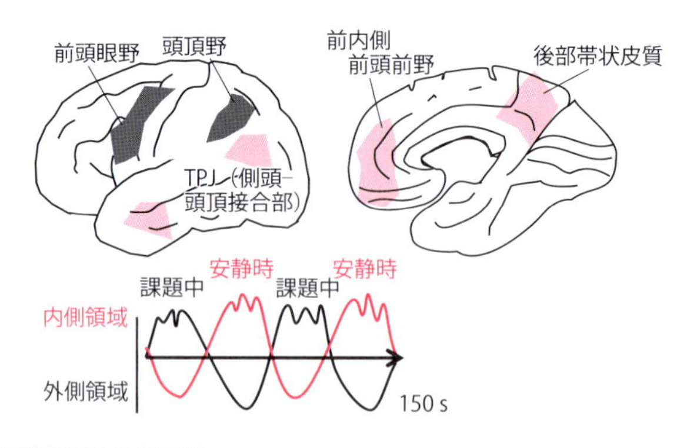

図 1.12　安静時活動の相反性
安静時には内側のデフォルト・モード・ネットワークと外側の背側注意ネットワークは，シーソーのように相反的に活動する傾向がある．

対応していました．両者は実は安静時に調べると課題の有無にかかかわらずにある程度シーソーのようにゆっくり振動しているように見えたのです．すなわちISO振動としての特徴を示しているのです（図1.12）．

安静時に互いに一緒に活動する領域をネットワークとして捉えることで，多くのネットワークが同定されています．主要なネットワークはこれから各論で前頭葉のネットワークを説明する際の基本となるので，各ネットワークの構成を簡単に紹介します（図1.13）（Greicius *et al.*, 2003; Andrews-Hanna *et al.*, 2014）．

(a) デフォルト・モード・ネットワーク：基本となるネットワークは，デフォルト・モード・ネットワーク（default mode network：DMN）とよばれ，内側前頭前野（MPFC），後部帯状回（PCC），楔前部（precuneus），下部頭頂葉（iinfra parietal lobule），外側側頭葉（lateral temporal cortex），海馬体（hippocampal formation）から成り立ちます（図1.13a）（Raichle 2015; Andrews- Hanna *et al.*, 2014）．

このDMNの活動が，事物の作業記憶や操作の必要な多くの認知課題実行時に低下するので，DMNはtask-negative netowork（TNP）といわれたこともあります．しかし，DMNを活性化する社会性の課題や，自己に関する課題がわかってきたので，単純に課題で活動する領域と活動しない領域というこ

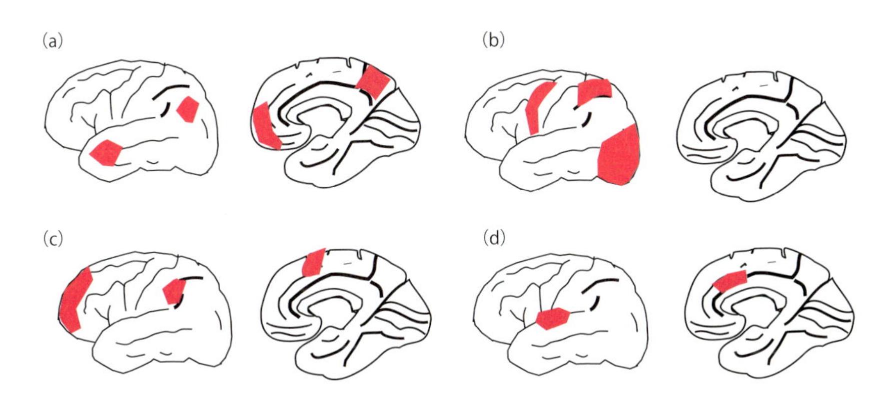

図 1.13　安静時ネットワークの分類例
安静時によく知られている４種のネットワーク．それぞれ赤い部位間でネットワークを形成する．(a) デフォルト･モード･ネットワーク，(b) 背側注意ネットワーク，(c) 執行系ネットワーク，(d) セイリエンス・ネットワーク．
研究者により，他のネットワークを加えたり，さらに細分類をする場合もある．それぞれの文献で注意する必要がある．

とでは分類できなくなってきました．

DMN は注意を内面に向けたとき（内的注意），ぼんやりとしたときなどに活動する傾向があり，自由に想像するとき，いわゆるマインド・ワンダリングなどの発散的思考に関わるとされています．

一方で，DMN は自己と他者の関係，他者の意図を想像するメンタライズというような状況下ではたらいており，このネットワークは社会的認知にも関わりをもっているようです．またとくに自己に関する回想的，展望的な語り（ナラティブ）を形成するはたらきにも関与します．

(b) 背側注意ネットワークと腹側注意ネットワーク：認知課題では外的な刺激と作業記憶やその操作による応答の形式をとるため，課題に関するネットワークとしては前頭前野外側部と頭頂葉外側部が活性化します．その際には DMN の活動が低下しています．ところが課題が終了すると，今度は DMN が活性化し前頭前野外側部と頭頂葉外側部の活動が低下します．その点で前頭前野外側部と頭頂葉外側部は task-positive network（TPN）として一括され，DMN は task-nagative network（TNN）とよばれることがありました．

しかし詳細には，外側前頭前野と外側頭頂葉とから成り立つ背側注意ネットワーク（dorsal attention network：DAN）と，その前方に位置する執行系ネットワークとに分けてよばれるべきと考えられます．

背側注意系は，前頭眼野（frontal eye field）などの前頭前野の後ろ側で前頭葉運動関連領野の近傍をさしています．DANは，腹側注意ネットワークとは別のネットワークと考えることもあります．DANはトップダウンの注意に関わり，腹側注意ネットワークはボトムアップの注意に関わります（Vincent *et al.*, 2008; Corbetta *et al.*, 2008）．

(c) 執行系ネットワーク：執行系ネットワーク（fronto-parietal network）は前頭前野前方にあり，背側注意ネットワーク，さらには腹側注意ネットワークを含めた前頭前野後方部のすぐ前に位置します．前頭–頭頂ネットワーク，セントラル・エグゼクティブ・ネットワーク（central executive network：CEN）ともよばれます．執行系ネットワークはカテゴリー認知，抽象的な概念の理解，ルールに従って目標達成のために一連の行動を計画することにも関わります．前頭前野では前方ほど階層が高い処理に関わります．前頭葉後方は前頭眼野や頭頂連合野の外側を含むネットワークをもち，多くの認知行動課題に関わります．そのため外界からの情報に応じて，作業記憶や複合した情報やルールに基づいて意思判断を要求する多くの認知課題で活動の上昇が認められます．課題に従って，前頭葉の前方領域が参加して活動するようになります（Vincent *et al.*, 2008）．

(d) セイリエンス・ネットワーク：セイリエンス・ネットワーク（salience network：SAN）とよばれるネットワークは，内臓などからの内受容感覚を受ける前帯状皮質，島皮質から構成されます．島皮質は前後で機能差があり，後方ほど身体内からの感覚情報を直接入力として受ける感覚領域とみなせますが，前方は気づき（アウェアネス），認知と情動に関わると考えられます．身体状態をモニターする内感覚，さらに外界の情報もこの領域に到達するので，情動の形成に関与すると考えられています．また前頭葉の眼窩前頭葉や前頭内側の運動関連領野の機能と密接に関わります．前帯状皮質は，厳密には帯状皮質前部傍膝部，帯状皮質中部の前方部を一緒にして前帯状皮質と分類されます．厳密な解剖的分類と機能的な分類に差があるため，文献をあたるときには注意が必要です（Uddin, 2015; Menon and Uddin, 2010; Menon, 2011

Seeley *et al.*, 2007).

(e) 感覚運動ネットワーク：感覚運動ネットワーク（sensory-motor network：SMN）は，先のDMNとDAN，執行系ネットワークに対比して定義されています．文字どおり，感覚と運動に関わる脳の領域を含んだネットワークです．本来は感覚については，視覚，聴覚，体性感覚，味覚，嗅覚と，さらには前庭覚（重力，回転，加速度の感覚）の各ネットワークを個別に分けるべきですが，便宜上感覚運動ネットワークとして一括します．

(f) 眼窩前頭前野ネットワーク：眼窩前頭前野（orbitofrontal cortex: OFC）領域は扁桃体，基底核腹側部など皮質下の領域と関係が深く，また眼窩部はfMRIの計測では捉えにくいこともあり，安静時ネットワークとしては当初独立した分類になっていないこともありました．しかし，ここでは解剖学的にも前頭前野の内側および外側部と眼窩部は独立したネットワークなので，あえて眼窩前頭前野ネットワーク（orbitofrontal cortex network）として分類しました．後部は広く感覚情報を集め，皮質下領域との連携でさまざまな刺激を価値づけすることに関わり，内側前頭前野，外側前頭前野でも腹側部，帯状皮質ととくに深い関係があります（Kahnt *et al.*, 2012).

(g) セマンティック・ネットワーク：セマンティック・ネットワーク（semantic network）は意味記憶を表現するネットワークで，外側側頭葉，腹側前頭前野，頭頂葉の一部，側頭葉前方部など，関連皮質領域に分散して表現されています（Patterson *et al.*, 2007; Binder *et al.*, 2009). 実際には安静時ネットワークでは捉えにくいと考えられます．実際に側頭葉前方部はDMNに含まれています．しかし長期記憶がエピソード記憶と意味記憶（セマンティック・ネットワークに依存する）に分類され，それぞれが神経機構を説明する際に役立つので分けておきました．エピソード記憶が時空間的構造に依存し，DMNの内側系に依存します．一方で，意味記憶はある対象物やある事象のカテゴリーや意味をおもに側頭葉を中心にしたネットワークに依存します．長期記憶は傷害によって，意味記憶だけが障害されたり，エピソード記憶がとくに障害さことがあるので，機能的にも独立したネットワークとして扱います．

多数のネットワークが安静時ネットワークに互いにある程度独立して，ある場合にはシーソーのように活動部位を交代して揺らいでいることがわかってきました．脳のネットワークはいわばさまざまな音階で互いに発信したり受信したりしているようなものと捉えられます．そのように捉えると脳の神経細胞やネットワークは楽器で，脳全体はオーケストラに比喩されるかもしれません．そうすると前頭前野が指揮者と思いたいような気もします．しかしこれから見ていくように，前頭葉も多数の演奏者からなるアンサンブルというのが実態です．むしろ全体を捉えるならジャズの即興演奏に近いといえるかもしれません．

アロスタシス

アロスタシスは allostasis の字訳で“動的適応能”のように訳されることもあります．似たような言葉でホメオスタシスがあります．これは体内環境の安定性を「一定に維持する」ことを意味します．アロスタシスは，制御する対象の特性により「制御の仕方を変える」点がホメオスタシスと異なります．相手に合わせて自分を変えることは，実際には体内で起こることです．しかし，あまりストレスなどの負荷が大きいと自分が変わったまま，もとに戻れなくなることがあります．これが アロスタティックロード (allostatic load) です．アロスタシスには対象を予測することが大切で，自律神経系などの脳神経系が役割を担うことがあります．脳のある部分がアロスタシスに関わることがわかってきました．

アフォーダンス

環境はわれわれ動物にさまざまな情報を感覚器を通して与えてくれます．知覚として何があるかという以外に，行動に対する“意味”を与えてくれるという考え方がアフォーダンスで，James Jerome Gibson による造語です．たとえば，椅子のような形状は座ることアフォードします．割り箸はそれを掴むような行動をアフォードします．食べ物はその色や形，匂いで採餌行動をアフォードします．つまり，われわれは常に環境と相互作用しており，対象の同定よりも行動としての意味をわれわれに直接「与える，提供する」と捉えます．

バイカリオス

バイカリオス（vicarious）は代理という意味ですが，他人の体験を代理的に自分の体験として捉えて理解することです．“Put yourself in other people's shoes and think.” といういい方もあります．脳の中でのヒトの理解は基本的に，自分の行動・知覚と他者の行動・知覚を共通の神経機構で捉える多くの特別な場所で行われています．その部分は共感性に関わるところでもあります．

構築説

構築説は心理構築説，社会構築説，構築的エピソードシミュレーションなど，本書で出てくる概念に共通の特性として登場するキーワードです．実態が最初から決まっているわけではなく，その特有の文脈でその都度構築されるというような意味です．たとえば情動がある脳回路で決められるわけでなく，さまざまな文脈で広範囲の脳の場所が関わり構築されると考えます．また社会構築説では人について人間関係や社会的，文化的なものの影響を重視します．記憶に関しては，一つのエングラムが書かれてしまうというより，想起ではその要素から構築されるため，誤記憶などが起こりやすいと考えます．神経構築主義という考え方だと，脳自体の機能と場所が固定的でなく，発達のなかで動的に構築されると考えます．

二重過程説

二重過程説は，ヒトの認知システムは 2 つに分かれるという考え方です．研究者によりさまざまに名称がつけられましたが，Daniel Kahneman の “システム 1（早い），システム 2（遅い）” はよく知られています．システム 1 は「自律的認知システム」であり，直感的です．一方でシステム 2 は「分析的認知システム」です．Stanovich と West という 2 人の心理学者が歴史的には二重過程説を初めて唱えました．

その後のシステム 2 はアルゴリズムとリフレクティブとに分けるという考えが提案されました．アルゴリズムはルールに基づいた論理的な思考，リフレクティブは，自分の立場を疑ったり，反論してみたりと再帰的で，自分の信念の信頼度を確認したりするメタ認知も含まれます．前頭前野のはたらきがシステム 2 ではないかと思われるかもしれませんが，議論のあるところだと思われます．

ナラティブ

先の二重過程とは異なる視点で，Bruner は思考を分析的な思考とナラティブ思考に分けました．すなわち事物に関する論理や因果の思考と，人間に対する物語としての思考です．物語が一つの完成したものであるとすると，語り，すなわちナラティブはその都度時間と空間的に構成される人を主体とした相互作用が，時間的に展開されるものです．自分たちが自分の生い立ちを語ることを自己回想とよびますが，このようなナラティブの特殊なかたちです．海馬やデフォルト・モード・ネットワークの関わる思考の他者，自己理解の特徴です．ナラティブ思考は事実に基づいた思考というより，自由な物語の想像を許す思考です．人でないものを人に見立てたり，擬人的な思考や，事実を否定した反事実的な思考も含まれてきます．したがって，論理思考が一つの事実理解に収束する思考であるとするのに対し，ナラティブ思考は**発散的思考**ともよばれます．

認知的不協和

脳は基本的に関わる対象を予測する特別な組織です．運動も知覚も情動も身体内の変化もすべて脳は予測しています．さらには予測をするために，脳はモデルやスキーマのようなものを構築しています．対象からのフィードバックによりそのモデルを修正したりしながら，予測して行動します．しかし，予測と異なることが起こり，しばしば信念と矛盾した情報を得ることがあります．ヒトは一般的に自身の中で矛盾する認知を同時に抱えた状態では不快感を感じ，この状態を**認知的不協和**とよびます．

Festinger による認知的不協和の仮説によると，ヒトは不協和を認知すると，その不協和を低減させるか除去するためになんらかの行動をします．たとえば，複数（通常は2つ）の可能性があり，互いに矛盾する（タバコを吸いたい，タバコは害がある）間に不協和が存在する場合，一方の要素を変化させることによって不協和な状態を低減または除去させることができます．たとえばタバコが害があるという広告を無視するとか，これは自分には当てはまらないとするなど，不協和を低減させます．さらには交通事故のほうが死ぬ確率が高いから問題ないなど，自分の他の信念を確証できる証拠を集めます．

一方ではリフレクティブ思考とよばれる，一時的に自分のおかれた状況から離れて経験を振り返る思考では，そのきっかけの一つに認知的不協和に伴う違和感があります．その点では認知的不協和がリフレクティブ思考を導き，結果として自分を振り返るより上位のメタ思考のきっかけになるので，とても大切です．

Q　**脳波は大脳皮質で生じやすいのですか．皮質の層構造が脳波の生じやすさと関わっているように思えるのですが．発生しやすい部位と発生しない部位などはあ**

るのでしょうか.

A　脳波は，細胞のなかでも錐体細胞のような極性のある構造で見られます．逆に介在細胞のような構造では電気的な流れに異方性が生まれにくく，記録が難しいといわれています．さらに脳波は多数の細胞の活動の結果生じるので，大脳皮質や海馬などでは記録しやすいのですが，基底核などでは難しいといわれています．

Q　**脳波の測定において，ヒトでは無侵襲で測定しますが，脳の内部，たとえば海馬の脳波も記録できるのですか．また，サルなどでは電極などを刺入して脳の深部からの脳波を記録すると思います．具体的な記録法はどのように行われますか．また，著者のグループで特殊な方法で記録を取ることはあります．**

A　ヒトの脳では頭蓋から多点計測で計測しますが，海馬からの脳波は深部なので電極を埋め込むことで記録できます．治療目的などで深部に電極を埋め込むこともありますが非常にまれです．記録にはおもに金属電極や記録部がアレイ状に並んだシリコン電極が用いられます．アレイ状だと電位差から電流源解析ができ，浅層と深層の振動が違うなどの所見が取れます．筆者は 2 つの方法を併用しています．

睡眠中に，海馬においてリップル波の中で多数の記憶された項目が再生され，この情報が皮質に流れて皮質の活動に影響を与えていると述べられていますが，睡眠中の夢は，この現象と関係があるのでしょうか．

A　海馬のリップル波は，海馬と大脳皮質とのやり取りに関わるとされています．この現象はノンレム睡眠期の記憶の固定などに関わります．一般的には睡眠中に夢現象で多くの人が夢を見ていたというのはレム睡眠の時期で，脳幹からの活動で目の動きと同時に視覚野の活動が関わるとされています．海馬はレム期のときにはシータ波が多く見られ，リップル波も見られることがありますが皮質との結合性はそれほど強くありません．また皮質でも活動期に高い周波数が多く見られますが，低い周波数は時々しか認めらません．レム期は外側前頭前野の活動が低下しており，夢見で賦活された情報の内容の現実性は前頭前野でチェックはされないために，合理性のない夢を見ることになります．レム期は覚醒期であれば外界を探索しているような状態です．レム期の脳活動は，記憶の固定以外に創造性や新しい連合可能性を探索するように行われます（Lewis *et al.*, 2018; Peever and Fuller, 2017; Kim *et al.*, 2017）．一晩に人は何度も夢を見ています．夢の中では誰もが創造的な映画作家といえます．

引用文献

Andrews-Hanna JR, Smallwood J, Spreng RN (2014) The default network and self-generated thought: component processes, dynamic control, and clinical relevance. *Ann NY Acad Sci*, **1316**, 29-52.

Arnal LH, Doelling KB, Poeppel D (2015) Delta-beta coupled oscillations underlie temporal prediction accuracy. *Cereb Cortex*, **25**(9), 3077-3085.

Arnal LH, Giraud AL (2012) Cortical oscillations and sensory predictions. *Trends Cogn Sci*, **16**(7), 390-398.

Backus AR, Schoffelen JM, Szebényi S, Hanslmayr S, Doeller, CF (2016) Hippocampal-prefrontal theta oscillations support memory integration. *Curr Biol*, **26**(4), 450-457.

Bastos AM, Usrey WM, Adams RA, Mangun GR, Fries P, Friston KJ (2012) Canonical microcircuits for predictive coding. *Neuron*, **76**(4), 695-711.

Binder JR, Desai RH, Graves WW, Conant LL. (2009) Where is the semantic system? A critical review and meta-analysis of 120 functional neuroimaging studies. *Cereb Cortex*. **19**(12), 2767-2796.

Buckner RL, Andrews-Hanna JR, Schacter DL (2008) The brain's default network: Anatomy, function, and relevance to disease. *Ann NY Acad Sci*, **1124**, 1-38.

Buzsaki, G (2011) "Rhythms of the Brain", Oxford University Press.

Carracedo LM, Kjeldsen H, Cunnington L, Jenkins A, Schofield I, Cunningham MO, Davies CH, Traub RD, Whittington MA (2013) A neocortical delta rhythm facilitates reciprocal interlaminar interactions via nested theta rhythms. *J Neurosci*, **33**(26), 10750-10761.

Cavanagh JF, Eisenberg I, Guitart-Masip M, Huys Q, Frank MJ (2013) Frontal theta overrides pavlovian learning biases. *J Neurosci*, **33**(19), 8541-8548.

Cavanagh JF, Frank MJ (2014) Frontal theta as a mechanism for cognitive control. *Trends Cogn Sci*, **18**(8), 414-421.

Cavanagh JF, Shackman AJ (2015) Frontal midline theta reflects anxiety and cognitive control: Meta-analytic evidence. *J Physiol Paris*, **109**(1-3), 3-15

Corbetta M, Patel G, Shulman GL (2008) The reorienting system of the human brain: From environment to theory of mind. *Neuron*, **58**(3), 306-324.

Crunelli V, Hughes SW (2010) The slow (<1 Hz) rhythm of non-REM sleep: A dialogue between three cardinal oscillators. *Nat Neurosci*, **13**(1), 9-17.

Crunelli V, Lőrincz ML, Connelly WM, David F, Hughes SW, Lambert RC, Leresche N, Errington AC (2018) Dual function of thalamic low-vigilance state oscillations: Rhythm-regulation and plasticity. *Nat Rev Neurosci*, **19**(2), 107-118.

Csercsa R, Dombovári B, Fabó D, Wittner L, Eross L, Entz L, Sólyom A, Rásonyi G, Szucs A, Kelemen A, Jakus R, Juhos V, Grand L, Magony A, Halász P, Freund TF, Maglóczky Z, Cash SS, Papp L, Karmos G, Halgren E, Ulbert I (2010) Laminar analysis of slow wave activity in humans. *Brain*, **133**(9), 2814-2829.

Destexhe A, Hughes SW, Rudolph M, Crunelli V (2007) Are corticothalamic 'up' states fragments of wakefulness? *Trends Neurosci*, **30**(7), 334-342.

Fries P (2015) Rhythms for cognition: Communication through coherence. *Neuron*, **88**(1), 220-235.

Greicius MD, Krasnow B, Reiss AL, Menon V (2003) Functional connectivity in the resting brain: A network analysis of the default mode hypothesis. *Proc Natl Acad Sci USA*, **100** (1), 253-258.

Halgren E, Kaestner E, Marinkovic K, Cash SS, Wang C, Schomer DL, Madsen JR, Ulbert I (2015) Laminar profile of spontaneous and evoked theta: Rhythmic modulation of cortical processing during word integration. *Neuropsychologia*, **76**, 108-124.

Hamm JP, Yuste R (2016) Somatostatin interneurons control a key component of mismatch negativity in mouse visual cortex. *Cell Rep*, **16**(3), 597-604.

Herculano-Houzel S (2017) "The Human Advantage: How Our Brains Became Remarkable", MIT Press.

Hsieh LT, Ranganath C (2014) Frontal midline theta oscillations during working memory maintenance and episodic encoding and retrieval. *Neuroimage*, **85**(Pt 2), 721-729.

Jones EG (1998) Viewpoint: The core and matrix of thalamic organization. *Neuroscience*, **85**(2), 331-345.

Jones EG (2001) The thalamic matrix and thalamocortical synchrony. *Trends Neurosci*, **24** (10), 595-601.

Jones EG (2002) Thalamic circuitry and thalamocortical synchrony. *Philos Trans R Soc Lond B Biol Sci*, **357**(1428), 1659-1673.

Kahnt T, Chang LJ, Park SQ, Heinzle J, Haynes JD (2012) Connectivity-based parcellation of the human orbitofrontal cortex. *J Neurosci*, **32**(18), 6240-6250.

Killian NJ, Buffalo EA (2014) Distinct frequencies mark the direction of corticalcommunication. *Proc Natl Acad Sci USA*, **111**(40), 14316-14317.

Kim B, Kocsis B, Hwang E, Kim Y, Strecker RE, McCarley RW, Choi JH (2017) Differential modulation of global and local neural oscillations in REM sleep by homeostatic sleep regulation. *Proc Natl Acad Sci USA*. **114**(9), E1727-E1736.

Lakatos P, Karmos G, Mehta AD, Ulbert I, Schroeder CE (2008) Entrainment of neuronal oscillations as a mechanism of attentional selection. *Science*, **320**(5872),110-113.

Lewis PA, Knoblich G, Poe G (2018) How memory replay in sleep boosts creative problem-solving. *Trends Cogn Sci*. **22**(6), 491-503.

Llina's, RR (2002) "I of the Vortex: From Neurons to Self". MIT Press.

Luu P, Tucker DM (2001) Regulating action: Alternating activation of midline frontal and motor cortical networks. *Clin Neurophysiol*, **112**(7), 1295-1306.

Menon V (2011) Large-scale brain networks and psychopathology: A unifying triple network model. *Trends Cogn Sci*, **15**(10), 483-506.

Menon V, Uddin LQ (2010) Saliency, switching, attention and control: A network model of

insula function. *Brain Struct Funct*, **214** (5-6), 655-667.
Min BK (2010) A thalamic reticular networking model of consciousness. *Theor Biol Med Model*, **7**, 10.
Mitra A, Kraft A, Wright P, Acland B, Snyder AZ, Rosenthal Z, Czerniewski L, Bauer A, Snyder L, Culver J, Lee JM, Raichle ME (2018) Spontaneous infra-slow brain activity has unique spatiotemporal dynamics and laminar structure. *Neuron*, **98** (2), 297-305.e6.
Mitra A, Snyder AZ, Tagliazucchi E, Laufs H, Raichle ME (2015) Propagated infra-slow intrinsic brain activity reorganizes across wake and slow wave sleep. *Elife*, **4**. pii: e10781.
Nakajima M, Halassa MM (2017) Thalamic control of functional cortical connectivity. *Curr Opin Neurobiol*, **44**, 127-131.
Oehrn CR, Hanslmayr S, Fell J, Deuker L, Kremers NA, Do Lam AT, Elger CE, Axmacher N (2014) Neural communication patterns underlying conflict detection, resolution, and adaptation. *J Neurosci*, **34** (31), 10438-10452.
Patterson K, Nestor PJ, Rogers TT (2007) Where do you know what you know? The representation of semantic knowledge in the human brain. *Nat Rev Neurosci*, **8** (12), 976-987.
Peever J, Fuller PM (2017) The biology of REM sleep. *Curr Biol*, **27** (22), R1237-R1248.
Raichle ME (2015) The brain's default mode network. *Ann Rev Neurosci*, **38**, 433-447.
Raichle ME, MacLeod AM, Snyder AZ, Powers WJ, Gusnard DA, Shulman GL (2001) A default mode of brain function. *Proc Natl Acad Sci USA*, **98** (2), 676-682.
Ramot M, Fisch L, Harel M, Kipervasser S, Andelman F, Neufeld MY, Kramer U, Fried I, Malach R (2012) A widely distributed spectral signature of task-negative electrocorticography responses revealed during a visuomotor task in the human cortex. *J Neurosci*, **32** (31), 10458-10469.
Rolls ET (2016) "Cerebral Cortex: Principles of Operation", Oxford University Press.
Seeley WW, Menon V, Schatzberg AF, Keller J, Glover GH, Kenna H, Reiss AL,Greicius MD (2007) Dissociable intrinsic connectivity networks for salience processing and executive control. *J Neurosci*, **27** (9), 2349-2356.
Sherman SM (2017) Functioning of circuits connecting thalamus and cortex. *Compr Physiol*, **7** (2), 713-739.
Sherman SM, Guillery RW (2013) "Functional Connections of Cortical Areas: A New View from the Thalamus", MIT Press.
Töllner T, Wang Y, Makeig S, Müller HJ, Jung TP, Gramann K (2017) Two independent frontal midline theta oscillations during conflict detection and adaptation in a Simon-type manual reaching task. *J Neurosci*, **37** (9), 2504-2515.
Tononi G, Cirelli C (2006) Sleep function and synaptic homeostasis. *Sleep Medicine Rev*, **10** (1), 49-62.
Tremblay R, Lee S, Rudy B (2016) GABAergic interneurons in the neocortex: From cellular

properties to circuits. *Neuron*, **91** (2), 260-292.

Uddin LQ (2015) Salience processing and insular cortical function and dysfunction. *Nat Rev Neurosci*, **16** (1), 55-61.

van Kerkoerle T, Self MW, Dagnino B, Gariel-Mathis MA, Poort J, van der Togt C, Roelfsema PR (2014) Alpha and gamma oscillations characterize feedback and feedforward processing in monkey visual cortex. *Proc Natl Acad Sci USA*, **111** (40), 14332-14341.

Vincent JL, Kahn I, Snyder AZ, Raichle ME, Buckner RL (2008) Evidence for a frontoparietal control system revealed by intrinsic functional connectivity. *J Neurophysiol*, **100** (6), 3328-3342.

Wang XJ (2010) Neurophysiological and computational principles of cortical rhythms in cognition. *Physiol Rev*, **90** (3), 1195-1268.

Womelsdorf T, Valiante TA, Sahin NT, Miller KJ, Tiesinga P (2014) Dynamic circuit motifs underlying rhythmic gain control, gating and integration. *Nat Neurosci*, **17** (8), 1031-1039.

Zikopoulos B, Barbas H (2006) Prefrontal projections to the thalamic reticular nucleus form a unique circuit for attentional mechanisms. *J Neurosci*, **26** (28), 7348-7361.

2 前頭運動関連領野 ―身体性認知機能

2.1 手の運動にはなぜ多数の運動野があるのか

前頭葉の各論の最初に取り上げるのは前頭葉の最後方に位置する運動野です．霊長類では運動野は多数の領域に分かれています．神経解剖学的に分け方はいくつか，5つ以上はあります．たとえばトレーサーを用いて手の制御に関わる脊髄の部位に投射する大脳皮質の領域を調べると，5箇所以上見つかります．近くに他の腕や顔，足などが関わる領域が含まれれば，体のマップが表現されていることになるので，運動に関わる体のマップが何種類もあることになります．

なぜこんなに多数の手の領域が存在しているのでしょうか？

一つの仮説は，霊長類は第1章で述べたように脳と身体とのエネルギーの不均衡を解決するために，採餌行動を進化させました．木に登って，細い枝の実を手で採ったり，硬い殻のある実を石で割って中身を食べたりします．色，形によって美味しい実，まずい実，さらには食べていけない実などを区別できます．さらに他の動物が食べている様子を見て，それを真似ることもします．さらには，森のなかの餌のある場所を記憶して，後でふたたび取りに来ることもあります．

これらの行動を専門的にいえば，両手の協調運動（両手両脚協調運動），視覚誘導性運動，感覚運動連合，道具使用，模倣運動，記憶誘導性運動に該当し

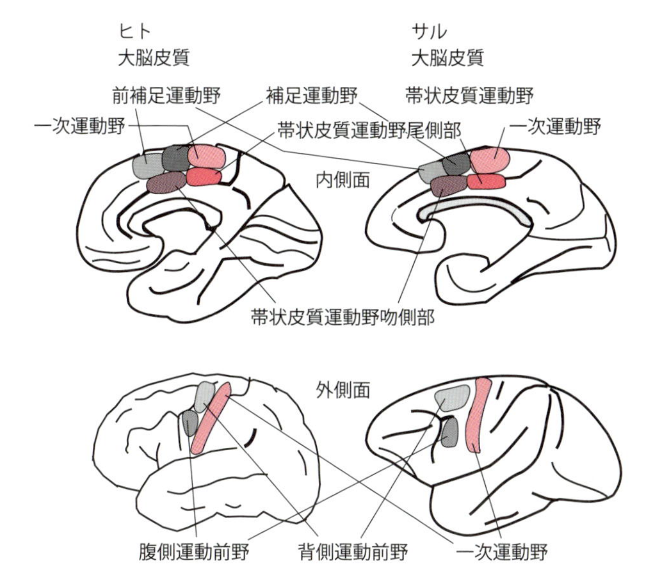

図 2.1　運動関連領域
サルとヒトでの運動関連領野のおおよその位置関係を示す．

ます．これらは単に運動だけでなく身体を介して認知する“身体性認知”とでもいうべき機能に結びつきます．

採餌に関わる行動には評価も必要です．実際に報酬が得られたか，どの程度得られたかが大切です．2 つの餌場のどちらにいくのか？　報酬が予想外に少なければ報酬を求め他の餌場に行くでしょう．報酬に基づいた運動は動物界では基本的な運動のレパートリーであり，そのためには自分の行動結果として報酬をモニタリングするしくみが必要です．

以上のことを踏まえると，なぜ運動野が多数あるかの理由がわかると思います．実際に大脳皮質の中心溝の前方に位置する中心前回には一次運動野（primary motor cortex：MI），それより前方には複数の高次運動野が存在します．これらは機能的にも解剖的にも内側外側に大きく 2 群に分けられ，それぞれが複数に分けられます（図 2.1）．

外側の運動野は背側運動前野（dorsal premotor cortex：dPM）と腹側運動前野（ventral premotor cortex：vPM）からなります．内側の運動野は

解説　ブロードマンの領野

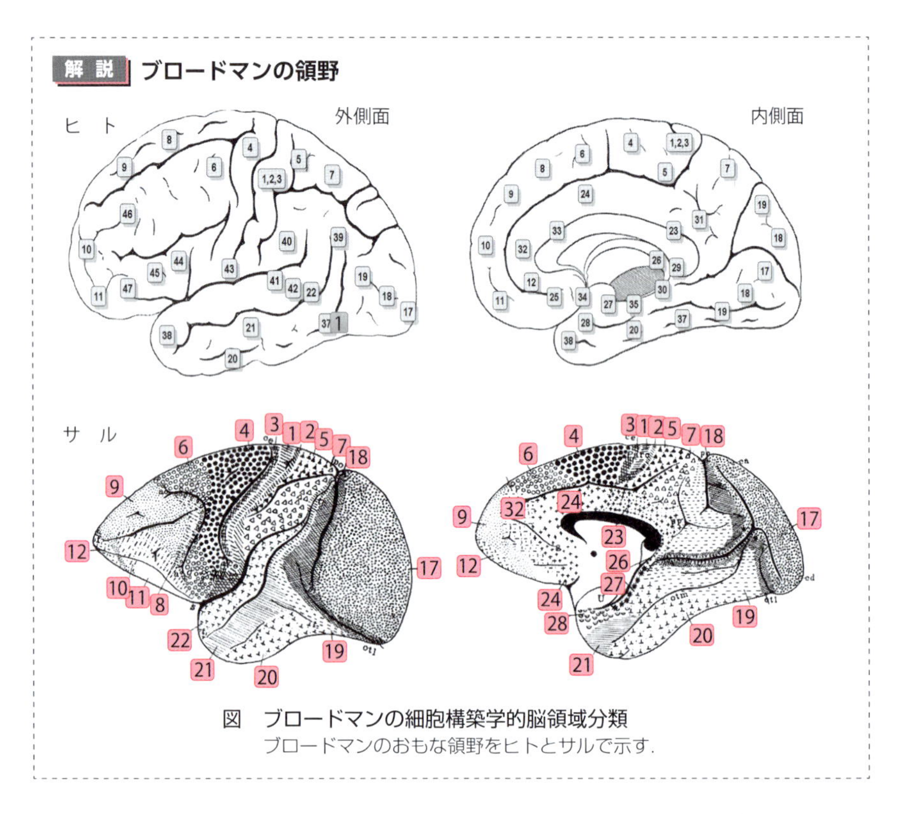

図　ブロードマンの細胞構築学的脳領域分類
ブロードマンのおもな領野をヒトとサルで示す.

補足運動野（supplementary motor area）と，その前方に前補足運動野（presupplementary motor area: preSMA），さらにその下方（腹側）には帯状皮質運動野（cingulate motor area）があります.

大脳皮質は細胞構築学，さらに皮質間投射のパターンによっても分けられています．通常，Ⅰ～Ⅵの 6 層構造をもつ多くの大脳新皮質，とくに感覚野たとえば体性感覚野などと異なり，一次運動野（ブロードマン（Brodmann）4 野，解説参照）にはⅣ層顆粒層がなく，無顆粒皮質とよばれます．また前方の高次運動野（ブロードマン 6 野）ではⅣ層の発達が悪く，無顆粒皮質です.

これらの運動野は皮質下の小脳や基底核と，それぞれ神経回路を形成しています．各運動野についての特性・特徴を述べる前に，運動制御に関わる脳が対処すべき問題点を以下に述べます.

筆者らの行った研究を紹介して一次運動野，運動前野　補足運動野のはたらきの違いを比較してみましょう（Mushiake *et al.*, 1991）.

この研究では，サルの前方にパネルと 4 つのボタンがあります．サルに連続的な到達運動を訓練して，それを光の指示信号で行う場合と記憶に基づいて行う場合を比較してみました．

4 つのうち 3 つをランダムな順序に光らせ，光ったボタンを押すことにします．これは容易な課題で，サルはすぐに覚えます．次に，同じ順番で繰り返し光るようにすると，サルはそれを行いながら，押す順番を覚えてしまいます．すると光を消してしまっても，同じ順番でボタンを押すことができるようになります．

この課題遂行中のサルの一次運動野，運動前野，補足運動野から細胞活動を記録しました．光の誘導でボタン押しを行っているときの活動は視覚誘導性連続動作活動とよばれ，記憶に基づいて行っている場合は記憶誘導性連続動作活動とよびます．条件が異なるものの，行っている手の連続運動はほとんど同じスピードで，まったく同じ順序の運動です．

この課題を遂行しているとき一次運動野では，3 つのボタンを押すので，細胞活動には 3 回の活動のピークが見られます．しかも，視覚誘導性連続動作も記憶誘導性連続動作も同じような活動でした．それに対して，運動前野の細胞は視覚誘導性連続動作では活動が高いのですが，記憶誘導性連続動作では低下するという特徴的な性質を示します．一方，補足運動野では，逆に記憶誘導性連続動作で顕著な細胞活動が認められますが，覚誘導性連続動作では著しく活動が低下します（図 2.2）.

すなわち，一口に運動野といっても行う文脈によってまったく異なる活動パターンを示すことが明らかになりました．前頭葉運動関連領野の内側に位置する補足運動野は，外部の感覚情報に頼らない，いわば内発的な運動に関わります．それに対して，前頭葉運動関連領野の外側の運動前野は，外部の感覚情報に頼った外発的な運動に関わります．

このような内側と外側の対立的な関係は，今後見ていくように，前頭葉–頭頂葉を含めて，基本的に内側は自発的で内発的な運動や認知に関わり，外側は外発的な運動や認知に関わるという共通の対立軸の一つの現れと考えられます．そして，このような機能的な違いは，大脳皮質の発生が扁桃体と海馬の 2

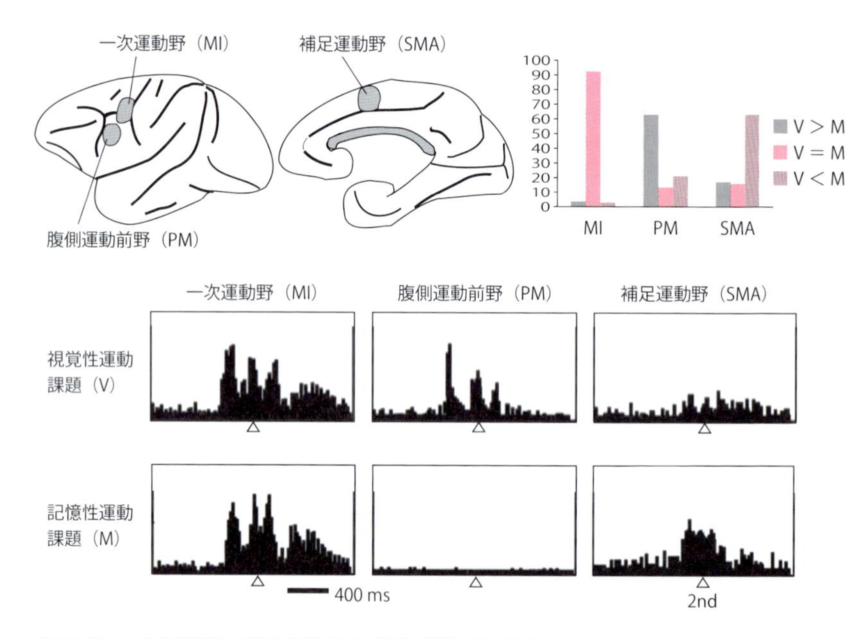

図 2.2　一次運動野，運動前野および補足運動野の比較
一次運動野（MI）の細胞は視覚誘導性連続動作（V）も記憶誘導性連続動作（M）も同じような活動をする．運動前野の代表的細胞は視覚誘導性連続動作で活動が高い一方，補足運動野の代表例では，記憶誘導性連続動作で顕著な細胞活動がある．各領域の細胞の数の比率でも同様の傾向が認められる（Mushiake *et al.*, 1991）.

つの異なる起源をもち，オブジェクトの同定などに関わる系（腹側系，外側系）と時空間的な処理に関わる系（背側系，内側系）に皮質が分類できるという Sanides らの皮質二重起源説（Sanides，1964）に呼応しているように思われます．

2.2　一次運動野―随意運動による時空間パターン生成

一次運動野は，比較した研究から示唆されるように，行動文脈にはあまりかかわらず，運動の時空間パターンに関わっています．しかし　実際の運動のどのような側面を調節しているのでしょうか．その手がかりとして，その入力と出力を考えてみましょう．

入力としては，一次運動野は前方の運動前野，内側面の補足運動野，帯状溝内の帯状皮質運動野などと結合があり，また後方の中心溝を挟んで体性感覚野と連絡があります．皮質下の脊髄，さらには橋から小脳，基底核線条体にも連絡があります．一次運動野は関連領野と連携して皮質下に運動指令を出力します．錐体路で下行路は反対側（錐体交差：延髄レベル）に向かうため，運動皮質とその支配効果器は左右反対になります．

したがって，一次運動野は上位からの司令を受けつつ，すぐ後ろの体性感覚（触覚，筋肉の長さや張力などの固有感覚）を受けて，具体的な運動内容を決めることが考えられます．

2.2.1 運動のパラメータの表現

一次運動野の細胞はどのような情報を表現しているのでしょうか？　Evartsによる一次運動野の細胞活動を記録して，運動に関わる力，運動距離，方向などを比較した研究があります．それによると一次運動野の細胞は，運動の方向性や効果器に加える力に関わることがわかりました（Evarts, 1968）．

一次運動野の細胞活動は筋活動と密接な関係があるものの基本的には筋活動自体ではなく，脊髄運動単位の時空間的な組合せを制御し，運動の方向，力，そして時間パターンを制御しています．発生する力と一次運動野の細胞の比例関係はありますが，運動距離などに関しては関係がないことが知られています（Everts, 1968）．

さらにGeorgopoulosらはポピュレーション符号化の概念を提案しました（Georgopoulos *et al.*, 1982）．実は一次運動野の個々の細胞は，粗い方向性しか表現していません．これでは運動を正確に制御できません．しかし一次運動野の細胞集団としては運動の方向を正確に表現しています．なぜそのようなことが起こるのでしょうか？　このメカニズムを考えるために集団での符号化という考えに至りました．すなわち，それぞれの細胞は自分の方向選択性があり，細胞活動はその方向の重み付けを表します．それが集団となると全体として合計され，洗練化した方向の情報を表現するというものです．これは細胞レベルの集団的知性といえるかもしれません．運動を外から見ると，あたかも正確に制御する主体がありそうですが，実は一人ひとりはそれほどの能力はないのですが集団では高い精度の情報を創出して決定しているのです．

Kakei らは細胞活動を筋活動型，外部座標型，混合型に分け，一次運動野では 3 つのタイプがほぼ均等に見つかりましたが，運動前野では外部座標型が多いと報告しています（Kakei *et al.*, 2003）．今後見ていくように，符号化される情報は運動野のなかでも前頭葉の前方に向かうほど効果器の特性に依存しない表現になる傾向があります．

2.2.2　運動の実時間制御

運動は一度始まったあとも，外乱などで軌道修正が必要な場合があります．このような際には　体性感覚からのフィードバック信号が役に立ちます．昔ロシアの Bernstein がヒトがハンマーで標的を叩くときの腕の軌道を調べた研究があります．すると運動の軌道は毎回少しずつ違いますが，目標にはきちんと到達していることがわかりました．

このように目標は 1 つでも多数の軌道が可能なとき，軌道を一意に決定することは困難です．このような問題を Bernstein は多自由度の問題と捉えました．数学的には不良設定問題ともいいます．すなわち初期値と目標がわかっていても軌跡の可能性は一意に定まりません．変動性が必ず伴います．

多自由度の系で変動をなくすことは容易ではありません．むしろ変動をある程度許しつつ, 運動の精度にあまり影響をしない調節こそ賢い調節といえます．Latash らは，このような多次元の変動性を表す概念として非制御多様体仮説（uncontrolled manifold hypothesis）とう用語を編み出しました（Latash, 2012）．

このような変動性を許しつつ，しかし目的とする運動を達成するための神経機構としてとして，Scott らは“最適フィードバック制御”という仮説を提唱しました（Scott, 2004）．このように一次運動野は体性感覚野と連携しつつ，常に変化する身体–外界の関係のなかで，効率よく運動の制御を行うことができます（図 2.3）．

この最適フィードバック制御では，運動の方向性や力などのパラメータを予測しています．そして，効果器からの体性感覚情報のフィードバックと予測値との差を小さくするように，すなわち最適化するように制御するのです．運動予測には小脳などの皮質下からの予測的な情報と，体性感覚野からのフィード

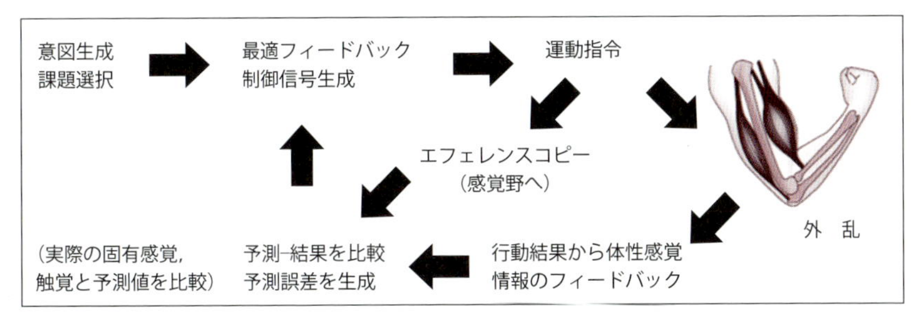

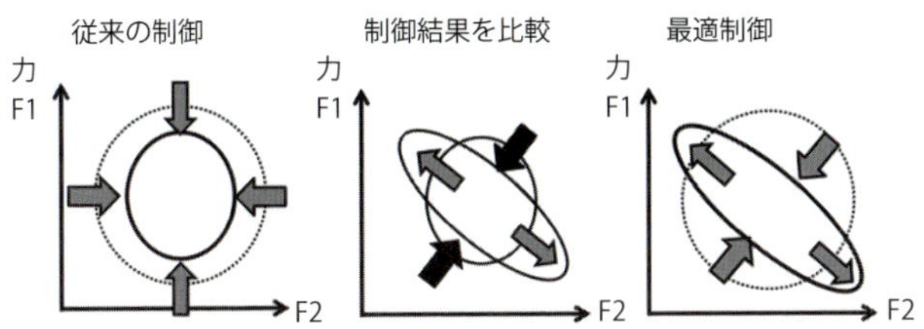

図 2.3 最適フィードバック制御仮説

Scott らによる"最適フィードバック制御"という仮説では，運動指令のエレフェンスコピー（運動を実行するときに作成される運動指令信号（遠心性）のコピー）から運動の結果を予測し，その結果を受けて最適制御を行う．この際，従来の制御と異なりすべての変動性をなくすのではなく，運動遂行に大切な方向では変動を減らして，その他の方向ではむしろ変動を許すことで，最適化を図るのが特徴である．その他の軸ではむしろ変動を許すことで最適化を図るのが特徴である．多様な運動軌跡を描いても到達点は一致するということに対応すると考えられる．

バックとを用いていると考えられています．

たとえば，板の上に直立しているときに，その板に2つの異なる外乱を加える状況を考えます．すなわち後方に移動する外乱では，ヒラメ筋などが伸ばされ伸展反射で姿勢を保持します．しかし，外乱が足の前方が持ち上がるような刺激だとどうでしょうか？　同じくヒラメ筋が伸ばされますが，これでは伸展反射により元の長さに戻すと後ろに倒れてしまいます．今度は逆に前脛骨筋を収縮させて，ヒラメ筋は弛緩させる必要があります．すなわち反射のゲイン（増大率）を逆にする必要があります．このように，状況から適切に脊髄反射のゲインを変化させるのは意識的でなくても，小脳が計算してゲインを修正してくれるのです．一次運動野ではこのように小脳と連携して，皮質–小脳を含む長いループの中で，文脈に合った脊髄反射の調節を行います．

一方で多関節の運動の処理にはさまざまなレベルで変動が起こるので，運動には試行ごとに変動があります．この変動をどのように調節すればよいかは大きな問題です．最適フィードバック制御仮説では，多自由度の効果器である筋骨格系の制御のバラツキをまったくなくすように制御するのではなく，バラツキの分布を調節して，変動性を残す軸と変動性を最小にする軸とを上手に分けて制御することが重要とされます．変動をゼロにするのは大変コストがかかるので，このような調節は非常に効率的といえます．

運動による感覚フィードバックを予測するはたらきは能動的な触感覚，いわゆるアクティブタッチにも重要です．その場合には，運動がもたらす感覚系への予測信号が実際の入力と比較されて，形状の理解などの触覚の能動的再構成に一次運動野が関わることになります．運動が触覚や関節の感覚と密接な関係にあり，リハビリでは運動と体性感覚，すなわち触覚や関節や筋肉からの固有感覚を運動に結びつけた状況において運動野の機能の再学習が促されると考えられます．

2.3 腹側運動前野―座標変換とアフォーダンス

運動前野の系は感覚に誘導された運動調節に関わることが示唆されています．運動前野はさらに背側と腹側に分かれることが指摘されています．背側運動前野，腹側運動前野ともに感覚入力が豊富です．解剖的に頭頂連合野から視覚情報や体性感覚情報が豊富に入力しています．ただし，背側運動前野と腹側運動前野では感覚情報と運動との関連づけの仕方が異なっています (Rizzolatti and Luppino, 2001)．

対象の位置の座標や対象がオブジェクトであればその形状の情報が頭頂葉から腹側運動前野に入力します．その結果，空間座標から運動座標への変換，オブジェクトの運動操作，すなわち道具の使用に関わります (Murata *et al.*, 1997)．

背側運動前野傷害では感覚と運動の連合課題で成績が落ち，腹側運動前野傷害では座標を変換する課題が障害されることが明らかになっています (Kurata and Hoffman, 1994; Kurata and Hoshi, 1999)．一方で背側運動前野は対象の色・形・位置の情報が届きますが，感覚と運動との関連は任意のルールに従った連合により結び付けられます．

2.3.1　複数の基準座標と座標変換

腹側運動前野ではどのように視覚座標から運動座標に変換するのでしょうか？　一つの可能性として，現在の位置とターゲットの位置の差をとった差分ベクトルとして方向を決めていると考えられています．現在位置も対象も視覚対象として捉えられているとすると，これは網膜に写った網膜座標の位置から手の座標に変換されると考えられます．

腹側運動前野では感覚の空間的情報が当初，網膜の座標で提示されていました．しかしその後，眼位，頭位，さらに肩，腕，手の位置を考慮してさまざまな基準座標が定義できるようになりました．

たとえば，対象としてのコップを網膜で視覚的に捉え，手で持とうとすると，自分の指先と対象の空間的位置はそれぞれ網膜上に捉えることができます．これらの位置間の差分ベクトルは，実際に運動前野で計算されていることが知られています．対象オブジェクトとの相対位置，あるいは視線と物体との相対位置など，運動実行時には眼と手との協調運動が必要になります（Shadmehr and Wise, 2004）．

このような運動座標の変換は学習することができます．運動学習には小脳が関わっています．実際に小脳では最終位置との差分情報があれば，差分ベクトルから予測位置を修正し，大脳皮質とやり取りしながら運動を最適化します（Shadmehr and Wise, 2004）（図 2.4）．

運動前野の細胞は，実際の手の動きに対してはたらくのでしょうか，それとも手で操作する外部のオブジェクトの動きに対しても同様にはたらくのでしょうか？

この問いに答えるために，実際の手の動きを見えなくし，手の動きはカメラで撮影した映像としてモニターするようにして，到達運動をさせました．さらに，左側と右側のどちらの手をターゲットに移動させるかを指示しました．この際にカメラの映像を操作して左右逆転像にしたり，正立像にしたりして，手の動きと手のイメージの動きのどちらに，さらに手の正立像と左右逆転像のどちらの動きにより関わるかを調べました．すると多くの運動前野細胞は，実際

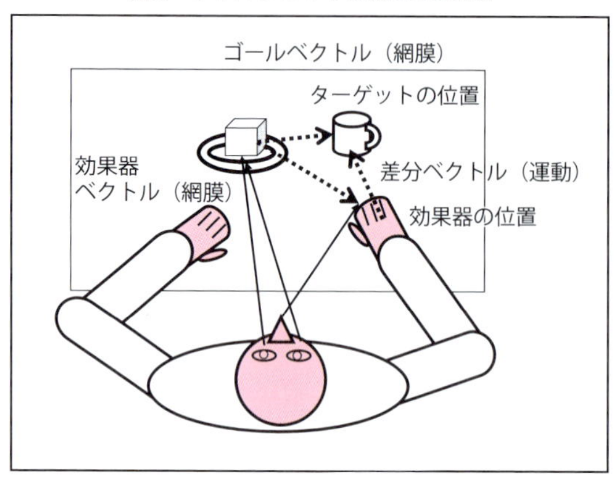

図 2.4　差分ベクトルによる座標変換
ターゲット（コーヒーカップ）の最終位置と現在の効果器（右手）との差分情報は，それぞれの網膜座標で位置（固視点を基準）がわかれば，差分ベクトルを計算して到達運動ができる.

の手の動きでなく, イメージの動きの準備に関わる活動を示しました．そして，さらに手の左右についても，イメージの中の左右が問題であり，実際の手の左右には依存しないという結果が得られました（Ochiai *et al.*, 2002; 2004）.

この研究結果は，運動前野は実際の手の動きよりも，関心のある視覚的オブジェクトをどのように操作するかを符号化していることを示唆していました. このような活動は, 道具操作がいわば遠隔になった状態といえます．すなわち，道具を用いるときには，われわれの関心点は手の動きより，むしろ道具の動きになるということです．そして運動前野はその道具となった対象の動きを予測したり，準備したりすることに関わるので，いわば手の延長として柔軟な道具操作ができることを示唆します.

また固視点を左右に配置して，周囲の対象物に到達運動をする際に，運動前野の細胞は同じ対象物への到達運動であっても固視点を変えると反応が変わり，その周囲との差分ベクトルを表していることを筆者らは見出しています. 頭頂葉にも網膜座標モデルでの手や目の運動に関わる細胞が見出されており，頭頂–運動前野での差分ベクトルのモデルは頭頂葉のさまざまな空間情報を異なる効果器の運動で実現する際にはきわめて有用であり，柔軟な実行モデルと考えられます（Mushiake *et al*., 1997）.

2.3.2　オブジェクト操作とアフォーダンス競合

腹側運動前野は身体のさまざまな基準点に基づいて座標で運動を表現できることに加えて，物体操作に関わることも知られています．

視覚性の物体操作では，オブジェクトの形態に伴う物体座標と，それを操作する手の運動座標の間の関連づけが必要となります．たとえば，コーヒーカップへ手を伸ばして到達する際には，到達運動と予期的な把持運動が起こります．運動における視覚情報としては，対象の位置情報と同時に，対象の形状の情報が不可欠です．道具使用や物体操作には脳–身体–物体（環境）の 3 者間の関連性が重要です．

環境の中の身のまわりの物体はすべて，自分たちの物体操作対象となる可能性があります．このときの物体の形状は単に感覚特性でなく，操作特性で特徴づけされます．このような物体のもつ操作性による物体の特徴づけを“アフォーダンス”（Key Word 参照）とよびます．カップ，茶碗，スープ皿など，形状によってそれを操作する手の動作は異なります．すなわち，対象に対する動作の細目（構造など）を最適化することによって，ヒトは適切な物体操作を行うことができます．このことは日常生活にとって重要であり，リハビリにおいても状況や障害によって物体操作に違いがあることを理解することが大切です．物体のこのような形態的な視覚情報は視覚腹側路の情報で，物体の空間的側面や動きを符号化する視覚背側路と相補的な関係になっており，頭頂葉から運動前野にもたらされ，現実の運動に関わります．視覚的オブジェクトは事物に限らず，生物や他者の動きにも拡張されます．

身のまわりにはアフォーダンスを提供するものが多数あり，それらが競合していると考えられます．これを Cisek は“アフォーダンスの競合”とよびました．すなわち運動前野–頭頂葉では，身体周囲に多数の関心点アフォーダンスがあり，競合していると考えます．これは運動を誘引する可能性のあるオブジェクトでなくても，自分にとって関心の高い，注目する対象ならそれを“セイリエンス（際立った）”とよび，空間にそのような関心点が分布することから“セイリエンス・マップ（注目地図）”とよぶこともあります．

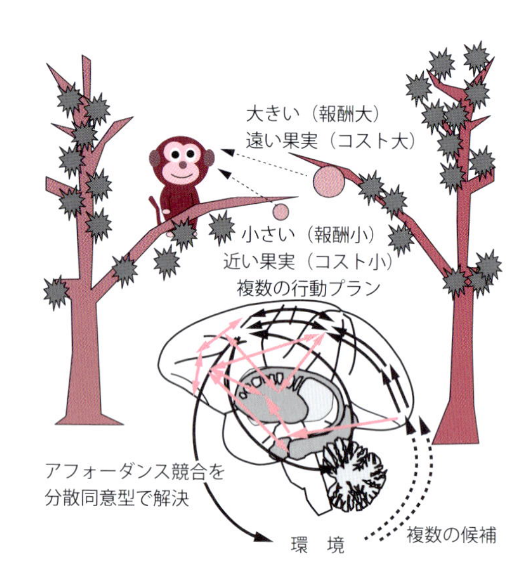

図 2.5　アフォーダンス競合モデル
サルは近くにある小さな実と遠くにある大きな実のどちらを採るか迷っている．それぞれのオブジェクトは行為を促すアフォーダンスという特性をもっており，環境に多数あるので競合しあっている．それぞれの行為に関する準備は並列的・分散的に起こるが，最終的にはコストや価値についてそれぞれ分散的に合意をとって行為が決まると考える．すべてを1箇所で統合するのではなく，いわば分散的意思決定という新しい考え方である．

Cisek らは動的環境の多様なアフォーダンスが競合しあうなかで，一つの対象とそれにふさわしい運動を選択するという描像を“アフォーダンス競合モデル”として提唱しました（図 2.5）（Cisek and Kalaska, 2010）．このモデルでは環境から入力するさまざまな物体のアフォーダンスは，ボトムアップでセイリエンス・マップを形成します．一方で自分が関心のあるものが環境のどこにあるか探している状況は，トップダウンで形成されるセイリエンス・マップの情報です．

運動前野は行為者を環境のなかでナビゲートするのに役立っていると考えられます．そして環境のなかで移動すれば環境との位置関係が変化します．するとそこに新たに運動のアフォーダンスが生まれます．このような環境―アフォーダンス―行動―環境変化―さらにアフォーダンスの変化―行動変化というように循環した関係が形成されます（Pezzulo and Cisek, 2016）．

2.3.3 オブジェクトに関する意思決定や判断

運動前野は，感覚運動変換だけでなく，複数の情報に基づいて意思決定に関わると考えられています．Romo らは 2 つの振動刺激を比較して，後の刺激が前の刺激に比べて振動周波数が高いか低いかを問う課題を立てて，その刺激検出，維持，比較，意思決定の各過程を多数の被験者の大脳皮質について検討しました（Romo *et al.*, 2004）．その結果，運動前野には刺激の 2 つの振動情報に応じる細胞と，それを比較して高低を判断する細胞がありました．このように意思決定には複数の領野が関わります．最初の刺激の検出には，一次体性感覚野から二次感覚野，そして運動前野，前頭前野さらには一次運動野が関わっていました．したがって，このような認知課題では，運動前野は運動自体より，対象の認知的側面に関わっているといえます．

2 つの情報を比較するには作業記憶が必要になります．運動前野には上述した細胞に加えて，1 つ目の刺激と 2 つ目の刺激の間で 1 つ目の刺激情報を保持するため, 作業記憶としてその刺激情報を保持する活動も見つかっています．そのような細胞は運動前野以外にも前頭前野を含む複数の領域に分散して認められました. 作業記憶は前頭葉の機能を反映する大切な活動とみなされますが，遅延期間の活動および意思決定を反映する活動は運動前野にも前頭前野でもみつかりました．作業記憶には前頭前野が主たる役割を担っているという仮説が提示されていますが，実際には作業記憶に関わる脳活動は脳のいたるところに見つかっています．

運動前野における意思決定にはベータ波が関わっているという所見があります．Haegens らはこの比較課題中の局所電場電位を調べました．すると遅延期間の後半にベータ波の出現を観察しました（Haegens *et al.*, 2011）．この時期は最初の刺激と 2 番目の刺激を比較する時期で，記憶された情報の想起ないしは，比較による意思決定にベータ波が関わるのではと推定しています．Spitzer らは，ベータ波は行っている運動の記憶維持にも関わる以外に，このような内的な情報の想起にも関わることを指摘しています（Spitzer and Haegens, 2017）．ベータ波は作業記憶などのより多くの神経活動の背景にある振動である可能性が示唆されます．

2.4 背側運動前野―ルールによる感覚運動変換と分散型コンセンサス

背側運動前野は，腹側運動前野と異なり，視覚座標と運動座標というより，ルールとしてさまざまな運動を統合しています．具体的な例としては黄色で引っ張る，青で押すなど，色と運動を連合させるなど，任意の感覚情報と任意の運動を結びつけるルールがあります．またサンプル刺激と同じ刺激を選ぶ遅延見本合わせ課題もよく使われるルールです．運動前野はさまざまな感覚情報を頭頂葉の入力として受けており，腹側運動前野は外界からのオブジェクト情報をボトムアップで受けて関連する運動情報を想起することに関わっています．一方で背側運動前野の前方部は背側前頭前野からの入力を受け，トップダウンの情報に基づいて，さまざまなルールに従った行動やそれを学習したりすることに関わります．ルールのなかには任意の運動を連合することも含まれることが示唆されています（Ohbayashi *et al.*, 2016）.

2.4.1 背外側前頭前野と連携したルールに従った行動調節

ルールに基づいた行動制御という点では，背側前頭前野もそこから入力を受ける背側運動前野も，どちらもルールに基づく感覚と運動の対応づけに関わっています．感覚情報を統合し，任意のルールで柔軟に運動情報に関連づけをする役割を果たしています（Wise *et al.*, 1997; Kurata and Hoffman, 1994; Hoshi and Tanji, 2000）.

背側運動前野も後に述べる背外側前頭前野もどちらもルールに沿った行動調節に関わります．何か違いがあるのでしょうか？　前頭前野では細胞が表現している抽象性が運動前野に比べてさらに高くなっています．特定の感覚入力や特定の選択行為が何であるかにかかわらず，両部位にはルールに従った行動に関わるばかりでなく，ルールそのものに応答する細胞も存在します（Wallis and Miller, 2003）．また前頭前野は最終的な効果器の運動には関わりませんが，背側運動前野はルールから導かれる効果器の運動の変換に関わります．

背側運動前野は単にルールに沿って対象を操作するだけでなく，ルールに従って操作されている対象を観察しただけでも活動します．Cisek によれば，ルールに従っての対象の運動課題を自分が行うのでなく，コンピュータが作り出した対象の同様の動きを観察しているだけでも，運動に関わる背側運動前野の細胞が活動することが報告されているます．行動の観察と行動の実行が同じ細胞で表現されている点では，ミラーニューロンと同じような活動ともいえますが，この場合は他者でなく，ルールに従った対象の移動です．このような場合は，メンタル・リハーサルを行い，もし自分が実行するとすれば，この動きをこのような手の動きで実現する，というようなメンタル・シミュレーションを表していると考えられます（Cisek and Kalaska, 2004）．

2.4.2　可能な行動を並列分散的に表現する背側運動前野

さまざまな行動のルールが感覚と運動の間で任意に関連性をもたせるとしても，規定上，複数の行動の可能性があり，当初の手がかりで，それがきちんと特定化されていない状況もあります．背側運動前野ではこのような状況で運動を準備する際には，可能性のある運動プログラムをそれぞれ並列して準備する傾向が認められます．そして，後にきちんと 1 つに定まると，複数の可能性のある状態から 1 つの準備状態に情報表現を収束させます．Cisek らはこのような並列的な情報表現が最終的な目標に向けてコンセンサスを取り，1 つの行動に収束するモデルを“分散型コンセンサス（distributed consensus）”として提唱しました（Cisek, 2006; 2012; Thura and Cisek, 2014）．

Cisek らは分散並列表現を調べるために，最初に 2 つの候補となる目標を提示して後で自由に選択させる，または一方を消して強制的に選択させて運動前野の情報表現を調べました．そうすると，脳の中には 2 つの可能な運動プログラムが，並列的にどちらも表現されることがわかりました（図 2.6）．そして選択肢が絞られると，行う運動に関わる情報を増強して他の行わなくなった情報を抑制することで，1 つのアクションとして運動を決定します．

Cisek らは分散型コンセンサスをより一般化して，脳の意思決定機構と考えました（Cisek, 2012）．行動価値や行動内容がそれぞれ分散表現されて，それぞれが競合しながらある種のコンセンスを表すかのように模索し，最終的には 1 つの行動を決定するように収斂します．しかしどこかトップダウン的にどちらに判断をしたいというバイアスがかかれば，単純にボトムアップのコンセンサスでなく，トップダウンにも意思決定ができます．この場合は上位から

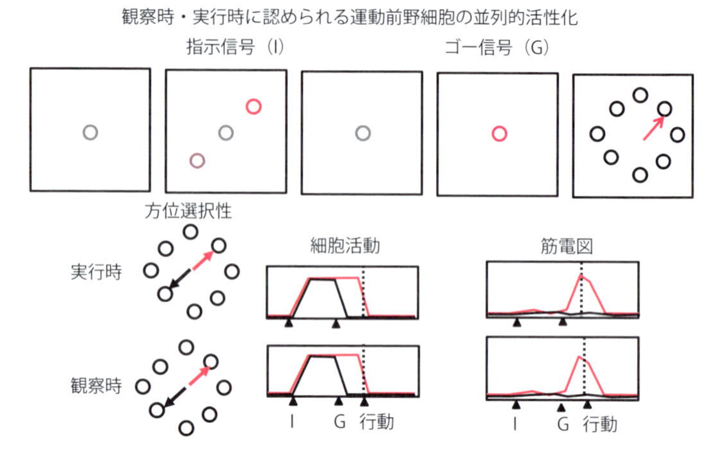

図 2.6　運動前野の並列分散符号化–Cisek らの実験
1 つの指示（I）から 2 つの行動（赤線と黒線）が可能だと，それぞれが活性化し準備が始まる．最終的に 1 つに決まったときにはじめて 1 つが抑制され，残りが行動として顕在化する（Cisek and Kalaska, 2005）．

もバイアス信号のもとでボトムアップの処理にバイアスを掛けて意思決定する“バイアス化競合モデル（biased competition model）”が提唱されました(Pastor-Bernier and Cisek, 2011)．

2.5　補足運動野と前補足運動野―行動の時間・順序制御と更新

補足運動野は記憶誘導性の行動の際に，すなわち運動前野のように感覚情報による運動ではなく，自身の内的な記憶情報で運動を行う際に活発に活動します．

補足運動野は歴史的な経緯もあり，いわゆる古典的な固有補足運動野(supplementary motor area：SMA）とその前方の前補足運動野（pre-supplementary motor area：pre-SMA）に分類されます．ここでは補足運動野はとくに断りがなければ固有補足運動野のことをさします．研究者によっては補足運動野群と捉えて，固有補足運動野と前補足運動野の両方をさす場合もあります．

補足運動野には体部位局在性があります．前方から後方に向かって顔，上肢，下肢の順に分かれていて，おもに反対側の身体を支配しますが，一部同側も支配します．しかし一次運動野の運動マップほど詳細なものではありません（Tanji, 2001）.

補足運動野は一次運動野に比べて効果器との直接の関連性が弱いと考えられます．むしろ運動の開始に関わる駆動力のようなはたらきのようです．なぜなら補足運動野の傷害は麻痺を起こすことはありませんが，自発的に運動を行わなくなります．また不適切な運動を誘発してしまうこともあるので，運動を随意的に開始，静止することを困難にするようです．実際に自発性運動の遂行の際，補足運動野における緩徐皮質電位の記録では，運動の開始前 1 秒程度先行して徐々に振幅が大きくなり，これは運動準備電位とよばれます．Fried らのヒト補足運動野を刺激した研究によると，刺激と対側の身体部位に対して特定の運動に駆り立てられるような感じが起こることが報告されています．このような欲求を英語では “urge to move” と記述されており，まさに動きたくなるような思いと表現できます（Fried *et al.*, 1991）.

補足運動野損傷では，自発性の運動の減少，逆に意図せぬ運動（エイリアン・ハンド・ムーブメント：他人の手症候群），手に接触した物体を強制的に把握する運動（強制把握）が誘起されることが知られています（Fried *et al.*, 1991）．その他，補足運動野の傷害では，両手の独立した運動や協調運動に障害が現れ，ミラー運動のような左右対称の動きになってしまうことがあることが知られています．

また興味深いヒトでの実験結果として，運動順序を想像したりするだけで，実際に運動を実行しなくても補足運動野の活動が上昇することがわかっています．脳の内側系の特徴とて，想像して運動を思い描くことなど，内的な運動の構築に関わることが指摘されています（Haggard, 2008）.

2.5.1　前補足運動野による柔軟な行動切替えや更新

前補足運動野は補足運動野の前方に位置します．しかし運動野という名称がついていますが，一次運動野とほとんど線維連絡がありません．むしろ前頭前野と連絡があります．その点では前補足運動野は運動実行より，むしろさらに上位の調節に関わるとされています．補足運動野とは異なり，視覚などによる感覚応答があります．ただし，運動前野の感覚運動連関とは異なります．

前補足運動野が高次の機能に関わる一つの証拠としては，単に運動実行に関わるというより，むしろ現在進行中の運動プランを変更する場合に活動が高いことがあります．Matsuzaka らはサルを訓練して，2 つの運動のうち 1 つを選択して行う課題をさせました．そして，同じ運動を連続して選択しているときに，時々変更せよとする手がかり刺激を与え，運動を変更させました．すると前補足運動野には，感覚応答でも運動応答でもない，運動の切替えの際に限って際立って活動することを見出しました（Matsuzaka *et al.*, 1992; Matsuzaka and Tanji, 1996）．

前補足運動野は順序動作の制御に関わっており，このような順序動作の更新にも関わっていることがわかりました．Shima らは連続運動課題において，いくつもの順序の課題を行っているときに，新しい順序を導入するために指示信号を与えて順序を更新させました．更新期になると一過性に活動する細胞が前補足運動野に多く見つかりました．しかし，これらの細胞には維持期になるとほとんど活動しませんでした．また更新時期特有の細胞はさまざまな活動順序がありましたが，特定の運動で出るわけではなく順序動作を新たに更新することが重要であるとわかりました（Shima *et al.*, 1996）．

前補足運動野は，行動の学習についても柔軟に切り替えることに関わることがわかっています．Isoda らは　サルに色と報酬のまとまった試行を 1 つのブロックとして，ブロックごとに切り替えて報酬を与える連合学習を訓練し，柔軟な切替えに関わる細胞活動を前補足運動野に見出しました（Isoda and Hikosaka, 2007）．この課題では，モニター画面の右と左にピンクまたは黄色のターゲット候補が提示されます．色の提示される位置は毎回変わります．サルは試行錯誤で，報酬と関わるターゲットを見つけて以後そのターゲットへのサッカードを繰り返します．同じ刺激–報酬関係の場合は自動過程であり，それが変更されるときには制御過程とよばれる随意的な行動で新たな関係性を学習することになります．

Isoda らはこのような自動過程と制御過程を切り替える役割は，基底核が関わっているという証拠を見出しました．前補足運動野からは視床下核へ向かう経路が存在します（Isoda and Hikosaka, 2007; Hikosaka and Isoda,

2010)．基底核にはアクセルのように行動を進める直接路とブレーキのように抑制する間接路が存在し，長期的な学習に関わります．これとは別に，大脳皮質から短い潜時で影響を及ぼす経路があり，これをハイパー直接路とよびます．この経路は大脳皮質から直接に視床下核に投射して，結果として皮質–基底核ループを抑制することができます．この系が自動過程と制御過程との切替えに関わっていると考えられます（Hikosaka *et al*., 2000)．ハイパー直接路など，基底核の回路については後（7.2 節，図 7.3）で詳しく解説します．

一方で，補足運動野や前補足運動野は，パフォーマンスのモニタリングをすることで切替えや更新のための変化の予測ができると考えられます（Scangos *et al*., 2013; Bonini *et al*., 2014)．外側の背側運動前野が，可能性のある複数の運動プログラムを並列に準備する活動が認められました．補足運動野や前補足運動野はモニタリングし，パフォーマンスに対して適切にバイアスを与えて調整することも考えられます．実際内側の障害で物体を強制的に把握する運動が認められるのは，運動前野が脱抑制されてしまっている状態と捉えることも可能です．

2.5.2　両手順序制御に関わる細胞活動と振動現象

補足運動野は傷害時に，動作の時系列上の構成，たとえば，リズム生成を伴う左右の手の協調や使い分けが稚拙になることが見出されています．その結果，片手や両手の連続動作の円滑な遂行ができなくなります．さらに補足運動野の傷害では，両手を協調的に使えず，あたかも鏡のような左右対称の運動しかできなくなります．このことは両手の独立性と協調性に補足運動野が関わることを示唆します．

実際，補足運動野には右手だけ，左手だけの単独で活動する細胞や，両手運動の際にだけ活動する細胞など，特定の組合せを符号化する細胞が多くあります．通常の鍵盤と音のような関係でなく，補足運動野は運動（movement）というより，ある特定の仕方による行為（action）を表しているといえます(Tanji *et al*., 1987)．

補足運動野と前補足運動野の細胞活動は，複数の効果器の複数の動作の時間的編成に関わると考えられています（Tanji, 2001)．さらに，さまざまな過

解説 **メタ解析**

脳機能のイメージング（画像）研究は多数行われています．少しずつ異なる実験条件，課題，被験者，施設，設備などのなかで，さまざまな疑問が研究者に生じます．ある機能に関して共通して再現性の高い結果をもたらしている脳部位はどこか？　または，当初の研究ではあまり関心のなかった領域が後に新たな関心点，仮説で興味が生まれ，そのような過去のデータを新たに解析したくなる場合があります．

ヒトの脳機能画像は，標準化といって個々人の脳の大きさをある標準化された脳の座標に変換してから多数の被験者のデータを平均化するので，その標準化の方法がわかれば，異なる研究間でもさらなる定量解析ができるのです．論文には活動のピークなどの座標情報が記載されていますので，これらを用いてメタ解析手法を使うことで，個々の研究条件の差異を超えた主張ができるようになります．

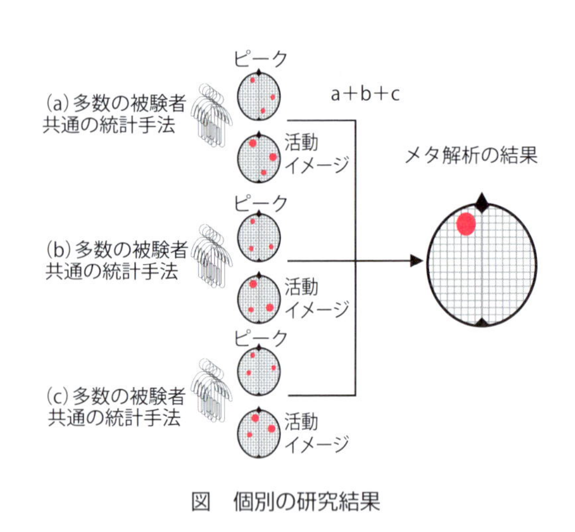

図　個別の研究結果

去の研究を集めて共通の所見を探るメタ解析（解説参照）という研究方法で補足運動野の関わる機能を多数の文献から調べてみると，補足運動野はドメインによらず，運動，時間，空間，数，言語などすべての順序に関わることが示唆されています（Cona and Semenza, 2017）．

数個の運動順序の制御と多数の運動順序の制御では，符号化が異なる様相を示します．片手でしかも数個の順序動作を訓練して覚えさせると，一つの順序を特定に表現する細胞が見出されました．しかし 10 以上の多数の順序になると，両手を含めて順序活動には多数の組合せがあり，一つひとつを独自に符号化すると組合せの爆発が起こってしまいます．このような組合せの爆発，すなわち運動の自由度の問題を脳はどのように回避しているのでしょうか？

自由度の増加に対しては，補足運動野は運動順序を動作種別，効果器順序別にグループ符号化することで対処しているのではないかと示唆されています．Nakajima らは多数の順序動作を行うときに，まずは視覚手がかりで教えて，その後，記憶に基づいて行うという課題をサルに訓練しました．連続両手順序課題とよびます．両手での 4 つの動作を組み合わせて 1 試行に 2 回行うので，全部で 16 種類もの順序をそのつど覚えていきます．最初の視覚で教えるときには新しい動作を覚える更新期，その後，覚えた動作を記憶に基づいて繰り返す時期を維持期とよびました（Nakajima *et al.*, 2013）

順序を表現する細胞はよく調べると，情報を手の順序動作と動作種類（回内と回外）との 2 つに分けてからそれぞれを順序として表す細胞が多数見つかりました．つまり運動を 2 次元（使う手，運動の種類）に分けて，一つの動作順序を表現しているのです．このように脳は符号化する対象の複雑さに合わせてその神経の表現の次元を上げ，その情報空間に埋め込むのではないかと類推できます．そうすれば，必要に応じて組合せを少し変えるだけでさまざまな順番の運動を柔軟に生成できます．

このように多数の順序を維持したり更新したりするときにはどのような振動現象が関与のするでしょうか？　更新するときには視覚指示はなく，始まりを示す手がかり刺激だけで繰り返すことができます．そして，しばらく繰り返すとふたたび新しい順序を導入し，視覚指示信号に基づいた順序動作を行います．この場合，局所電場電位を記録するとベータ波帯域の振動はほとんど認められず，振幅の大きいガンマ波が記録されます．興味深いことに，記憶に基づいて繰り返し順序動作を行うときにはベータ波がガンマ波に対して優位に出現します．しかし新たな順序を導入して，視覚指示に注目しながら行う時期になるとガンマ波が増えベータ波が減少しました（図 2.7）．とくにその傾向は前補足運動野で顕著でした（Hosaka *et al.*, 2016）．

基底核でもとくに視床下核ではベータ波とガンマ波が記録されます．パーキ

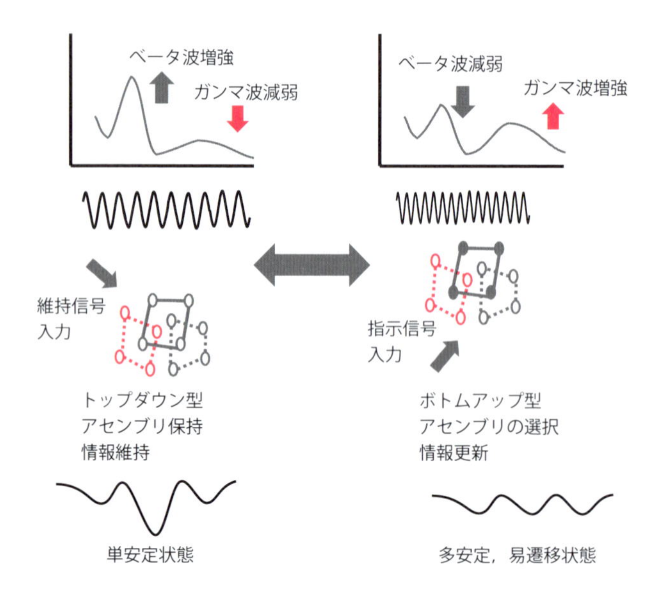

図 2.7　運動切替えと周波数変化
ベータ波が出ているときにはトップダウンの信号が優位で現在の細胞の集まり（アセンブリ）が保持されている．一方でベータ波が弱くなりガンマ波が強くなると，系は他の状態に遷移しやすくなる．

ンソン（Parkinson）病ではとくにベータ波が強く，大脳皮質と基底核はベータ波で同期しコヒーレンスが高くなります．一方でガンマ波は出にくくなります．パーキンソン病の治療がうまくいってるときにはベータ波とガンマ波のバランスが回復します（図 2.8）（Moran *et al.*, 2011）．パーキンソン病では無動症になっており，また逆に運動を開始すると止まれなくなることもあります．Engel らは，このような状態がベータ波が強くなっていることと対応することから，ベータ波は現状から変化を起こしにくくなる，強い現状維持（status quo）傾向と関わると考えました（Engel and Fries, 2010）．

生理的条件下でも，運動順序記憶を維持する際にはベータ波で，順序を更新するときにベータ波が弱くなりガンマ波が強くなるのは病態の時期と整合性があるかもしれません．

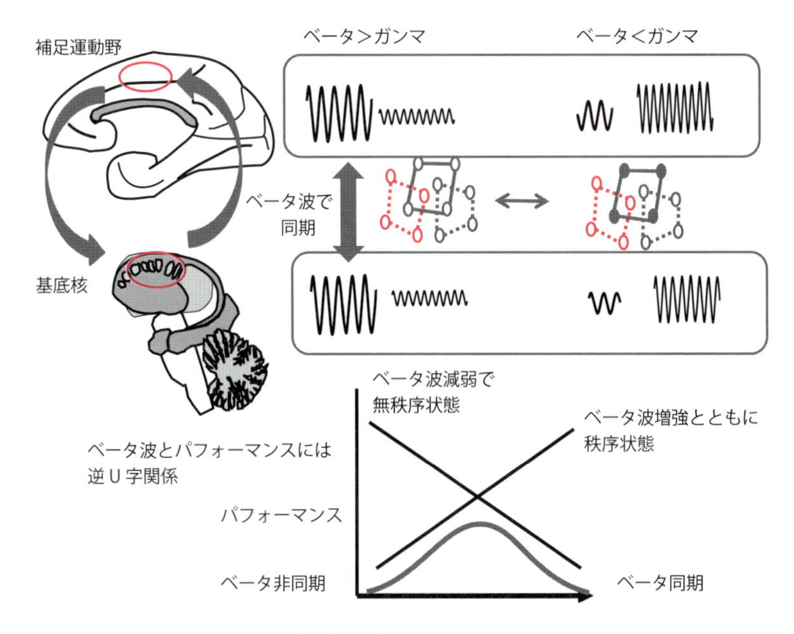

図 2.8　ベータ波とガンマ波と順序切替え
ベータ波はパフォーマンスと逆 U 字関係がある．ベータ波が弱すぎるとばらばらで無秩序，逆にベータ波が強すぎると過度な秩序で融通が効かなくなる（Brittain and Brown, 2014; Moran *et al.*, 2011）．

2.5.3　時間生成に関わる皮質―皮質下系とベータ波

補足運動野と前補足運動野の細胞活動は，順序だけでなく行動の時間間隔の認識と実行に関わることが示唆されています．たとえば，自分で運動までの待ち時間を作り出すような内発的な動作でとくに役割が大きいことが示されています（Mita *et al.*, 2009）．

時間間隔の認識や生成には大脳皮質だけでなく，皮質下の基底核や小脳，さらには海馬，扁桃体なども関わることが知られています．基底核には，大脳皮質補足運動野などに見られるベータ波が認められます．このような振動性の活動は，ペースメーカーとなって時間を蓄積する砂時計の砂のようなはたらきをしていることが考えられています．小脳はそれに比べて，比較的短い時間の生成に関わり，基底核よりも細かい時間調節をしていることが想定されています．

また，大脳皮質のなかで，前頭頭頂皮質の外側部で側頭溝の中に折りたたまれような形態で表面からは見えない島皮質は内臓感覚に関わりますが，この場所も時間間隔の認知に関係した部位であることが報告されています（Buhusi and Meck, 2005; Merchant *et al.*, 2013; Gu *et al.*, 2015）.

時間間隔はきわめて主観的なものです．早く感じたり，遅く感じたりします．どうしてそのように変化するのでしょうか？

基底核は黒質緻密部からドーパミンの入力を受けており，基底核内の時間進行に影響を与えます．Gu らはベータ波とガンマ波の唸り現象のような振動が時間生成に関わると考えました（Gu *et al.*, 2015）．一般的にドーパミンが多く分泌されると主観的時間進行は遅れます．すると客観的な時間経過に対して主観的時間が遅くなり，結果としては実際の時間は早く経過することになります．楽しいことはあっという間に過ぎてしまうという感覚です.

一方でストレスや不安のもとではドーパミンが減り，島皮質などは活性化します．すると主観的な時間経過は早くなります．すると客観的には，長く経過したような感覚になります．退屈な授業で苦痛な状況のとき，時間の経過が遅く感じられるなどは，このような脳の状態になっているのかもしれません．また一瞬のことでもすごく時間が長く感じたりする点では，正の情動で楽しいとあっという間に時が過ぎるのとは逆の時間のゆがみです．この際には島皮質の関与が示唆されています（Craig, 2009）.

ADHD（注意欠如・多動症）などの注意障害では，時間経過の感覚が健常者に比べて長く感じられるため，不正確な時間間隔の推定を示します．注意障害の一つの原因は物事の経過が長く感じられるために，他のものに注意を向けたがるのかもしれません.

2.6 帯状皮質運動野─アウトカムによる行動の維持と切替え

帯状皮質運動野（cingulate motor area：CMA，表 2.1）は大脳内壁の帯状溝内，内側面の脳梁のすぐ上部に位置します．帯状溝より下で，その一部は内側面に出ています．内側面に表出している皮質は帯状回と名づけられています．帯状回は大脳辺縁系に属し，いわゆる古い皮質と考えられてきました．前

表 2.1　帯状皮質運動野

	前帯状皮質運動野 (吻側部)	後帯状皮質運動野 (尾側部)
細胞構築学的領域	24c, a24c′	p24c′, 24d, 23c
前頭葉結合性	10, 14, 6, ACC PCC	左同様だが限定的
運動関連	運動報酬関連性	感覚性，力，方向
運動潜時	長く，変動あり	短い
活性化因子	自発性 時間モニタリング 報酬期待	信号誘発性 感覚空間で定位 到達運動
ドーパミン分布	高い	低いないし中間

帯状皮質運動野は前後で異なった機能解剖的特徴がある．
数字はブロードマンの分類．

部，中部，後部に分けられます．その中部の背側に帯状皮質運動野が存在します．帯状回と帯状皮質運動野は，解剖学的にも生理学的にも別の領域です．

帯状皮質運動野（CMA）は生理学的および解剖学的に，最初，サルにおいて発見されたため CMA という呼称はおもにサルで使われます．サルは吻側に前帯状皮質運動野（rostral cingulate motor area），尾側に 2 つの後帯状皮質運動野，すなわち背側部と腹側部（dorsal and ventral cingulate motor areas）の運動野が存在します．ヒトの帯状皮質中部は前後に 2 領域，吻側帯状皮質（RCZ：rostral cingulate zone，サルでは CMAr：rostral cingulate motor area，ブロードマン 24 野）と尾側帯状皮質（CCZ：caudal cingulate zone，サルでは CMAc：caudal cingulate motor，23 野）に分けられています．ヒトおよびサルとも，RCZ と CCZ の境界はほぼ前交連（level of the anterior commissure）の前後位置に相当するとされています．

CMA は，広い領域をさす RCZ と CCZ に含まれる運動関連領野に対応しています．ヒトの RCZ と CCZ における運動関連野の位置とサルの大脳半球内側部における運動関連領野の位置関係は相同性が高いと考えられています．体部位表現がある領域が前後に数箇所見つかっています（図 2.9）．他の前頭運動野，前頭前野との連絡が密にあります（図 2.10）．

ヒトでは前帯状皮質を広く取る研究者もあり，中部帯状皮質前方と前部帯状皮質（前帯状皮質膝下部と 前帯状皮質膝前部）をまとめて前帯状皮質とよぶ

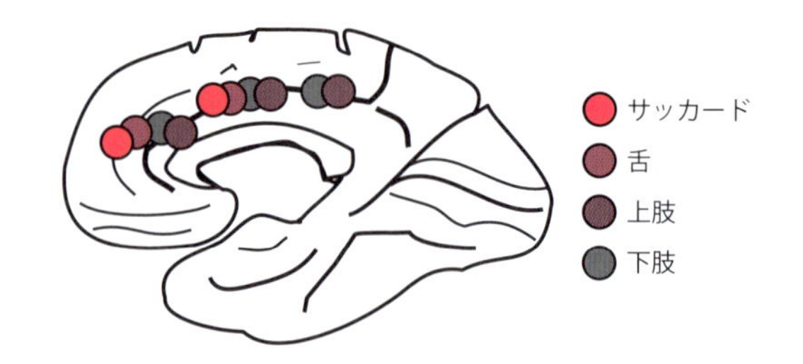

図 2.9　帯状皮質の体部位表現マップ
帯状皮質運動野にはある程度の体部位局在性があり，刺激などで対応した部位の身体が動く．皮質脊髄路の存在が確認されている（Vogt, 2016）．

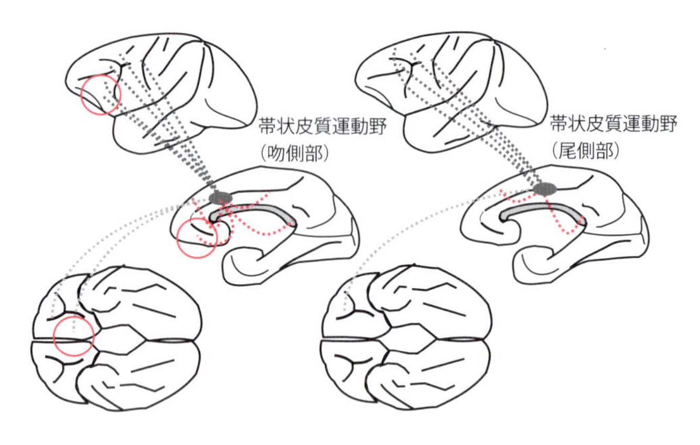

図 2.10　帯状皮質運動野の投射関係
帯状皮質運動野の吻側部は前頭葉腹側の結合が尾側部に比べて強い（赤い円で示す）ことに注意されたい．

ことがあります．この場合は，この部位の背側部を背側前帯状皮質とよび，それを狭義の前帯状皮質とする研究者も多くいます．前方の前帯状皮質の前方部のみを傍膝前帯状皮質と膝下前帯状皮質として分類する研究者もおり，複数の分類法が混在しています．Vogt（2016）を参照すると詳しい経緯がわかります．

2.6.1　報酬に基づいた行動と切替えと維持の調節

帯状皮質運動野は報酬期待に基づいた柔軟な行動調節に関わります．報酬は

“アウトカム”や“ゴール”とよばれたり，研究者により異なるために混乱することが多々あります．しかしここではPassinghamとWiseの定義に従って，運動や行動の課題のなかで達すべき目標を“ゴール”とよび，その結果もらえる報酬を“アウトカム”とよび分けることにします．一般的には報酬との関連性により対象の価値づけを行います．したがって刺激や行動の結果として得た報酬，アウトカムはその刺激や行動の価値判断の基盤になります．

帯状皮質運動野は価値づけの変更があると，それに伴って柔軟に行動調節をすることに関わります．嶋らは，2つの動作を報酬量によって切り替えたり維持したりする課題で前帯状皮質運動野からの細胞活動を記録しました（Shima and Tanji, 1998）．たとえば2つの動作A，Bのうち，一方を選択する簡単な課題を考えてみます．仮に，最初は動作Aを行うと報酬がもらえるとします．しかし，動作Aを何度も行っていると，ある試行から次第に報酬量が減少していきます．そこで，もし動作Bに切り替えれば元の量の報酬をふたたびもらえます．この課題では，さらに動作Bも何度も行うとやはり報酬が減少します．そこでふたたび動作BからAに切り替えればまた報酬量が元どおりになります．

一方で，もし間違って報酬量が減少していないのに動作を切り替えれば，報酬は何ももらえません．そうするとサルは同じ動作を続けるべきか変更すべきかを，報酬量の変化を自分でモニタリングして判断することになります．すなわち期待どおりの量（予測報酬量）と実際にもらった報酬量を比較して期待どおりかどうか，すなわち報酬予測誤差（予測量―実際量）を計算していると考えられます．そして，この報酬予測誤差がある値を超えると行動を変化させることになります．実際に前帯状皮質運動野には，報酬予測誤差がある一定以上になり，動作を変更しようというときに活動する細胞が存在します（図2.11）（Iwata *et al.*, 2013）．

詳細な解析から，前帯状皮質運動野には，（1）動作の切替えに関わる細胞活動，（2）動作の維持に関わる細胞活動，さらに（3）維持期間に報酬関連応答が徐々に増えるないしは減るなどして，試行履歴をモニタリングしている細胞活動が見出されました．前帯状皮質では予測誤差を検出するだけでなく，そろそろ報酬回数が増え，変化する時期が近づいたことを予測しているような行

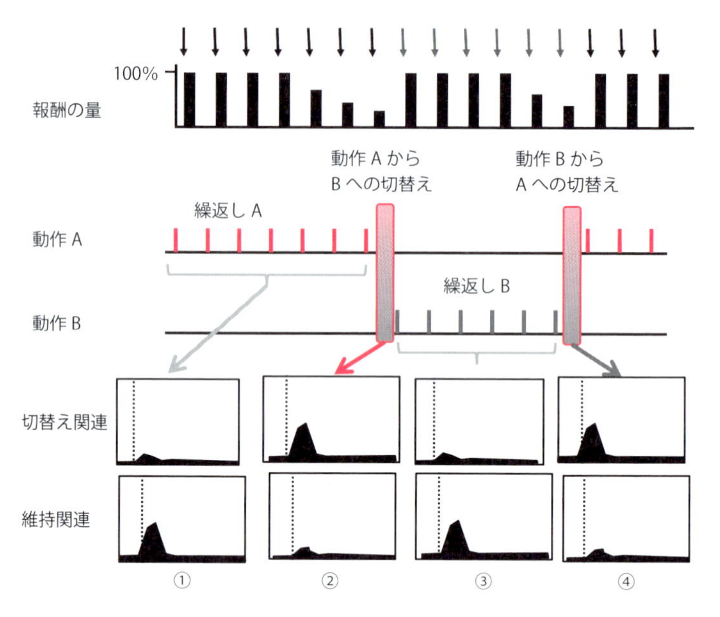

図 2.11　報酬量基盤による行動変換課題
最初の細胞（①）は動作 A を繰り返し行う時期に活動が高く，2 番目の例（②）は報酬の減少で動作 A から動作 B に切り替えるときに高い活動を示す．3 番目の細胞（③）は動作 B を繰り返し行う時期に活動が高く，4 番目の例（④）は報酬の減少で動作 B から動作 A に切り替えるときに高い活動を示す（Shima and Tanji, 1998）.

動文脈に関連したモニタリングも行っているとことが明らかになりました．

前帯状皮質運動野は，報酬に基づいた切替え以外に普段の行動の維持にも関わります．実は動作を変更するときにのみ活動する細胞以外に，同じ動作を継続するときにだけ活動する細胞も存在します．したがって，前帯状皮質運動野は，自分の行動のアウトカムの履歴を積み上げて，継続か変更かを決定することに関わっていることになります．

ヒトにおいても，同様に前帯状皮質運動野が報酬により動作を切り替えることに関わることを示した研究があります（Williams *et al.*, 2004; Bush *et al.*, 2002）．また最近のサルの研究でも，前帯状皮質が行動のアウトカムのモニタリング履歴の蓄積とそれをエビデンスにしたルールの切替えに関わるという研究があります（Sarafyazd and Jazayeri, 2019）.

しかし，この場所の細胞は他の明示的な変更を指示されるときには細胞活動の変化はありません．すなわち，自分で自分のパフォーマンスをモニタリングして，自分で決める点が重要なのです．

2.6.2　コンフリクト―複数の刺激と行動の拮抗と解決

帯状皮質運動野は複数の行動から１つを選択する課題で，条件によって複数の選択肢が拮抗し合うコンフリクト状況下でのコンフリクトの検出とその解決に関わると考えられます（Botvinick *et al.*, 2004）．

“ストループ（Stroop）課題”を例にとって，どのようなコンフリクトが関わるか見てみましょう．この課題では，赤色のインクで「青色」と書かれた文字があるとします．このときに被験者にインクの色を言わせます．通常はどうしても色の意味を理解すると，インクの色でなく，文字の意味そのものである「青色‼」と反応したくなります．課題で要求されれているインクの色と表記されている文字との間でコンフリトを起こしてしまいます．このコンフリクトを検出し，反応（誤反応）を抑えて正しい動作（反応）を誘導することが必要になります．通常その解決には，単純に赤いインクで書かれた赤という文字への反応よりはかなりの時間がかかります．時間がかかる理由は，反射的に応答しそうになる傾向を抑えて，代わりにより合理的な理性的反応を誘導するためと考えられています．

帯状皮質はエラーの検出（error detection）（Niki and Watanabe, 1979; Ito *et al.*, 2003），行動のイベント経過のモニター（Hoshi *et al.*, 2005），正しい行動順序の探索（Procyk *et al.*, 2000），行動の価値（action value）の推定（Kennerley *et al.*, 2006），報酬の予測と予測誤差（prediction error）の検出（Shidara and Richmond, 2002; Amiez *et al.*, 2006; Seo and Lee, 2007）などのエラーというより予測と実際の違いをモニターすることに関わっていると考えられます．

また帯状皮質は自分自身はとらなかった行動に導かれる「経験していない結果（fictive outcome）」の情報処理にも関与していることが報告されています（Hayden and Pearson, 2009）．帯状皮質運動野がこれらのうち１つの機能に特化していると説明しようとするより，行動（action）・結果（outcome）のモニタリングおよび評価を次の行動につなげる意思決定（decision making）過程に関与すると考えるほうが自然でしょう．

帯状皮質運動野より前方部分の前帯状皮質においても，予測誤差の検出（Matsumoto *et al.*, 2007），報酬の有無や報酬量，報酬獲得に必要な労力に関連した活動（Kennerley and Wallis, 2009）などの報告があり，この領域一帯の細胞は報酬の情報に基づいた行動選択に関わると考えられます．また，1つの細胞が複数の異なる情報をコードしたり，異なる情報（たとえば，報酬が得られる確率と予測誤差など）をコードする細胞が領域内で混在したりしていることが報告されています．

Coleらによると，ヒトおよびサルでの前帯状皮質の障害には差異があるようです．ヒトではコンフリクト状況で行動選択に障害が現れますが，サルではコンフリト下での行動選択への差が認められませんでした（Cole *et al.*, 2009）．サルとヒトでの内側前頭領域の機能に関しては，機能解剖学的に慎重な解釈が必要です．

2.7 前頭葉運動系と社会性―ミラーニューロンとシミュレーション

多数の運動野は個体の行動調節に関わるとと同時に，他者との行動のやり取りに関わることが次第にわかってきました．しかし，4つの高次領野に関しては，少しずつ異なる側面の社会性に関わることが判明しています．

2.7.1 腹側運動前野のミラーニューロン

腹側運動前野がオブジェクトや感覚情報に応答することを見てきました．イタリアのRizzolattiらは，実験者の運動を動物に見せて，運動前野の細胞が応じることを発見しました．さらにその同じ運動をサルにさせると同じ細胞が活動することも見出し，“ミラーニューロン”として報告しました（Gallese *et al.*, 1996; Rizzolatti; *et al.*, 1996; 1998; 2014; Rizzolatti and Sinigaglia, 2016）．

自己の運動実行と他者の運動観察のどちらでも活動するミラーニューロンは多くの研究者の注目を引きました．この細胞は見るだけで他者の運動をシミュレーションしているのではないかとか，模倣に関わるのではないかとさまざまな可能性が議論されることになりました.

その後運動前野に投射する頭頂葉側にも同様のミラーニューロンが見つけられました. またヒトではfMRIで自己の運動実行と他者の運動観察のどちらでも活動する領域であることを示し, サルの実験結果を支持する知見を得ました. しかし細胞レベルの所見ではないので頭頂–前頭の“ミラー・システム”というよび方をします（Rizzolatti and Sinigaglia, 2016）（サルの運動前野で報告されているミラーニューロンとは違う, 頭頂葉としての性質・性格をもった, “頭頂葉ミラーニューロン”の提示が期待されます）.

運動前野にはミュー波（アルファ波と同じ）という局所電場電位が記録されます. アルファ波は後頭葉に見られる成分もありますが, このミュー波は異なると考えられています. 後頭葉のアルファ波は閉眼で見られますが, 開眼で抑制されます. このようなことはミュー波には認められません. しかし, 運動時に抑制されます. 実は運動実行時に抑制されるだけでなく, 他者の動作を観察したときにも抑制されます. したがって, ミュー波の抑制はミラーニューロンのように, 個人の運動だけでなく他者の運動観察にも関わることが示唆されています（Pineda, 2005）.

2.7.2　背側運動前野のメンタルリハーサル

背側運動前野はルールに従った運動に関わります. しかも興味深いことに他者がどのようなルールに基づいて行っているかで, 自分の行動を調節しなければならないときには他者の運動を観察する際に背側運動前野が応じることがわかってきました. 実際, 腹側運動前野のように自己の動作でも活動し, 他者の動作を観察しても活動するミラーニューロンのような細胞が見つかりました. Cirilloらは, ヒトとサルが何回かごとに交代するタイプの新たな二者協働課題を考案し, サルの運動関連領野から細胞の活動を記録しました. この課題では, ルールに従って, その都度異なるボタンを押す必要があるため, 他者の前回の運動をモニターしている必要があります. ルールを介して観察と実行の両面に関わる細胞が背側運動前野に見出されました（Cirillo *et al.*, 2018）.

ミラーニューロンも他者の動きを観察しながら, 自らの動きであればこのような運動となる, とするメンタル・リハーサルによる動き, もしくはシミュレーションしているとも解釈できます (Cisek and Kalaska, 2004). するとミラーニューロンのような活動は，腹側運動前野に限定されるものではないことが考えられます.

実際に楽器を弾いている人の様子を見たり，または音楽を聴くと，同じ楽器に慣れ親しんでいる音楽家であれば，運動前野，補足運動野の活動が認められます．このような，視覚や音を通して他者の活動を観察することで，自身の運動野が活動することは一般的なことといえます．相手の行動あるいは心情を自分の身に置き換えてみることで，相手をより深く理解することを英語では vicarious (key Word 参照) とよびます．バイカリオス性とは他人の経験（たとえば痛み）を自分が代理となって経験するようなことで，身代わりとしての経験です．脳での他者理解は多くが人の経験を自分の経験として，代理として経験するようなことで理解することが脳の基本的なメカニズムといえます.

2.7.3　前補足運動野の他者との協調運動

前補足運動野は自己の順序動作と同時に他者も含む交互に行う他者との協同課題に関わります．自分の動作に限らずパートナーの動作と自分の動作を交互に行う際には，自己の行動のみならず，相手の動作をモニタリングしてその意図を読み自分の行動を決定する必要があります．この際には自己のモニタリングにも他者のモニタリングにも関わる細胞や，自己だけまたは相手の行為のモニタリングにも関わる細胞など，多数なタイプの細胞が記録されました (Falcone *et al.*, 2017; Yoshida *et al.*, 2011).

2.7.4　帯状皮質運動野による情動性の社会行動

帯状皮質運動野には体部位局在があり，身体と密接に関わる情動認知や行動に関わります（Keysers *et al.*, 2010; Vogt, 2016)．ここには母子分離の際の子どもからの separation call とよばれる泣き声に応じると同時に，とくに情動的な発声に関わる領域があり，社会性に関わると考えられます．帯状皮質運動野では痛みに対する応答性が知られていますが，他者の痛みに関する視覚的な観察だけでも同じ領域が活動することも知られています．すなわち，不快な感情を惹起する刺激には帯状皮質運動野を含む中部帯状皮質が活性化します．(Pereira, 2010)．さらに２匹のサルを用いて，互いに他者の動作をモニタリングすることで自分の動作が決まるような社会性の課題を行うと，他者の行動や報酬の変化を予測しながら行動を決定する際に活動する細胞がありました．ここでも自己と他者の両方が交互に行うような行動課題を訓練し，次に行う自己の行動が他者の行動結果に依存したとき，帯状皮質運動野は自己のみならず他者の行動および行動結果としての報酬をモニターすることに関わっていることがわかります（Yoshida *et al.*, 2011; Apps *et al.*, 2013)．

Q＆A

Q　スポーツなどで，運動機能の器用・不器用がよくいわれます．運動前野のはたらきが左右しているのでしょうか．

A　不器用という語は日常的によく使われますが，いろいろな意味があると思われます．道具を使いこなす点でこの用語を用いるとしたら，運動前野が関わりそうです．しかし，道具使用には学習が必要で，学習が遅いか速いかなどの違いがあると考えられます．小脳と大脳皮質の関わりが重要になります．

Q　帯状回中部の背側に帯状皮質運動野が存在していて，帯状回と帯状皮質運動野は解剖学的に別の領域とのことですが，具体的に何が異なるのでしょうか．

A　Backman らの詳細な結合性の研究から，帯状回中部のなかで帯状回の腹側側は海馬や扁桃体などの辺縁系との結合性が強く，一方で帯状溝付近の背側側は辺縁系との結合性はありますが，他の運動野の連携が強く見られます（Beckman *et al.*, 2009)．結果として帯状回中部の痛みや情動に関わる領域には，背側は体性運動に関わる出力，腹側は自律神経などへの出力に関わるというような機能差があります．

Q　帯状皮質運動野で観察された，他者の気持ちを理解するような情動性社会行動をモニタリングするニューロンも，ミラーニューロンとよべるのでしょうか．

A　ミラーニューロンは自己の運動の実行，他者の同じ運動の実行観察でも活動する細胞です．自己の情動表出にも，他者の情動表出を観察しても活動するとすると，ヒトでの機能画像研究が主ですが，同様のシステムだと考えられます．

ニューロンレベルでの実証がまだですので，情動におけるミラーシステムとよ

解説 **大脳皮質の回と溝**

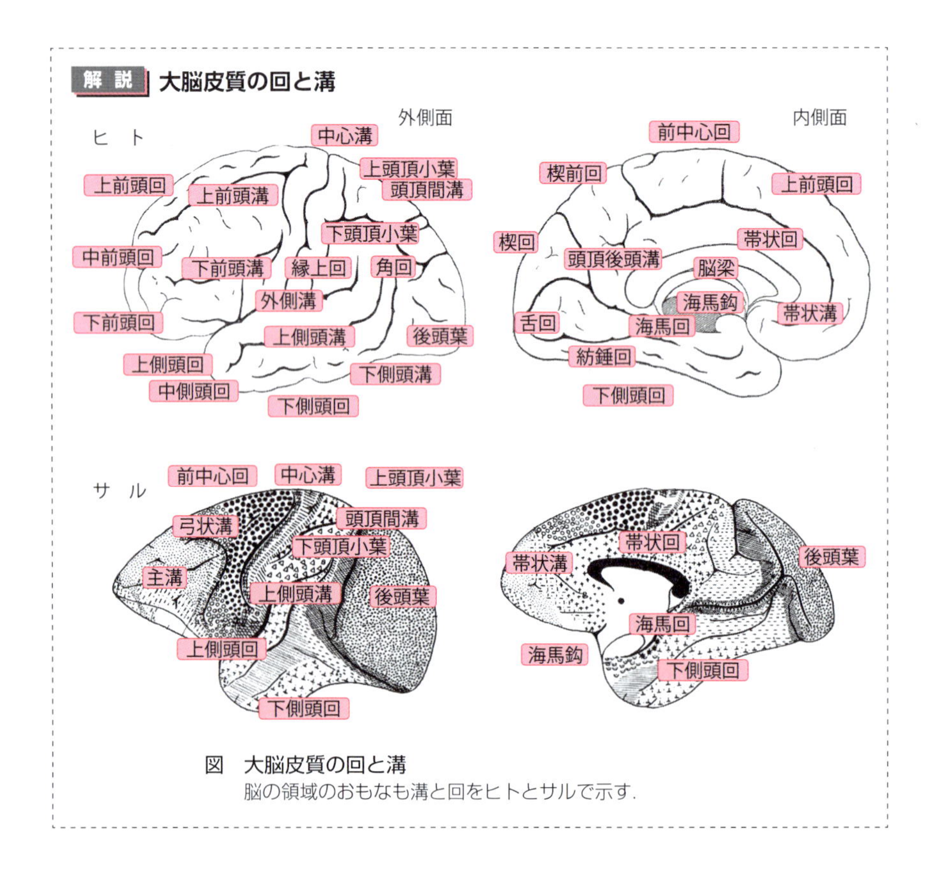

図　大脳皮質の回と溝
脳の領域のおもなも溝と回をヒトとサルで示す．

べると考えられます．他者の情動を理解する情動的な共感性には大切な機能と思われます．

引用文献

Amiez C, Joseph JP, Procyk E (2006) Reward encoding in the monkey anterior cingulate cortex. *Cereb. Cortex*, **16**(7), 1040–1055.

Apps MAJ, Lockwood PL, Balsters JH (2013) The role of the midcingulate cortex in monitoring others' decisions. *Front Neurosci*, **7**, 251.

Beckmann M, Johansen-Berg H, Rushworth MF (2009) Connectivity-based parcellation of human cingulate cortex and its relation to functional specialization. *J Neurosci*, **29**, 1175–1190.

Bonini F, Burle B, Liégeois-Chauvel C, Régis J, Chauvel P, Vidal F (2014) Action monitoring and medial frontal cortex: leading role of supplementary motor area. *Science*, **343** (6173), 888-891.

Botvinick MM, Cohen JD, Carter CS (2004) Conflict monitoring and anterior cingulate cortex: An update. *Trends Cogn Sci*, **8**, 539-546.

Brittain JS, Brown P (2014) Oscillations and the basal ganglia: motor control and beyond. *Neuroimage*, **85**(Pt 2), 637-647.

Buhusi CV, Meck WH (2005) What makes us tick? Functional and neural mechanisms of interval timing. *Nat Rev Neurosci*, **6**(10), 755-765.

Bush G, Vogt BA, Holmes J, Dale AM, Greve D, Jenike MA, Rosen BR (2002) Dorsal anterior cingulate cortex: A role in reward-based decision making. *Proc Natl Acad Sci USA*, **99**, 523-528.

Cirillo R, Ferrucci L, Marcos E, Ferraina S, Genovesio A (2018) Coding of self and other's future choices in dorsal premotor cortex during social interaction. *Cell Rep*, **24**(7), 1679-1686.

Cisek P (2006) Integrated neural processes for defining potential actions and deciding between them: A computational model. *J Neurosci*, **26**(38), 9761-9770.

Cisek, P. (2012) Making decisions through a distributed consensus. *Curr Opin Neurobiol*. **22**(6), 927-936.

Cisek P, Kalaska JF (2004) Neural correlates of mental rehearsal in dorsal premotor cortex. *Nature*, **431**(7011), 993-996.

Cisek P, Kalaska JF (2005) Neural correlates of reaching decisions in dorsal premotor cortex: Specification of multiple direction choices and final selection of action. *Neuron*, **45**(5), 801-814.

Cisek P. Kalaska JF (2010) Neural mechanisms for interacting with a world full of action choices. *Ann Rev Neurosci*, **33**, 269-298.

Cole MW, Yeung N, Freiwald WA, Botvinick M (2009) Cingulate cortex: Diverging data from humans and monkeys. *Trends Neurosci*, **32**(11), 566-574.

Cona G, Semenza C (2017) Supplementary motor area as key structure for domain-general sequence processing: A unified account. *Neurosci Biobehav Rev*, **72**, 28-42

Craig AD (2009) How do you feel – now? The anterior insula and human awareness. *Nat Rev Neurosci* **10**(1), 59-70.

Engel AK, Fries P (2010) Beta-band oscillations--signalling the status quo? *Curr Opin Neurobiol*, **20**(2), 156-165.

Evarts, EV (1968) Relation of pyramidal tract activity to force exerted during voluntary movement. *J Neurophysiol*, **31**, 14.

Falcone R, Cirillo R, Ferraina S, Genovesio A (2017) Neural activity in macaque medial frontal cortex represents others' choices. *Sci Rep*, **7**(1), 12663.

Fried I, Katz A, McCarthy G, Sass KJ, Williamson P, Spencer SS, Spencer DD (1991)

Functional organization of human supplementary motor cortex studied by electrical stimulation. *J Neurosci*, **11** (11), 3656-3666.

Gallese V, Fadiga L, Fogassi L, Rizzolatti G (1996) Action recognition in the premotor cortex. *Brain*. **119**, 593-609.

Georgopoulos AP, Kalaska JF, Caminiti R, Massey JT (1982) On the relations between the direction of two-dimensional arm movements and cell discharge in primate motor cortex. *J Neurosci*, **2**, 1527-1537.

Gu BM, van Rijn H, Meck WH (2015) Oscillatory multiplexing of neural population codes for interval timing and working memory. *Neurosci Biobehav Rev*, **48**, 160-185.

Haegens S, Nácher V, Hernández A, Luna R, Jensen O, Romo R (2011) Beta oscillations in the monkey sensorimotor network reflect somatosensory decision making. *Proc Natl Acad Sci USA*, **108** (26), 10708-10713.

Haggard P (2008) Human volition: Towards a neuroscience of will. *Nat Rev Neurosci*, **9** (12), 934-946.

Hayden BY, Pearson JM, Platt ML (2009) Fictive reward signals in the anterior cingulate cortex. *Science*, **324** (5929), 948-950.

Hikosaka O, Isoda M (2010) Switching from automatic to controlled behavior: Cortico-basal ganglia mechanisms. *Trends Cogn Sci*, **14** (4), 154-161.

Hikosaka O, Takikawa Y, Kawagoe R (2000) Role of the basal ganglia in the control of purposive saccadic eye movements. *Physiol Rev*, **80** (3), 953-978.

Hosaka R, Nakajima T, Aihara K, Yamaguchi Y, Mushiake H (2016) The suppression of beta oscillations in the primate supplementary motor complex reflects a volatile state during the updating of action sequences. *Cereb Cortex*, **26** (8), 3442-3452.

Hoshi E, Sawamura H, Tanji J (2005) Neurons in the rostral cingulate motor area monitor multiple phases of visuomotor behavior with modest parametric selectivity. *J Neurophysiol*, **94** (1), 640-656.

Hoshi E, Tanji J (2000) Integration of target and body-part information in the premotor cortex when planning action. *Nature*, **408**, 466-470.

Isoda M, Hikosaka O (2007) Switching from automatic to controlled action by monkey medial frontal cortex. *Nat Neurosci*, **10** (2), 240-248.

Ito S, Stuphorn V, Brown JW, Schall JD (2003) Performance monitoring by the anterior cingulate cortex during saccade countermanding. *Science*, **302**(5642), 120-122.

Iwata J, Shima K, Tanji J, Mushiake H (2013) Neurons in the cingulate motor area signal context-based and outcome-based volitional selection of action. *Exp Brain Res*, **229**, 407-417.

Kakei S, Hoffman DS, Strick PL (2003) Sensorimotor transformations in cortical motor areas. *Neurosci Res*, **46** (1), 1-10.

Kennerley SW, Wallis JD (2009) Evaluating choices by single neurons in the frontal lobe: Outcome value encoded across multiple decision variables. *Eur J Neurosci*, **29** (10),

2061-2067.

Kennerley SW, Walton ME, Behrens TEJ, Buckley MJ, Rushworth MFS (2006) Optimal decision making and the anterior cingulate cortex. *Nat Neurosci*, **9** (7), 940-947.

Keysers C, Kaas JH, Gazzola V (2010) Somatosensation in social perception. *Nat Rev Neurosci*. **11** (6), 417-428.

Kurata K, Hoffman DS (1994) Differential effects of muscimol microinjection into dorsal and ventral aspects of the premotor cortex of monkeys. *J Neurophysiol*, **71**, 1151-1164.

Kurata K, Hoshi E (1999) Reacquisition deficits in prism adaptation after muscimol microinjection into the ventral premotor cortex of monkeys. *J Neurophysiol*, **81**, 1927-1938.

Latash, ML (2012) "Fundamentals of Motor ControlFundamentals of Motor Control", Academic Press.

Matsumoto M, Matsumoto K, Abe H, Tanaka K (2007) Medial prefrontal cell activity signaling prediction errors of action values. *Nat Neurosci*, **10** (5), 647-656.

Matsuzaka Y, Aizawa H, Tanji J (1992) A motor area rostral to the supplementary motor area (presupplementary motor area) in the monkey: Neuronal activity during a learned motor task. *J Neurophysiol*, **68** (3), 653-662.

Matsuzaka Y, Tanji J (1996) Changing directions of forthcoming arm movements: Neuronal activity in the presupplementary and supplementary motor area of monkey cerebral cortex. *J Neurophysiol*, **76** (4), 2327-2342.

Merchant H, Harrington DL, Meck WH (2013) Neural basis of the perception and estimation of time. *Annu Rev Neurosci*, **36**, 313-336.

Mita A, Mushiake H, Shima K, Matsuzaka Y, Tanji J (2009) Interval time coding byneurons in the presupplementary and supplementary motor areas. *Nat Neurosci*, **12** (4), 502-507.

Moran RJ, Mallet N, Litvak V, Dolan RJ, Magill PJ, Friston KJ, Brown P (2011) Alterations in brain connectivity underlying beta oscillations in Parkinsonism. *PLoS Comput Biol*. **7** (8), e1002124.

Murata A, Fadiga L, Fogassi L, Gallese V, Raos V, Rizzolatti G (1997) Object representation in the ventral premotor cortex (area F5) of the monkey. *J Neurophysiol*, **78**, 2226-2230.

Mushiake H, Inase M, Tanji J (1991) Neuronal activity in the primate premotor, supplementary, and precentral motor cortex during visually guided and internally determined sequential movements. *J Neurophysiol*, **66** (3), 705-718.

Mushiake H, Tanatsugu Y, Tanji J (1997) Neuronal activity in the ventral part of premotor cortex during target-reach movement is modulated by direction of gaze. *J Neurophysiol*, **78**, 567-571.

Nakajima T, Hosaka R, Tsuda I, Tanji J, Mushiake H (2013) Two-dimensional representation of action and arm-use sequences in the presupplementary and supplementary motor areas. *J Neurosci*. **33**(39), 15533-15544.

Niki H, Watanabe M (1979) Prefrontal and cingulate unit activity during timing behavior in the monkey. *Brain Res*, **171**(2), 213-224.

Ochiai T, Mushiake H, Tanji J (2002) Effects of image motion in the dorsal premotor cortex during planning of an arm movement. *J Neurophysiol*, **88**, 2167-2171.

Ochiai T, Mushiake H, Tanji J (2004) Involvement of the ventral premotor cortex in controlling image motion of the hand during performance of a target-capturing task. *Cereb Cortex*, **15**, 929-937.

Ohbayashi M, Picard N, Strick PL (2016) Inactivation of the dorsal premotor area disrupts internally generated, but not visually guided, sequential movements. *J Neurosci*, **36**(6), 1971-1976.

Pastor-Bernier A, Cisek P (2011) Neural correlates of biased competition in premotor cortex. *J Neurosci*, **31**(19), 7083-7088.

Pereira MG, de Oliveira L, Erthal FS, Joffily M, Mocaiber IF, Volchan E, Pessoa L (2010) Emotion affects action: Midcingulate cortex as a pivotal node of interaction between negative emotion and motor signals. *Cogn Affect Behav Neurosci*, **10**(1), 94-106.

Pezzulo, G. Cisek, P (2016) Navigating the affordance landscape: Feedback control as a process model of behavior and cognition. *Trend Cogn Sci*, **20**(6), 414-424

Pineda JA (2005) The functional significance of mu rhythms: Translating "seeing" and "hearing" into "doing". *Brain Res Rev*, **50**(1), 57-68.

Procyk E, Tanaka YL, Joseph JP (2000) Anterior cingulate activity during routine and non-routine sequential behaviors in macaques. *Nat Neurosci*, **3**(5), 502-508.

Rizzolatti G, Cattaneo L, Fabbri-Destro M, Rozzi S (2014) Cortical mechanisms underlying the organization of goal-directed actions and mirror neuron-based action understanding. *Physiol Rev*, **94**(2), 655-706.

Rizzolatti G, Fadiga L, Gallese V, Fogassi L (1996) Premotor cortex and the recognition of motor actions. *Cogn Brain Res*, **3**, 131-141.

Rizzolatti G, Luppino G (2001) The cortical motor system. *Neuron*, **31**, 889-901.

Rizzolatti G, Luppino G, Matelli M (1998) The organization of the cortical motor system: New concepts. *Electroencephalogr Clin Neurophysiol*, **106**(4), 283-296.

Rizzolatti G, Sinigaglia C (2016) The mirror mechanism: A basic principle of brain function. *Nat Rev Neurosci*, **17**(12), 757-765.

Romo R, Hernández A, Zainos A (2004) Neuronal correlates of a perceptual decision in ventral premotor cortex. *Neuron*, **41**(1), 165-173.

Sarafyazd M, Jazayeri M (2019) Hierarchical reasoning by neural circuits in the frontal cortex. *Science*, **364**(6441), 652-661.

Scangos KW, Aronberg R, Stuphorn V (2013) Performance monitoring by presupplementary and supplementary motor area during an arm movement countermanding task. *J Neurophysiol*. **109**(7), 1928-1939.

Scott SH (2004) Optimal feedback control and the neural basis of volitional motor control. *Nat Rev Neurosci*, **5**(7), 532-546.

Seo H, Lee D (2007) Temporal filtering of reward signals in the dorsal anterior cingulate cortex during a mixed-strategy game. *J Neurosci*, **27**(31), 8366-8377.

Shadmehr R, Wise SP (2004) "Computational Neurobiology of Reaching and Pointing: A Foundation for Motor Learning", Computational Neuroscience Series, Bradford Book.

Shidara M, Richmond BJ (2002) Anterior cingulate: Single neuronal signals related to degree of reward expectancy. *Science*, **296**(5573), 1709-1711.

Shima K, Mushiake H, Saito N, Tanji J (1996) Role for cells in the presupplementary motor area in updating motor plans. *Proc Natl Acad Sci USA*. **93**(16), 8694-8698.

Shima K, Tanji J (1998) Role for cingulate motor area cells in voluntary movement selection based on reward. *Science*, **282**(5392), 1335-1338.

Spitzer B, Haegens S (2017) Beyond the status quo: A role for beta oscillations in endogenous content (re) activation. *eNeuro*, **4**(4), pii: ENEURO.0170-17.2017.

Tanji J (2001) Sequential organization of multiple movements: Involvement of cortical motor areas. *Annu Rev Neurosci*, **24**, 631-651.

Tanji J, Okano K, Sato KC (1987) Relation of neurons in the nonprimary motor cortex to bilateral hand movement. *Nature*, **327**(6123), 618-620.

Thura D, Cisek P (2014) Deliberation and commitment in the premotor and primary motor cortex during dynamic decision making. *Neuron*, **81**(6), 1401-1416.

Vogt BA (2016) Midcingulate cortex: Structure, connections, homologies, functions and diseases. *J Chem Neuroanat*, **74**, 28-46.

Wallis JD, Miller EK (2003) From rule to response: neuronal processes in the premotor and prefrontal cortex. *J Neurophysiol*, **90**, 1790-1806.

Williams ZM, Bush G, Rauch SL, Cosgrove GR, Eskandar EN (2004) Human anterior cingulate neurons and the integration of monetary reward with motor responses. *Nat Neurosci*, **7**, 1370-1375.

Wise SP, Boussaoud D, Johnson PB, Caminiti R (1997) Premotor and parietal cortex: Corticocortical connectivity and combinatorial computations. *Annu Rev Neurosci*, **20**, 25-42.

Yoshida K, Saito N, Iriki A, Isoda M (2011) Representation of others' action by neurons in monkey medial frontal cortex. *Curr Biol*, **21**(3), 249-253.

3 前頭前野後方部
—外界の注意対象の探索と維持

3.1 注意の時空間調節—プライオリティと振動によるフィルター

高度な感覚系を有した個体が外界のなかで，限られた認知的なリソースで適応的に生活するには，圧倒的な情報量の環境から情報を選択して行動に結びつける必要があります．これができないと，情報の海の中で欲しい情報を見つけられずに，折角の運動機能も活かされません．

圧倒的な環境の情報を脳はどうやって選択しているのでしょうか？

外界には多数の注意対象の候補があります．そのためには優先順位を決めたり際立ったもの，すなわち“セイリエンス”の高いものを視野内（さらには聴覚空間，体性感覚の近傍空間）に注意を向けるでしょう．注意の目的は，候補になる対象群が複数ある場合，それらに注意という量を配分することで優先順位を決め，そのなかでとくに注意量の高いものが意識化されることになります(Ptak, 2012; Bisley and Goldberg, 2010; Gottlieb, 2007)．

前頭前野後方部のとくに前頭眼野はこのような情報過多の環境にあって，情報処理のリソースの必要性や切迫性などに傾斜をつけて，処理すべき対象を選び出す役割を果たしていると考えられます．

しかし，単に目立っていれば注意の対象になるだけでは不十分です．対象の優先順位，プライオリティをつけるにあたっては，すでに自分にとって特定の関心があれば，その対象があまり目立っていなくてもプライオリティを高くす

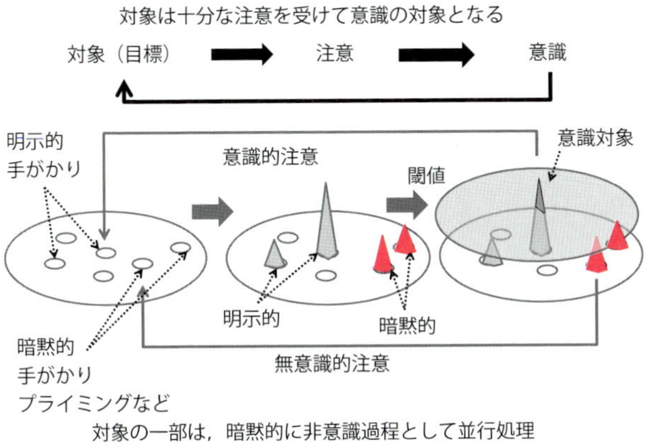

対象は十分な注意を受けて意識の対象となる
対象（目標） → 注意 → 意識
明示的 手がかり
意識的注意
閾値
意識対象
明示的
暗黙的
暗黙的 手がかり プライミングなど
無意識的注意
対象の一部は，暗黙的に非意識過程として並行処理

図 3.1　意識・無意識的注意
注意は元来目立つもの，自分の明示的に関心のある対象に向けられるものだが，事前にプライミングなどで意識下に示唆されると，意識的に注意はしていないものの閾値ギリギリで検出される可能性を高める．意識・無意識的注意は，それぞれ相対的な関係にある．

ることが大切です．これはトップダウンでのプライオリティです．そしてとくに関心対象が不明の場合はボトムアップによって，環境から広く探し出すことになります．

注意に関しては無意識的なバイアスも重要なことがわかっています．プライミングとよばれる方法で，事前に刺激を意識されないかたちで与えてもその影響でその後の注意の向け方に影響が出ることが知られています（図 3.1）(Bargh JA, 2010; 2012)．

無意識の因子として大切なものに脳活動の振動現象があります．脳波のリズムの位相によって注意の感度が異なります．

アルファ波は安静時にも広域で認められる振動で，視床–皮質回路または皮質–皮質回路のなかでしばしば見られる振動現象です．また，さまざまな感覚種の刺激がボトムアップで末梢から感覚野に到達する際には，皮質にアルファ波が誘発されます．刺激のタイミングと自発的なアルファ波の位相のタイミングが感度に影響を与えることも知られています．トップダウン信号としてのアルファ波としては，前頭眼野，外側前頭前野，帯状皮質なども関わるとされています（Sadaghiani and Kleinschmidt, 2016）．

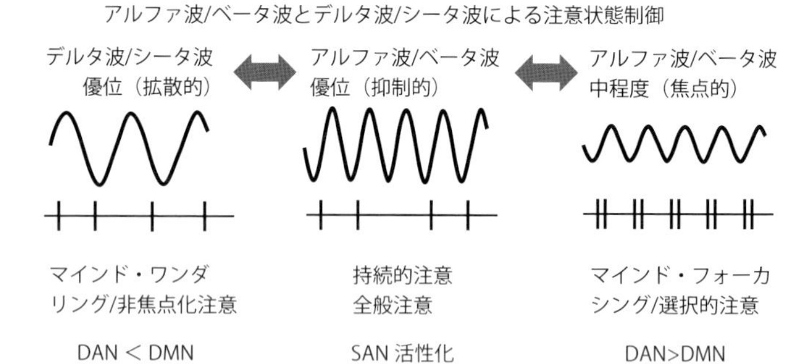

図 3.2　振動と注意状態
一般的に低い周波数は拡散的非焦点化注意で，アルファ波が活発化すると持続的な注意，抑制が強く，むしろ警戒に近い状態である．中程度のアルファ波は選択的注意として，一番注意集中した状態である．

Sadaghiani らはアルファ波の状態から複数の状態を想定しています．全般性に大きい場合はアルファ波の抑制的な側面が多く，覚醒状態で警戒した状態ですが，選択的な注意が向いていない状態と考えられます．また中程度のアルファ波が脳の選択的な部位に認められると，このアルファ波は他の高周波のガンマ波などとカップリングして，ある情報に選択的に注意を向けた状態と考えられます．アルファ波は下位の皮質の浅層，深層に影響を与え，その注意状態，情報の維持，結果として作業記憶に関わることが示唆されています（図 3.2）(Haegens *et al.*, 2015)．

ベータ波は皮質では前頭運動野に運動準備中などに認められる波です．また基底核にも認められ，皮質–基底核回路の連携に関わります．ベータ波は状態維持に，記憶された内容の想起や意思決定にも関わることが示唆されています．ベータ波は皮質回路においてトップダウンで下位の皮質の浅層，深層に影響を与え，その注意状態，情報の維持，結果として作業記憶に関わることが示唆されています．

アルファ波，ベータ波には共通した性質もあります．どちらも振幅が大きいときには基本的に抑制的です．一方で適度な大きさのときに，最も多くの情報処理に関われるとされています．したがって，注意のメカニズムとしては，振動の大きさと位相と信号との関係で選択されると考えられます．

またBraboszczらによれば，マインド・ワンダリングとよばれる選択的注意より非焦点化した状態が知られています．この場合は外界への選択的注意がされておらず，アルファ波，ベータ波は弱くなり，むしろシータ波，デルタ波が優位になることが知られています（Braboszcz and Delorme, 2011）．ただし，シータ波は，単にぼんやりすること，非焦点化というより，むしろ並列処理，拮抗処理，マルチタスクに関わることも知られており，一概に振動現象を一つの機能に結びつけるのには注意が必要です．

3.2 前頭眼野—背側注意ネットワークと目の動き

前頭眼野（frontal eye field：FEF）は，サルでは弓状溝前方の8野に位置し，微小電流刺激するとサッカードとよばれる速い目の動きを誘発する領域です．ヒトでは，議論がありますが，中前頭回の後方で一部は前中心回にもかかる，おもに6野に位置するとされています．6野はサルでは高次運動領域として2.1節で紹介しました．これらの領域の後方はおもに四肢の運動に関わりますが，前方の領域は前頭前野との結びつきが強くなり，一般的に効果器の種類によらないマルチモーダルな領域として認知される傾向にあります（Paus, 1996）．

前頭眼野を含む領域で，視覚系の腹側路（オブジェクト）と背側路（空間情報）と連絡があります．おもに頭頂葉，側頭葉　前頭前野と密に結合しています．また出力は上丘（superior colliculus），基底核などにも投射しており，前方の前頭前野よりも，運動対象になるか否かという行動出力との密な結びつきがあります．前頭眼野の背側は，より大きなサッカードが誘発され，周辺への注意に関わり，また腹側はより小さなサッカードが誘発され，中心視近傍の注意に関わるとされます（図3.3）．

ヒトのネットワークでは，前頭葉と頭頂葉との双方向性のネットワークが発達しており，前頭眼野を含む前頭前野後方部で背側注意ネットワーク（DAN）と腹側注意ネットワークを分けます．前頭眼野は背側注意ネットワークに属しています（Szczepanski *et al.*, 2013）．背側注意ネットワークと内側前頭前野を含むデフォルト・モード・ネットワーク（DMN）とが相反的に活動する

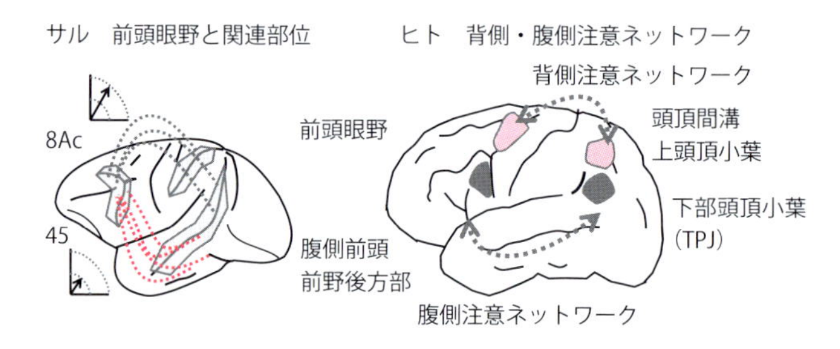

図 3.3 サルの前頭眼野とヒトの背側・腹側注意ネットワーク
注意に関わる背側注意ネットワークと腹側注意ネットワークは，より頭頂葉に関わる背側注意ネットワークと側頭葉と頭頂葉の境界部に関係する腹側注意ネットワークというように解剖的に分けられる．

ことが知られています．背側注意ネットワークは外界に注意が向かいますが，DMNは眼前の外界の対象以外に注意が向かうために，注意に関しては互いに相反的な役割を果たしているといえます．またこのような相反的活動を作り出すのは，前頭前野のはたらきであることが示唆されています（Gao and Lin, 2012）．

3.2.1 前頭眼野によるサッカード制御

前頭眼野は，注意対象に目を向ける行動であるサッカードに関わります．固視といって注視点に目を向け続ける細胞と，視覚応答性の細胞，サッカードに関連した運動関連細胞と感覚運動の両方を符号化する細胞が存在します．実際，前頭眼野は傷害されると反対側へのサッカード運動が不正確なり，障害されます．しかし，完全に麻痺することはありません．その点では，前述の高次運動領野と同じく，階層的に高い位置の運動領域といえます．同じ高次の眼球運動調節に関わる領域として，補足眼野と頭頂葉眼野があるため，他の領域がある程度代償することも考えられます．また投射先の上丘は，必ずしも上位からの司令がなくても反射的に視覚対象へのサッカードを行うことができます．

前頭眼野は前頭前野の最も後方部に位置しており，ゴール指向性があり，行動のゴールは必ずしも与えられた刺激と同じ対象を見ることだけに限りません．また行動結果としてはさらにそれが報酬にどのように結びつくかなども関わってくるために，行動の目標，行動の報酬価値，行動文脈などの情報に関わ

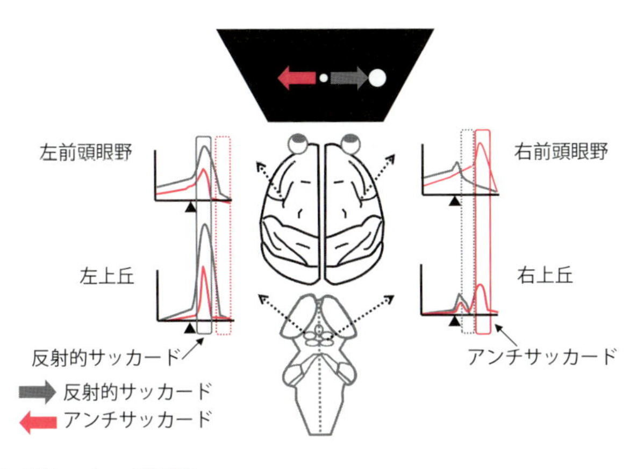

図 3.4 アンチサッカード課題
反射的サッカードは反対側の上丘と前頭前野に速い反応が認められる．しかしアンチサッカードでは短潜時の活動が抑えられ，後半の大きな活動が，右側の前頭前野が反射的なプログラムを上書き（オーバーライド）するかたちで出現している．（Munoz and Everling, 2004）

る点では，他の前頭前野と共通した面があるといえます．

たとえば，コーヒーカップに手を伸ばすときには，ターゲットの位置と手の位置から差分として，手を動かすベクトルを生成することに関わることを述べました．前頭眼野はこのなかで，ターゲットとなるコーヒーカップを知覚し，運動対象（ゴール）になることの選択に関わります．多くの場合は反射的に目をターゲットに向けることになるでしょう（overt attention shift）．そこにも前頭眼野が関わります．しかし 前頭眼野が単に下位の反射的な眼の運動に関わる上丘と違うのは，ターゲットとして注意していても目を向けずに(covert attention shift)，手だけを伸ばす際のターゲットであっても構わないことです．

前頭眼野が関わる随意的なサッカード課題として**アンチサッカード課題**があります（図 3.4）．通常，反射的には刺激があった方向に眼を向けます．しかしこれは周辺に視覚刺激が与えられたときと，その位置とは反対側の位置にサッカードを行う課題です．最初はターゲットの位置に反射的に反応してしまいますが，訓練すると反射的な目の動きを抑えて刺激と反対にサッカードできるようになります．前頭眼野の細胞は，このような反射的な目の動きに対する初期の活動を抑制して，いわば下位のプログラムを上書きするかのように運動方向を切り替えて随意的な運動として反対に向かうように活動します．反射的な目の動きに関わる上丘の活動とは異なります（Munoz and Everling, 2004）．

前頭眼野は視覚連合野の視覚情報にもトップダウンの影響を与えて，応答性を修飾することが知られています．このようなトップダウンのはたらきは，前頭前野特有のはたらきであり，前頭眼野という呼称は目の運動に関わるような名称ですが，はたらきの実態は注意であり，明示的な注意はサッカードの動きであり，暗示的な注意は目を動かさずに周辺に注意を向けることです．これは明示的な注意としてのサッカードの準備状態とも考えられます．

3.2.2　注意の前運動説

Rizzolatti は注意が運動軌跡に与える研究から注意と運動は互いに関係があり，注意を運動準備のようなものと捉える，“注意の前運動説（premotor theory of attention）”を提唱ました（Rizzolatti *et al.*, 1987）．

これによれば目を対象に動かすときや手を対象に動かすときには，対象への注意がはたらきます．対象が 1 つであれば単純にその対象へ注意を向け，効果器となる手や目の運動をそれに向かって行います．

しかし候補対象が複数あればどうでしょうか？　もし，どの対象か指定されていないと注意は分散した状態になります．そのうえで対象が指定されて運動を行う場合は，分散した注意の影響を受けて運動の軌道が曲がることが知られています（図 3.5）．

運動前野で示したように脳は複数の可能な運動を想定してそれぞれのプログラムを用意し，最終的にさまざまな情報から最もその状況にふさわしい運動を選択します．ただ，その候補となった運動プログラムは，抑制されるにしても，抑制される時間より早く運動が開始してしまうと，その準備状況に応じてその抑制が不十分となり，影響が現れると考えられます．

運動前野にも眼位や眼の運動に関わる細胞が見つかっています．実際，Fujii らは，目と手を両方使う課題では，背側運動前野は手の運動と視線の位置を相対的に符号化していることを示しています（Fujii *et al.*, 2000）．また背側前

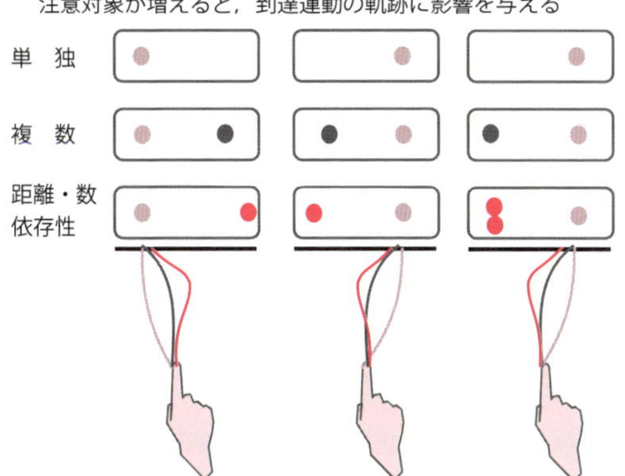

図 3.5 複数の注意対象の運動への影響
注意対象が運動対象と空間的にずれていると，ずれた分だけ運動の軌跡が歪む傾向がある．また右の例では，その注意の分量によってズレも大きくなることを表している．注意の前運動説は，このような運動と注意の密接な関係に由来する．(Rizzolatti *et al.*, 1987)

頭前野にも目の運動に関わる細胞が多数見つかっています．また補足眼野にも手と目の運動に関わる細胞が知られています．前補足運動野も，手や目の順序動作に関わる細胞が見出されています．Pesaran らによれば，頭頂葉には手のターゲットの位置を視線との関連で符号化する細胞があり，また運動前野にも注視点に関連して到達運動のターゲットを符号化する細胞が報告されています (Pesaran *et al.*, 2010; Mushiake 1997)．注意の前運動説に従えば，前頭前野と前頭運動野の境界部には，眼や手の運動とそれに関連した注意を関連づける領域が広がっていると考えられます．

3.3 補足眼野および前帯状皮質—モニタリングと行動調整

補足眼野は大脳皮質内側に位置する眼球運動関連の領野です．サルでは前補足運動野のすぐ外側に位置しています．前頭眼野や上丘に直接投射し，この領域を電気刺激すると比較的低閾値で急速眼球運動や滑動性眼球運動が誘発されることから，1987 年に Schlag-Ray らによってサルの脳において命名されました (Schlag-Rey *et al.*, 1997)．この補足眼野は眼球運動に関連した認知的制御に関わります．前頭眼野とともに前頭葉の眼球運動中枢を構成します．

刺激して誘発されるサッカードには 2 つのタイプがあります．前頭眼野や上丘を電気刺激すると一定のベクトル成分をもつサッカード（constant-vector saccade）が誘発され，そのスタート位置に依存しません．それに対して，補足眼野の刺激では特定の空間部位へ収束するサッカード（goal-directed saccade あるいは converging saccade）が誘発されます．その後の研究では，補足眼野では網膜中心座標に加え，非網膜中心座標（頭部・身体・オブジェクト中心座標の総称）を使ってサッカードを符号化する細胞が見出されています．

補足眼野は目の運動領野として命名されていますが，前頭前野との関係が強いため認知的制御への関与が大きいと考えられています．たとえば，視覚刺激とサッケード方向の連合学習過程に関与して，学習の過程で活動する学習関連細胞が見出されています．

補足眼野は，随意的なサッカードであるアンチサッカード課題で，通常の反射的なサッカード課題より細胞活動が高いことが知られています．このような複数のサッカードが可能な状況で，そのうち，とくに通常なら真っ先に選ばれるサッカードを抑えて反対に眼を動かす場合，運動プログラムとしては拮抗する状態すなわちコンフリクトを起こします．そこでこのようなコンフリクトを検出すると，サッカードを行う際に，とくに補足眼野の活動が重要になると考えられます（Schlag-Rey *et al.*, 1997）．

補足眼野の近くにある補足運動野が手の順序動作に関わるのと同様に，目の運動順序，サッカードの順序制御にも関わります．また，補足運動野が時間制御に関わるのと同様に，目の運動の待機時間経過処理に関わるとする研究もあります．

補足眼野は前補足運動野と似て，特定の効果器の運動の実行に関わるよりも，むしろ手と目の協調運動制御など，効果器によらない運動のタイミングの調節に関わる可能性も示唆されています（図 3.6）．

実際には前頭眼野に比べて補足眼野の活動は遅いため，実行に関与するより，その評価に関わるとする研究も多くあります．サッカード遂行後に受け取る報酬や報酬予測誤差の表現をするという，パフォーマンス・モニタリングに関わ

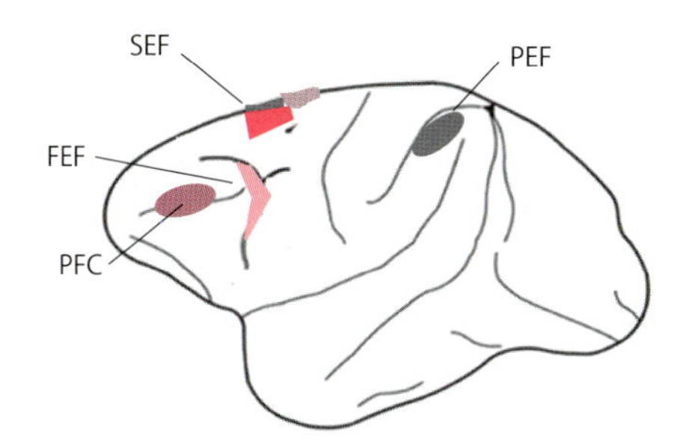

図 3.6 眼球運動関連の領野の一つとしての補足眼野
眼球運動関連領野は補足眼野（SEF），前頭眼野（FEF），頭頂葉眼野（PEF）があり，これらは眼球運動のみならず，注意や探索に関わる．PFC：前頭前野．

るはたらきを行っています．

たとえば実際 Schall らは，補足眼野や帯状皮質運動野が眼球運動に関わり，しかもそのパフォーマンス・モニタリングに関連していることを見出しています（Schall *et al.*, 2002）．補足眼野と帯状皮質運動野の細胞は，サッカード後の結果がエラーとなったときに活性化します（Stuphorn *et al.*, 2000; So and Stuphorn 2012）．これらの領域には報酬関連細胞が見つかっており，行動のアウトカムをモニタリングしていることが示唆されます．

帯状皮質には報酬関連，報酬予測，報酬予測誤差の活動が多く見つかっており，効果器に依存しないパフォーマンス・モニタリングに関わっていると考えられています．前帯状皮質と補足眼野はどちらもモニタリングに関わりますが，とくに眼球運動系に関しては補足眼野がより強く調節機能を果たしていると考えられます．

3.3.1 補足眼野によるモニタリングと自己調整―探索と知識利用

補足眼野は前頭前野後方部の前頭眼野，頭頂葉との連絡が強く，単に運動調節でなく，前頭前野のような執行機能に関わると考えられます．たとえば運動そのものでなく，行動の様式を柔軟に変更することに補足眼野が関わることを示唆する研究がありますので次に紹介しましょう．

一つの例を考えてみましょう（図 3.7）．1 匹のサルが森にいてバナナを探しています．今 4 本の木がありますが，どの木の葉っぱの陰にバナナが隠れ

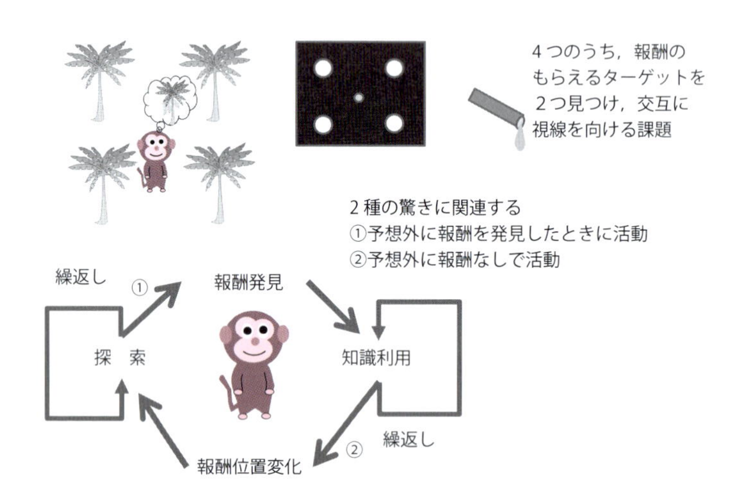

図 3.7　探索と知識利用のトレードオフ
サルが 4 本の木からバナナのある木を探索するとき，広い探索（exploration）か狭い探索（exploitation）かは，事前知識に依存する．事前知識が役に立たないときに探索して偶然バナナのある木を見つける“正の驚き”と，特定の木にあると思う事前知識を利用してその木に探しに行ったが，予想外にないときには“負の驚き”がある．これにより探索と知識利用が切り替わりますが，そのような 2 種の驚き細胞が補足眼野に存在する．

ているのかわかりません．そのためにサルは 1 本ずつ，バナナがあるかどうかを探索することになります（探索）．一方で，4 本のうち 2 本にバナナがあると事前にわかっていれば，その知識を利用して探すので精神的負荷は小さくなります（知識利用）．

行動様式として，探索（exploration）と知識利用（exploitation）はこの例に限らずよく知られた 2 つの異なる行動様式です．探索は，対象がわからず広く探索し，知識を駆使して試行錯誤することです．それに対して知識利用は，すでにもっている知識から，最小限度の探索ですぐに正解にたどり着く行動です．互いに拮抗的です．探索–知識利用の関係はトレードオフとよばれ，どちらの様式で行動を選択するかは大切な課題です．

さて，探索と知識利用の行動はどのようなときに切り替えるのでしょうか．もし，事前知識に従って，いつも探すバナナの木があったとします．ところが木を探したけれどバナナがないと気がついたら驚くでしょう．こうなれば事前知識に頼れないので，広い範囲で木を探索するしかありません．すなわち，予想外に報酬がないということに驚き，知識利用から探索に方針が切り替わります．この場合の驚きは“負の驚き”です．報酬がないことへの気づきです．

また一方で，どこにバナナがあるかわからず，片っ端から葉っぱの陰にバナナがあるかを探したとします．そうしたら予想外にバナナの房を見つけました．これからはこの知識をもとにこの木を探るでしょう．すなわち予想外の報酬にめぐり逢い，探索から知識利用に切り替わります．これは“正の驚き”です．報酬があることへの気づきです．

したがって行動の切替えには状況によって 2 つの異なる驚き，報酬誤差を伴います．予想外になかった場合を“負の驚き”，または負の報酬誤差と名づけ，予想外に報酬があった場合には“正の驚き”，または正の報酬誤差とよびます．

このような“驚き”に関わる細胞活動が補足眼野に存在することが見出されました．Kawaguchi らは，バナナの木をスクリーン上の点に置き換え，報酬との関連性を探索する課題を考案しました（Kawaguchi *et al.*, 2015）．課題の流れは上記のバナナの例と同じで，何度か同じターゲットで報酬をもらうと報酬が出なくなり，新たなターゲットを一つひとつ探索して探すことになります（探索）．見つかるとしばらく同じターゲットを繰り返し選択して報酬がもらえます（知識利用）が，ある程度の回数でまたターゲットが変更してしまうので探索が始まります．

補足眼野に，この“正の驚き”と“負の驚き”の，2 種類の“驚き”信号を符号化する細胞が相当数存在することを突き止めました．しかも“正の驚き”は実際に探索して正解のターゲットを見つけた 1 回目が最大活動であり，2 回目以降は次第に活動は低下します．一方で“負の驚き”は知識利用で，繰り返し同じような行動選択を繰り返しているときに，ターゲットが予告なく変更され，初めて間違った選択をした 1 回目で最大の活動をしますが，繰り返し負のフィードバックをもらうと 2 回目以降は低下します．

補足眼野の役割として重要な点は自分の行動をモニタリングすることで，外部からの指示なく適切な行動様式に柔軟に変更できることです．自らがパフォーマンスをモニタリングすることで，柔軟な行動の選択ができます．

3.3.2　パフォーマンス・モニタリングに関わる振動現象

目の動きに関するパフォーマンス・モニタリングは補足眼野以外に前帯状皮質も関わっています（Schall *et al.*, 2002）．前帯状皮質は補足眼野よりも直接的にアウトカムとしての報酬をモニタリングすることで，行動を切り替えることに関与します．Babapoor-Farrokhran らは作業記憶課題にターゲットと反対向きに目を動かすアンチサッカードとターゲットと同じ向きに目を動かすプロサッカード課題を組み合わせた課題をサルに訓練して，前頭眼野と帯状皮質から記録をとりました（Babapoor-Farrokhran *et al.*, 2017）．アンチサッカード課題は難しいため，サルは誤りをするとその結果を受けて注意深くなり，次の試行を行います．このような条件では課題中，脳波としてはシータ波とベータ波が前頭眼野と帯状皮質で記録されました．

興味深いことに，記録された波の大きさより領域間の各帯域の振動の結合性が，パフォーマンスと関連することを見出しました．さらにベータ波の結合性には，帯状皮質から前頭眼野へ向かう影響の方向性がありました．しかしシータ波は双方向性の結合で，偏りはありませんでした．作業記憶にはこの場合低い波（シータ波）と高い波（ベータ波）とが関わっていることが示唆されます．さらにパフォーマンス・モニタリングとしては，シータ波でネットワークの繋がりができたうえで，行動結果の影響が帯状皮質から前頭眼野にベータ波に乗って伝えられていることが考えられました．

3.4　腹側前頭前野後方部—腹側注意ネットワーク

注意に関するネットワークは，ヒトでは背側注意ネットワークと腹側注意ネットワークに分けられます（Corbetta and Shulman, 2002; Corbetta *et al.*, 2008; Vossel *et al.*, 2014）．サルとヒトでは対応する領域が多少異なります．サルではブロードマンの8野の前頭眼野が背側注意ネットワーク側に対応し，視覚系は背側路の頭頂間溝外側壁と密にネットワークを形成し，一部は視覚系の腹側路の側頭連合野とネットワークを形成しています．前頭眼野に存在する弓状溝の腹側部はブロードマン45野で腹側前頭前野の後部に対応します（図 3.3 参照）．この領域は視覚系背側路とのネットワークもありますが，むしろ下部側頭葉，側頭葉の多感覚連合野とのネットワークが主になります．この点では，前頭前野の背側，腹側の入出力と並行しているといえます．腹側注意ネットワークがボトムアップ注意，背側注意ネットワークがトップダウン注意におもに関わるとされています．ヒトでは左右半球の非対称性がありますが，サルではそのような左右差ははっきりしていません．

3.4.1　腹側注意ネットワークと背側注意ネットワークの切替え

注意は日常生活のなかでも非常にダイナミックな過程と考えられます．何かの課題に集中してパソコンに向かって仕事をしているときには，ゴール志向的に注意を目の前のスクリーンに向けています（図 3.8）．この状態はトップダウン型の注意状態です．しかし突然に横から同僚が声をかけて何かを話しかけるとすると，それに対応するために注意を切り替えて，新たな刺激（声）に向かうでしょう．これは，刺激に基づいたボトムアップ型の注意状態です．ゴール志向的な注意の場合は背側注意ネットワークがおもにはたらき，刺激に基づいた注意の再定位の場合には腹側注意ネットワークが関わります．ヒトの場合では空間情報処理は右側の半球が左右空間の広くに対応することができるので，右側の腹側注意ネットワークがとくに大切になります．

トップダウンとボトムアップの注意はどのように調べると比較できるでしょうか？　**ポズナー（Posner）の課題**（Posner, 1980）はこの 2 つの注意機構の切替えを調べるのに良い課題です．この課題では事前刺激による注意のプライミングが行動に与える影響を見ます．有効なとき反応時間が速く，無効な手がかりだと反応時間が延びます．事前刺激が注意をある方向に向けてしまうため，無効な場合には注意の方向転換が必要だからです．事前手がかりは注意のトップダウン処理を促しますが，無効だった場合はボトムアップ型注意を誘発して，トップダウン型注意を解消することが必要になります．

実際にポズナーの課題で，腹側注意ネットワークがどのように注意の切替えに関わるかを調べた研究があります．ボトムアップ型注意はプライミングが無効な条件で活性化するはずです．Joseph らの研究によるとポズナー課題で手がかりが無効な際には腹側注意ネットワークがより活性化することを報告して

トップダウン型注意集中

背側注意ネットワーク
トップダウン型
前頭眼野
頭頂間溝
上頭頂小葉
切替え
とくに右側で
前頭眼野

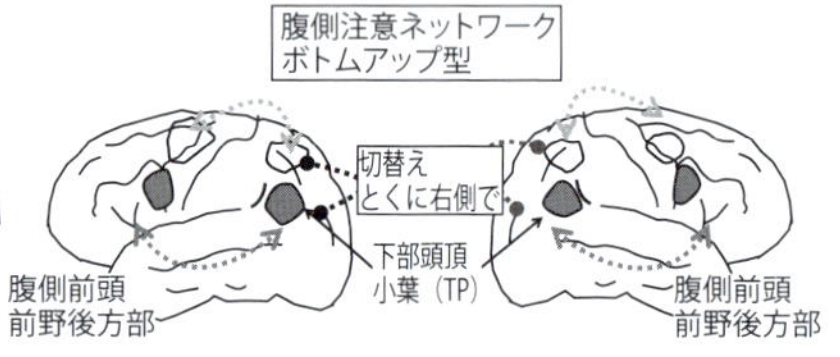

内的注意またはマインド・ワンダリング

デフォルト・モード・ネットワーク
自己参照型（内的注意）

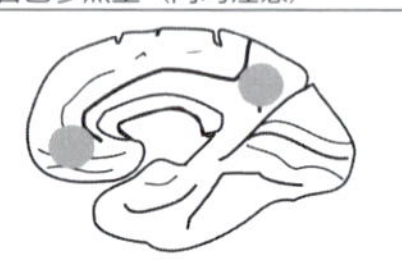

図 3.8　背側注意ネットワークと腹側注意ネットワーク
トップダウン型の注意では背側注意ネットワーク，突然の電話などでボトムアップ型の注意が作動すると腹側注意ネットワーク，さらにぼんやりと心で想像をめぐらしているときはデフォルト・モード・ネットワークが活動する．（Corbetta et al., 2008）

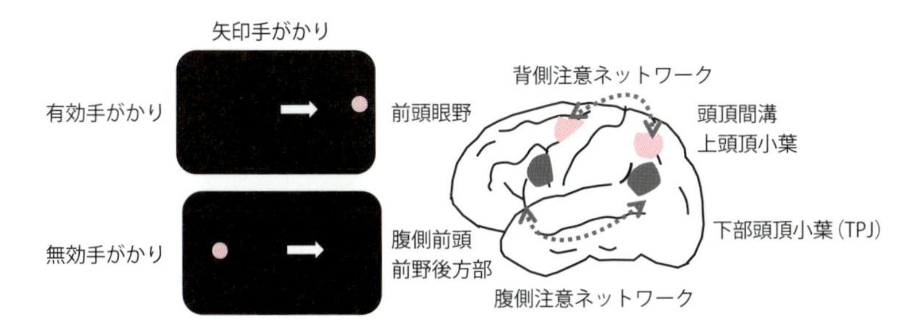

図 3.9 視線によるプライミングと腹側注意ネットワーク
ポズナーの課題でも手がかりが有効なら，トップダウン型注意が作動し，背側注意ネットワークが活性化する．一方で手がかりが無効だと，注意の方向転換が必要となり，腹側注意ネットワークが活性化する．TPJ：側頭–頭頂接合部．

います．ボトムアップの処理でも単に刺激が目立つだけでなく，重要な価値があるなど，ある価値をもったセイリエンスの高い刺激によって活性化されます．彼らは図 3.9 の矢印の代わりにヒトの視線を手がかりとして用いると，矢印のときよりも右側の側頭–頭頂接合部（temporal parietal junction: TPJ）が活性化することを見出しました．とくに右側の側頭–頭頂接合部は他者の視点から判断する課題に関わることが知られており，事物か人物かで左右の脳のはたらきが異なることが示唆されます（Joseph *et al*., 2015）（図 3.9）．

トップダウン型とボトムアップ型の注意の様式の切替えには，実は皮質だけでなく皮質下からアミン系の寄与が重要であることも知られています．Corbetta によると，このような注意の転換には，同時に脳幹の青斑核ノルアドレナリン細胞の活性化を伴っており，この一過性の活動は，大脳皮質の広範な領域に影響を与えて，活動状態をトップダウンモードからボトムアップモードにリセットすることができると考えられています．ノルアドレナリンは持続的な活動部分では注意の維持に関わることも知られているので，注意の維持や転換には脳幹のアミン系との連携が重要になります（Corbetta and Shulman, 2002; Corbetta *et al*., 2008）．

3.4.2 トップダウン型注意とボトムアップ型注意に関わる振動

前頭眼野とそれを含む前頭前野後方部と頭頂葉で，振動系を介して機能連携している可能性が示唆されています．しかもトップダウン型とボトムアップ型

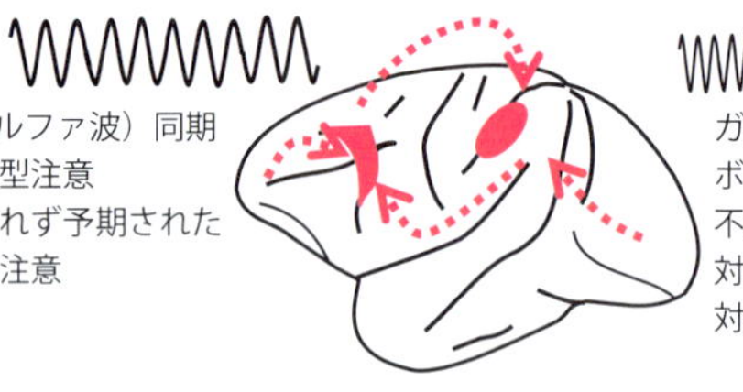

図 3.10　ガンマ波とベータ波とトップダウン型およびボトムアップ型注意
あらかじめ指示されたオブジェクトを複数の妨害刺激のあるなかで能動的に探索するときはベータ波（アルファ波），一方で探索対象が他の妨害刺激と著しく異なり，すぐに見つけられるときにはポップアップといって，ボトムアップの探索をするだけでよいときにはガンマ波で前頭葉と頭頂葉が同期することがわかった．同じ領域間でも，トップダウン型とボトムアップ型の注意で関わる振動が異なる．

の注意の様式で異なる振動が関わっていることが示唆されています．

Buschman らはボトムアップ型注意とトップダウン型注意が必要になる課題で，局所電場電位を前頭前野と頭頂葉から記録しました．目の前のスクリーンに 4 つの対象が表示されたなかから 1 つに注意して回答する課題をサルに訓練しました．ボトムアップ型では刺激自体に含まれた顕著さで選択的に注意する対象を判断できます．一方でトップダウン型注意では，対象間には必ずしもオブジェクトとして明確な差がなくても，あらかじめの知識で注意する対象を選択します．

トップダウン型注意では，前頭葉から頭頂葉へ何らかのバイアスをかけることで，本来は弱い感覚信号でも強調することができるのです．逆にボトムアップ注意では，頭頂葉から前頭葉への信号の流れが重要です．

局所電場電位はさまざまな振動を含みます．ボトムアップ課題とトップダウン課題で前頭葉と頭頂葉の振動の同期性を調べると 2 つに差が見られました．すなわちトップダウン型注意課題では，ベータ波で両皮質は同期する傾向が高く，一方でボトムアップ型注意課題ではガンマ波で両皮質が同期する傾向が高いことがわかりました（Buschman and Miller, 2007）．また前頭前野後方部–頭頂葉のいわゆる注意のネットワークは，行動の文脈が異なる帯域で密に連携することを示しています（図 3.10）（Engel and Fries, 2010）．

Q & A

Q　前頭前野後方部など大脳皮質の領野の境界は，解剖学的にはブロードマンの領野に準じているようです．前頭前野後部のように機能が複雑で領野が狭い領域になると機能を調べる生理学的実験がむずかしくなると思います．領野に関して機能的相違は，解剖学的境界ではっきり異なるものなのでしょうか．解剖学的境界と生理学的実験との矛盾がある境界はあるのでしょうか．

A　ブロードマンの領野は組織学的な分類によるものであるわりには，その後の機能的な研究とある程度整合性があるように思われます．その点では，現在のような結合性や機能的研究の少ないなかで驚くべき精度ともいえます．一方で，機能や結合性がわかるにつれて，解剖学的な境界と生理的機能的境界が一致しないことも多々あります．そのために研究者が独自の分類を追加することもあります．多くの場合，一つの領域は，組織学的分類，肉眼解剖学的な回と溝による分類，機能的分類など複数のよばれ方があり，それぞれ研究の目的に応じて併用されています．

引用文献

Babapoor-Farrokhran S, Vinck M, Womelsdorf T, Everling S (2017) Theta and beta synchrony coordinate frontal eye fields and anterior cingulate cortex during sensorimotor mapping. *Nat Commun*, **8**, 13967.

Bargh JA (2006) "Social Psychology and the Unconscious: The Automaticity of Higher Mental Processes", Psychology Press.

Bargh JA (2017) "Before You Know It; The Unconscious Reasons We Do What Wed Do." Simon & Schuster, New York.

Bisley JW, Goldberg ME (2010) Attention, intention, and priority in the parietal lobe. *Annu Rev Neurosci*, **33**, 1-21.

Braboszcz C, Delorme A (2011) Lost in thoughts: Neural markers of low alertness during mind wandering. *Neuroimage*, **54**(4), 3040-3047.

Buschman TJ, Miller EK (2007) Top-down versus bottom-up control of attention in the prefrontal and posterior parietal cortices. *Science*, **315**(5820), 1860-1862.

Corbetta M, Patel G, Shulman GL (2008) The reorienting system of the human brain:from environment to theory of mind. *Neuron*, **58**(3), 306-324.

Corbetta M, Shulman GL (2002) Control of goal-directed and stimulus-driven attention in the brain. *Nat Rev Neurosci*, **3**(3), 201-215.

Engel AK, Fries P (2010) Beta-band oscillations-signalling the status quo? *Curr Opin*

Neurobiol, **20**(2), 156-165.

Fujii N, Mushiake H, Tanji J (2000) Rostrocaudal distinction of the dorsal premotor area based on oculomotor involvement. *J Neurophysiol*, **83**(3), 1764-1769.

Gao, W., Lin, W (2012) Frontal parietal control network regulates the anti-correlated default and dorsal attention networks. *Human Brain Mapping*, **33**(1), 192-202.

Gottlieb J (2007) From thought to action: The parietal cortex as a bridge between perception, action, and cognition. *Neuron*, **53**(1), 9-16.

Haegens S, Barczak A, Musacchia G, Lipton ML, Mehta AD, Lakatos P, Schroeder CE (2015) Laminar profile and physiology of the α rhythm in primary visual, auditory, and somatosensory regions of neocortex. *J Neurosci*, **35**(42), 14341-14352.

Joseph RM, Fricker Z, Keehn B (2015) Activation of frontoparietal attention networks by non-predictive gaze and arrow cues. *Soc Cogn Affect Neurosci*, **10**(2), 294-301.

Kawaguchi N, Sakamoto K, Saito N, Furusawa Y, Tanji J, Aoki M, Mushiake H (2015) Surprise signals in the supplementary eye field: Rectified prediction errors drive exploration-exploitation transitions. *J Neurophysiol*, **113**(3), 1001-1014.

Munoz DP, Everling S (2004) Look away: The anti-saccade task and the voluntary control of eye movement. *Nat Rev Neurosci*, **5**(3), 218-228.

Paus T (1996) Location and function of the human frontal eye-field: A selective review. *Neuropsychologia*, **34**(6), 475-483.

Pesaran B, Nelson MJ, Andersen RA (2010) A relative position code for saccades in dorsal premotor cortex. *J Neurosci*, **30**(19), 6527-6537.

Posner, MI (1980) Orienting of attention. *Quart J Exp Psychol*. **32**(1), 3-25.

Ptak R (2012) The frontoparietal attention network of the human brain: action,saliency, and a priority map of the environment. *Neuroscientist*, **18**(5), 502-515.

Rizzolatti G, Riggio L, Dascola I, Umiltá C (1987) Reorienting attention across the horizontal and vertical meridians: Evidence in favor of a premotor theory of attention. *Neuropsychologia*, **25**, 31-40.

Sadaghiani S, Kleinschmidt A (2016) Brain networks and α-oscillations: structuraland functional foundations of cognitive control. *Trends Cogn Sci*, **20**(11), 805-817.

Schall JD, Stuphorn V, Brown JW (2002) Monitoring and control of action by the frontal lobes. *Neuron*, **36**(2), 309-322.

Schlag-Rey M, Amador N, Sanchez H, Schlag J (1997) Antisaccade performance predicted by neuronal activity in the supplementary eye field. *Nature*, **390**(6658), 398-401.

So N, Stuphorn V (2012). Supplementary eye field encodes reward prediction error. *J Neurosci*, **32**(9), 2950-2963.

Stuphorn V, Taylor TL, Schall JD (2000). Performance monitoring by the supplementary eye field. *Nature*, **408**(6814), 857-860.

Szczepanski SM, Pinsk MA, Douglas MM, Kastner S, Saalmann YB (2013) Functional and structural architecture of the human dorsal frontoparietal attention network. *Proc Natl*

Acad Sci USA, **110**(39), 15806-15811.
Vossel S, Geng JJ, Fink GR (2014) Dorsal and ventral attention systems: Distinct neural circuits but collaborative roles. *Neuroscientist*, **20**(2), 150-159.

4 外側前頭前野
—目標設定し企画する執行機能

4.1 前頭前野と執行機能

大脳前頭葉のなかでも,6 野より前方に位置する領域を前頭前野（prefrontal cortex: PFC）とよびます．前頭前野後方部の運動野は，皮質 6 層構造のうちⅣ層にあたる顆粒層をもたない無顆粒皮質とよばれます．これに対して前頭前野は感覚野などと同じく顆粒層をもちます．霊長類では顆粒層の前頭前野が発達していますが，ラットなどの齧歯類などでは顆粒層のある前頭前野がないと考えられています．しかし，皮質下との連絡から，ラットにも前頭前野に相当する部位が存在すると考える研究者もいます．

前頭前野は外側前頭前野，内側前頭前野および眼窩前頭野に大別されます．またそれぞれの前方部は後方部に比べて階層的に高次の情報処理に関わります．とくに外側前頭前野の後ろ側には前頭眼野があります．前頭眼野やは単に目の動きだけでなく目を動かさない状況でも周辺視野の注意に関わります．背側注意ネットワークの一部です．その前方部は執行系ネットワークの一部を形成しています．

前頭葉のはたらきは，一言では執行機能（executive function）とよばれます．執行機能とは，複雑な行動の遂行に際し，ゴール設定やルールの維持や更新，その他必要に応じて情報の更新などを行う一群の認知過程として理解されています．この調節機能は前頭葉の障害で失われることが高いため，前頭前野の機能を表しているといえます．歴史的には Luria が 1980 年に導入して以来，さまざまな概念が含まれいます（Luria, 1980）.

前頭前野の執行機能とはどのような概念でしょうか？

研究者によってさまざまな提案がなされています．Schiffrin と Schneider は認知の機構を 2 つの過程に分け，自動的過程と制御過程（automatic and controlled process）としました．このモデルでは，自動的過程はすでに学習済みのネットワークが自動的に活性化されます．一方で制御過程はまだ未学習であるため，新規のネットワークが一時的に活性化され，注意，努力を伴い，注意する対象を決めるために活性化に時間を要し，意識下による制御が必要になります．しかし，練習により制御過程の行動も自動過程に変換されるとしました．たとえば，初めてキーボードを扱う場合には一つひとつのキーを位置確認して注意して行いますが，慣れてくると単語を見ると自動的に一連の文字をブラインドタッチでキー入力できるような過程です（Schiffrin and Schneider, 1977）.

Posner と Snyder は，新たなターゲットを探索するなどの認知過程では，従来既知であった習慣的な行動を抑制する必要があることに注目して，習慣化した過程を認知制御によりオーバーライド，いわば上書きし，ないしは抑制して制御する特性も重要と考えました（Posner and Snyder, 1975; Goldstein and Naglieri, 2014）.

このような心理学の研究から，自動的過程と制御過程という二重過程説（dual process theory, Key Word 参照）が生まれてきました.

一方で Baddeley は，作業記憶という認知課題に不可欠な一時的な記憶機能の研究から，その作業記憶の制御のための中央実行系というモデルを提案しました. 作業記憶のバッファとしては視覚と聴覚の作業記憶を想定しています. 執行機能をこの作業記憶を操作するものとして捉えました．さらに，Baddeley らはエピソード記憶を扱えるようにマルチコンポーネントの作業記憶モデルとし，作業記憶として流動的なレベルと，繰り返し行っているうちに長期記憶となり結晶化するレベルとに分け，より精緻化しました（図 4.1）（Repovs and Baddeley, 2006）.

Shallice は，注意機能から前頭前野を高次の注意システムと捉えました（図

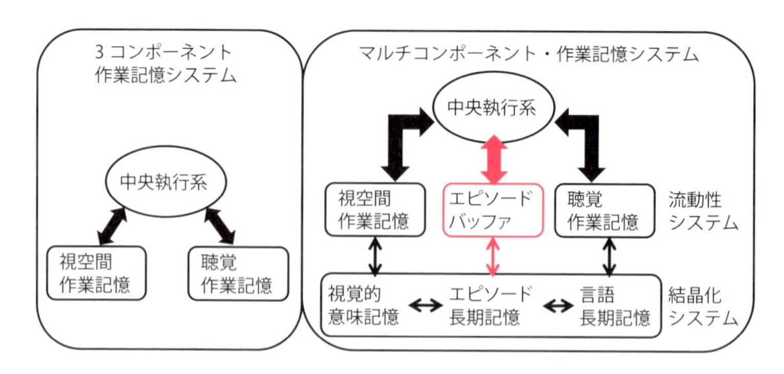

図 4.1　作業記憶
Baddeley の作業記憶のモデルは２つある．初期は視覚と聴覚の記憶の場とそれを制御する中央執行系であったのに対して，新しい版ではエピソードとよばれる長期記憶に関するバッファを加えた．作業記憶は流動性システムといって，柔軟な意思決定を助けるシステムであるが，その背景にある結晶化システムは長期記憶の情報そのものであり，固定的なシステムといえる．（Repous and Baddeley, 2006）

4.2）（Shallice, 1982）．彼の Supervisory Attentional System（上位注意システム）は，コンテンション・スケジュールですでに学習されたモジュールとその上位にある注意システムから成り立ちます．コンテンション・スケジュールというモジュールは多数あり，入力と出力を結びつける最短路の速い系です．一方でこれらのモジュールにコンフリクトがあったり，これまでにない状況になると，上位の注意システムがそれぞれのモジュールを抑制，選択することでゴール達成にふさわしいモジュールを注意の制御下で選ぶことになります．当初の Shallice の上位注意中枢は下位の制御にとどまっていたので，これをさらに発展させ，最近は能動的思考とよび，随意的で，認知的切替え，抑制，モニタリング，作業記憶を含む枠組みを提唱しています．これにより抽象化，演繹，不良設定問題への取組み，情報変換する水平思考，将来のプランニングなど，下位の調節よりさらに能動的に自らが情報生成に関わる面が強調されています（Shallice and Cipolotti, 2018）．

意思決定の研究からも，二重過程説が生まれました．たとえば Wason は合理的な推論過程を調べるテストを考案して，ヒトの意思決定の合理性を調べました．すると実際に合理性を調べる多くのテスト（Wason 選択タスク，基本水準誤謬，2-4-6 カードテストなど）で，合理性はきわめて限定的である

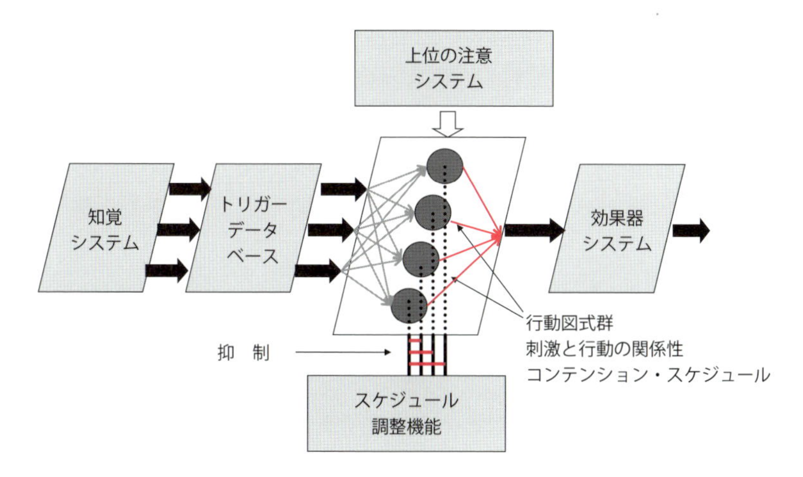

図 4.2　Shallice による上位注意モデル
Shallice のモデルでは，すでに多くの刺激と行為の関係性を学びモジュール化されている．その上位にある注意システムが，リソースの配分，優位な刺激–行動モジュールを目的に合わせて抑制したりすることが執行機構だとする考え方である．(Shallice, 1982)

と主張されています．経済学者の Simon は限定合理性という概念を提案しました（Simon, 1987）.

このような研究から，ヒトの認知機能は次第に限定的な合理性を示す過程と分析的な合理性を示す過程の 2 つが並列して存在しているという二重過程説が, Wason と Evans らなど多くの学者によりにより提案されました（Wason and Evans, 1975; Evans and Stanovich, 2013）.

その後 Kahneman などもこの説を著書で紹介し，広く知られるようになりました（Kahneman, 2011）．2 つの過程は，暗黙の（自動）無意識過程と明示的（制御された）意識過程からなります．意識的な過程は, 明示された態度・行動なので，説得や教育によって早急に変化することが可能です．一方で暗黙の過程や態度は，通常，新しい習慣の形成に伴って徐々に変化するので長い時間を要します．二重過程説は，社会的，人格的，認知的，および臨床的心理学において見出すことができます．それはまた，展望理論と行動経済学を経て経済学と結びつき，文化分析を通じて社会学につながっていることを示すという限定合理性の概念を支持しています.

前頭前野はこのような二重過程の合理性，論理性に関わる機能を担う領域として捉え直すことができます．直感的，情動的な側面は，前頭前野が本来の機能を果たさないときに現れる行動調節モードともいえます．

一方で外側前頭前野の研究から，執行機能としていくつかのものが挙げられています．(1) 遅延期間を含む多くの情報処理，(2) 記憶の選択想起，(3) モニタリング，(4) 変換，(5) 情報の統合，(6) 注意の制御，(7) 認知セットの調節，(8) ゴール設定，(9) プラン，(10) 推論，(11) 言語など，多数の機能があります (Miller and Cohen, 2001; Passingham and Wise, 2012; Fuster, 2015)．

どのような機能にも必要になるのが作業記憶ですが，これを反映した神経活動として持続的な遅延活動が報告されました (Funahashi *et al.*, 1993)．Baddley の中央実行系を前頭前野と読み替えれば，まさに前頭前野にはさまざまな作業記憶が認められます．

作業記憶の情報保持以上に，前頭前野ではその当面する課題それぞれにおいて必要な情報を適宜適応的に表現することができます．このような適応的な符号化こそが前頭前野にとって重要であると，Duncan は適応的符号化モデルを提案しました (Duncan, 2001)．

外前頭前野機能は背側と腹側に分けられるとする考え方があります (図 4.3) (Tanji and Hoshi, 2008; Passingham and Wise, 2012)．実は運動前野も背側・腹側に分類されましたが，前頭前野も同様に結合性に違いが認められます．

背側部は内側前頭前野，頭頂連合野，上側頭葉の多感覚領域，帯状皮質，脳梁膨大後部皮質，海馬，海馬傍回，背側運動前野などとの関連が強く，一方腹側部は頭頂葉では前頭頂間溝野 (anterior intraparietal area; AIP) などの物体処理に関わる領域，二次体性感覚野，眼窩前頭前野，側頭葉とは上下に幅広く相互に結合し，梨状皮質，腹側運動前野との関連が強いとされています．また出力でも，背側前頭前野は背側運動前野，腹側前頭前野は腹側運動前野との関連性が強い傾向があります．しかし共通して，入力も頭頂葉やその他の連合皮質から多数受けています．また出力も前補足運動野，補足眼野，基底核などとも共通しています．さらには相互のつながりもあるので完全な並列的な領

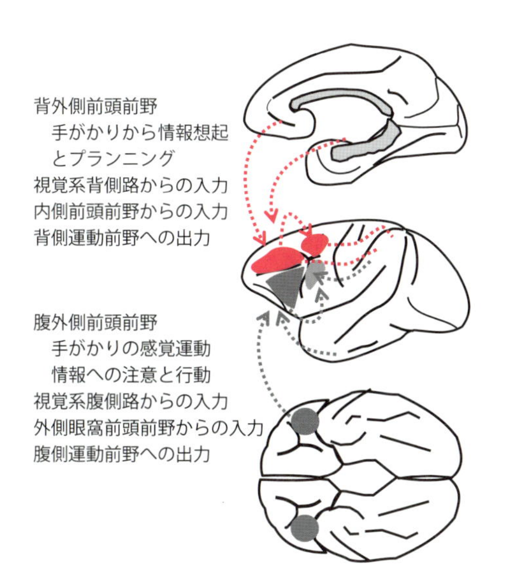

図 4.3　腹外側・背外側前頭前野
背外側前頭前野は視覚系背側路，内側前頭前野からの入力を受け，背側運動前野に出力し，一方で腹外側前頭前野は視覚系腹側路，側頭葉，外側眼窩前頭前野からの入力を受け，腹側運動前野に出力する傾向があります．(Tanji and Hosh, 2008)

域として捉えることは注意が必要ですが，2 つの領域を機能的に分けて議論していきます．

4.2　背外側前頭前野—ゴール生成とルールに基づいた行動調節

外側前頭前野は，(1) 頭頂葉とくに後ろ側の多感覚情報が集まる領域，(2) 側頭葉の多感覚情報の集まる領域，(3) 宣言的記憶のなかでもオブジェクトに関する情報を海馬へ伝える嗅周野，(4) 二次体性感覚野，(5) 背側・腹側運動前野，(6) 前帯状皮質，(7) 脳梁膨大後部皮質 (retrosplenial cortex)，(8) 背側内側前頭前野，(9) 側頭葉聴覚野と結合しています．したがって，外界情報の多くが集まり，また一部オブジェクト記憶や意味記憶にもアクセスする領域で，高次運動野にも影響を与える前頭前野の特徴的な領域といえます．

4.2.1　作業記憶 2.0─持続的活動を超えて

前頭前野が高次の情報処理に関わるには，関連する情報を作業記憶として保持することが必要になります．Funahashi と Goldman-Rakic らはサルによる遅延反応課題を用いて，情報が一時的に前頭前野の細胞活動として保持されることを明らかにしました（Funahashi *et al.*, 1993; Goldman-Rakic, 1994; 1995）．この課題では，固視をしていると周辺にターゲットが短時間提示されます．動物はこれに目を向けずその後も固視を続け，遅延期間が終了するとターゲットを目のサッカード運動で捉えます．彼らは前頭前野で遅延期間中持続して活動する細胞を見つけました．

作業記憶の特徴は，一時的に覚えますが，行動を終えたら破棄することにあります．すなわち行動に利用することを前提に，短期的に脳内に情報を保持し，前頭前野外側部の細胞の作業記憶として持続的な活動状態を保持します．遅延反応課題はこの作業記憶を調べる課題としてよく知られています．前頭前野では遅延期間中に記録される持続的な活動こそが作業記憶そのものであると考えられました（Wang, 2001）．

しかし，持続的な活動だけが作業記憶の担い手でない可能性も指摘されています．作業記憶と振動系との関わりを調べると，さまざまな振動現象と関わることが判明してきました．持続的な活動はしばしばガンマ波帯域の振動を伴います．しかし　もっと遅い波であるベータ波，アルファ波，シータ波なども作業記憶の形成に関わることがわかってきました．

振動と作業記憶の関係を調べた Bastos らの研究では，遅延期間中に活動を示す細胞の前頭前野内の層別の分布を調べ，さらに局所電場電位を記録して，とくにベータ波とガンマ波の層別分布を比較しました．すると作業記憶に関する持続的な活動は，とくに浅層で多いことが判明しました．また局所電場電位の振動ではガンマ波が浅層で多く，ベータ波は深層で多いこともわかりました．このことから，実は周期的な活動のなかに複数の細胞が参加して，リズムとして順番に活動を移すことで，記憶を維持している可能性もあります（Bastos *et al.*, 2018）（図 4.4）．

Roux らは，作業記憶課題では複数の周波数のカップリングが認められるこ

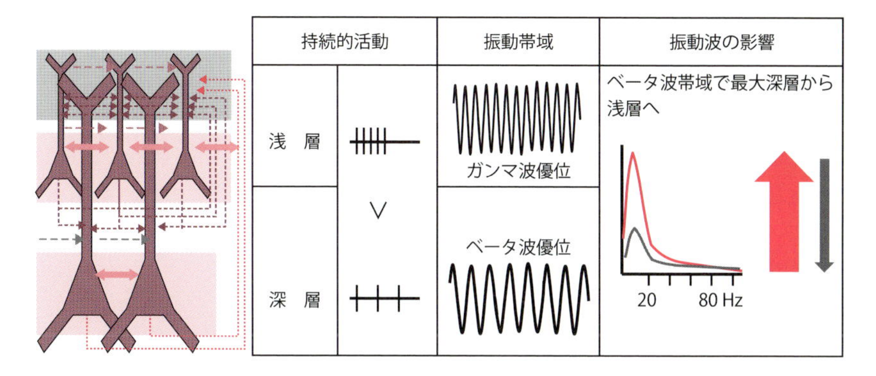

図 4.4　作業記憶と振動
浅層にはガンマ波，深層にはベータ波が優位で，しかも深層から浅層に影響力が大きい．ベータ波とガンマ波が相反性があることはここでも同様である．細胞活動が持続的であること以上に，このような振動性が背景にあることは，持続的な活動を示さない細胞でも振動に同期して一過性に活動したりするような活動パターンもありうるので，多様な作業記憶の内容が振動を開始して柔軟に維持されることが可能になる．（Bastos *et al.*, 2018）

とに着目しました．とくにアルファ波とガンマ波，またはシータ波とガンマ波がこれまでの膨大な作業記憶課題論文で記述されていることを見出しました．そのうえで，アルファ波–ガンマ波またはシータ波–ガンマ波の見られる状況から，2 つの周波数依存性の作業記憶には違いが認められました（Roux and Uhlhaas, 2014）．

作業記憶には前頭葉だけでなく海馬なども関わることがわかってきました．たとえば　イベントの順序などの作業記憶などには海馬が関わります．その場合はシータ波で前頭前野と海馬とが同期することで作業記憶が表現されます．この場合も情報の担い手であるスパイク活動はガンマ波を伴うので，シータ波–ガンマ波のカップリングになります．また視覚情報であれば，前頭葉と視覚連合野との間でのアルファ波とガンマ波のカップリングが作業記憶の担い手になります（Roux and Uhlhaas, 2014）．

Miller らは古典的な持続活動による作業記憶を作業記憶 1.0 とよび，新たな可能性として示唆されているさまざまな作業記憶を作業記憶 2.0 とよんで，新しい作業記憶の描像に基づいて今後研究を進めるべきと提案しています（Miller *et al.*, 2018）．作業記憶が周期的な活動の興奮・抑制のリズムの中に埋め込まれているとすると，その結果として振動の背景には多数の細胞が周期的にかつ離散的に活動し，興奮と抑制が繰り返されていることになります．このリズムの中で，活動する細胞群が次第に変化することなども可能です．活動にはさまざまなバリエーションがあり，持続的な活動だけでは認められない柔軟な活動パターンがありえます．しかも複数の振動を使うことでネットワークの繋がりやはたらき方も変わるために，一つの領域が他の領域と流動的で柔軟な連携ができることを示唆しています．

4.2.2 ルールに基づいた目標設定からプランへ

前頭前野の執行機能としては，作業記憶のように一時的に情報を保持するだけでなく，むしろ“目標設定”や目標達成のために情報を適切に変換していくことによって，目標から企画への変換をあらかじめ想定すること，すなわち将来の可能な行動を“先読み”する機能がとても重要です．

筆者らによる，サルにおいてゴールに到達するまでに多段階ステップを要する課題（迷路課題）を用いての研究で明らかになったことは，外側前頭前野には多様な行動のゴール表現が存在し，さらに目標達成のための 1 手・2 手・3

column

問題解決するサルを訓練するにはサルを“フロー”状態にする

ゴールを目指して迷路課題を訓練することは，指示信号と行動との対応関係を単純に覚える課題とは違い，当初大変苦労しました．小さなサイズの迷路に導入して，とにかく迂回して遠回りでもよいから，ゴールまでたどり着けると報酬がもらえることを教えました．最初は何をすればよいかわからずさまよいますが，そのうち自分の手の動き-カーソル-ゴールの関係がわかってくると，あたかもゲームに夢中になっている人のような，熱心に試みる時期が訪れます．それでも試行錯誤の努力と報酬のバランスに気をつけないと，やる気を失います．しかし，良かれと思って簡単すぎる課題を繰り返すと，本来は 100% 近い成績を出せるのに，飽きて途中でやめてしまいます．Csikszentmihalyi のフローの状態は，能力と見合った程よいチャレンジと報酬とのバランスで形成されるといいます．今思えば，まさにフローを作り出すように難易度を調整することが訓練の秘訣でした．

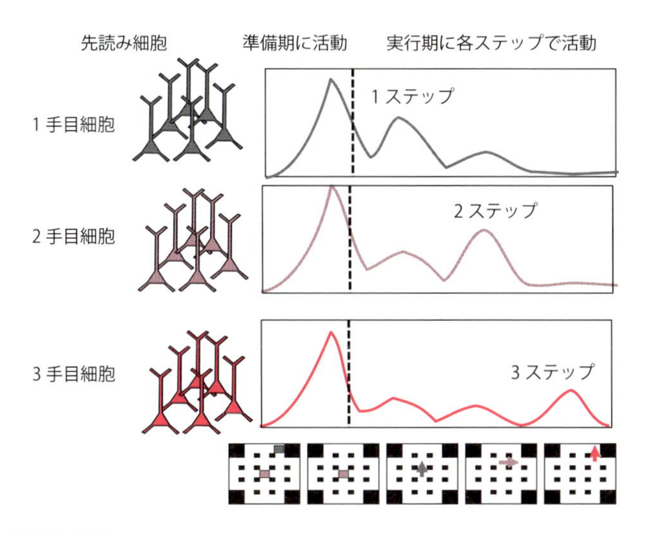

図 4.5　先読み細胞
迷路課題では一般に3手で目標に到達でき，その手順を表現する細胞活動は外側前頭前野に見出された．1手目，2手目，3手目の細胞がそれぞれの実行期に活動することと同時に，すべての細胞が行動開始前の準備期に一過性に活動することは興味深い．これは将来の行動を展望的に表現しており，“先読み”に関わるシミュレーションのような活動だと考えられる．ただしここでの手数とはカーソルの動きであり，手の動きでないことに注意したい．手の動きは運動前野，一次運動野に認められる．（Mushiake *et al.*, 2006）

手といった先行する手順を表す細胞が多数存在することでした (図 4.5) (Saito *et al.*, 2005; Mushiake *et al.*, 2006; 2009).

この実験ではカーソルの動きと手の運動を乖離させるために3つの対応ルールを準備して，適宜ルールを変更しながら行動課題を行いました．その結果，同じゴールに対して同じ経路を選択しても，手の運動はまったく異なることになります．このようにすることで，ゴール—プラン—運動実行の3つの側面に分けて調べました．前頭前野はおもにゴールからプランへの変換に関わり，一方で運動前野はおもにプランから運動への変換に関わることがわかりました．

この手順は結局行動の順序なので，補足運動野にも活動がありそうです．しかし両者には大きな違いがありました．前頭前野では，運動はどうあれ，カーソルをどう動かすかという課題内の順序を表現しており，手の運動の順序ではありませんでした．すなわち迷路課題中のカーソルの動き，物体操作の順序でした．また前頭前野では，準備段階で，将来の行動手順が一瞬の神経活動の中に表現されていました．そしてその同じ細胞が実行中にもそれぞれのステップで活動します．このように将来実行する行動を予測するような活動が準備期に見られた細胞を“先読み細胞”と名づけました．展望的なはたらきを特徴づける典型的な細胞といえます．

短い時間に将来の行動を表現する先読み細胞は，たとえば，言語などの複雑な文章を発話する際に，事前にその運動プランを多数の言語に関する先読み細胞で一瞬に表現できれば，後に実時間でその順番を展開することに役立つことが示唆されます．また海馬でも覚醒中に実際にある時間かけて移動をする際に活動する複数の場所細胞が，睡眠中には一瞬の時間にまとまって複数の場所細胞が活動する replay ということが知られています（Ji and Wilson, 2007）．これも時間圧縮した情報表現の例といえます．順序情報を時間を圧縮して作業記憶として表現し展開できることは，1951 年に Lashley によって指摘された“problem of serial order in behavior”を解くための重要な情報処理様式と思われます（Rosenbaum *et al.*, 2007）．

4.2.3　適応的符号化としての複数選択性細胞とカテゴリー表現

外側前頭前野では 1 つの細胞が課題の複数の側面を符号化し，しかもその活動の選択を変化させる細胞が多数あります．たとえば目標と実行に関わる行動プランを企画する細胞があります．しかも 1 つの細胞で遅延時間に目標の表現からプランの表現に表現内容を変換する細胞も多数あります．それではどうやって，1 つの細胞が時間とともに情報表現を変化させられるのでしょうか？　それは遅延期間の最初では与えられたゴールを表現し，その表現する細胞とグループを形成し，時間が経つと操作手順を示す細胞と一緒に活動して，表現する情報を変更していることが考えられます．

実は前頭前野には複数の情報を符号化する細胞が存在することが知られています（Mante *et al.*, 2013; Fusi *et al.*, 2016; Rigotti *et al.*, 2013）．しかも課題条件に依存してその複合的な符号内容を 1 つの符号内容に変化させているという報告があります．Mante らは，色と動きにより示された刺激があり，後にそのどちらかの情報に応じて判断を迫られる課題をサルに訓練しました．その際には前頭前野に色と動きの多様な情報を表現する細胞が見つかりました．興味深いことに，一方の試行では色について判断する課題とわかると，一緒に符号化されていた動きに関する情報は，その細胞が表現する内容から動きの部分はなくなり，色に対してだけ選択的に多様な応答を示すようになります．またもし課題が動きの判断が必要なものであれば，符号化していた色の選択性を失い，動きの選択性だけを示すように変化します．このような柔軟に符号化し，課題に応じて動的に符号化の中身を変化させるのが，前頭前野の一つの特徴といえます．

さまざまな情報表現が前頭前野に次々見つかるにつれて，前頭前野には，一次感覚領野と異なり，何が情報として表現されなければならないかというあらかじめ定められた制限があまりなさそうだと考えられました．むしろその都度与えられた課題が一つの制約条件となって，その条件に応じて必要な情報が適宜表現されているようです．このように課題に必要な情報を適応的に新たに表現することは，まさにDuncanの適応的符号化モデルです．多様な世界で部分的な情報から何らかの適応的な行動を行う際の方略として身につけた機能といえます．

適応的な符号化には，多様な対象を任意の仕方でカテゴリー化することも有効な方法です．たとえば行動順序に関しては，複数の動作の動作順序のシークエンスや順位序列（順番）が前補足運動野，補足運動野で表現されています．しかし前頭前野外側部では，個々の順序（動作順序AABB，動作順序BBAAなど）を抽象化し，複数動作のシークエンスに“内在するパターン”（ペア交互順序動作XXYYでX，Yは任意の動作）を見出し，動作カテゴリーとして表現しています（図4.6）（Shima, 2007）．

カテゴリー化は背側，腹側前頭前野どちらにも見られます．しかしWutzらによると，腹外側前野と背前頭前野ではカテゴリーの抽象度が異なっているようです（Wutz *et al.*, 2018）．さらに言語であれば時間順序には音韻レベル，単語レベル，文章レベルなどの高度な階層化が考えられます．前頭前野の再帰的で階層的，しかもネットワークとしてある程度スケールフリーな構造をもつ適応符号化機構が，ヒトの言語を生み出す一つの重要な機構だと考えられます．

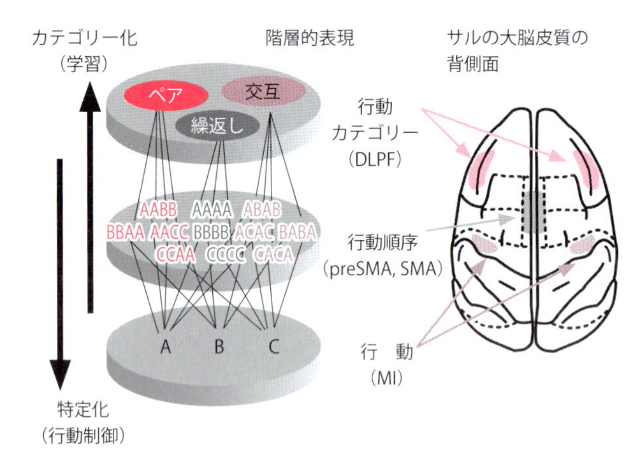

図 4.6　動作カテゴリーの関連領域
オブジェクトのカテゴリーに関する細胞は腹外側前頭前野に存在するが，行動順序のカテゴリーに関する細胞は背外側前頭前野に存在する．さらに補足運動野での順序動作の表現，一次運動野の個々の動作の表現から，行動順序は階層的に表現されていることが示唆される．行動順序をカテゴリー化すると，似たような順序は学習が容易になる．DLPF：背外側前頭前野，preSMA：前補足運動野，SMA：補足運動野，MI：一次運動野．（Tanji *et al.*, 2007）

4.3　腹外側前頭前野―多感覚からのオブジェクト概念操作と自己統制

腹外側前頭前野は多感覚性のオブジェクト情報をさまざまなカテゴリーで理解することに関わります．

Ninokura らは複数の情報の提示順序を理解する課題をサルに行わせ，細胞活動を記録しました．その結果，提示した頭の形や色などのオブジェクト情報を保持する細胞は腹外側前頭前野に多く見つかりました．しかし順序に関しては逆に背外側前頭前野に多く認められました．オブジェクトにも順序にも選択的な情報は腹外側前頭前野に見つかりました．これらのことより，背側，腹側の違いがあるものの，両方を統合した情報は課題によって部位が異なることがわかりましした（Ninokura *et al.*, 2003; 2004）．

4.3.1　オブジェクトのカテゴリー表現と階層化

Freedman らは，腹外側前頭前野はオブジェクトの感覚情報から柔軟にカテゴリー化することができることを示しました．ネコとイヌの形をモルフィングという技術で連続的に変形させます．そして，どこからがイヌ，どこからがネコと分類するかを報酬を与えて訓練すると，そのカテゴリー分類に従って二値化する細胞が腹外側前頭前野から見つかりました（Freedman *et al.*, 2001）．

Nieder らは，腹外側前頭前野がオブジェクトの数という抽象的なカテゴリーを表現できることも示しました．数以外の特徴をサルが手がかりにできないように工夫しました．すなわち，さまざまな形，大きさの図形の集合で数を形成し，毎回異なる配置や形の刺激のために数以外の手がかりが課題解決に使えないようにしたのです．数の遅延見本合わせ課題で同じ数かどうかを判断さ

column

ゼロ細胞

問題解決に関わる脳活動を調べる目的で，まず空間的な問題解決のメカニズムを調べるため迷路課題を導入しました．多くの情報が空間操作に関連していたので，対比するために非空間性の問題解決の課題を導入することにしました．それが数操作課題です．数認知はスクリーンのドット数で表現しますが，空間パターンや明るさなど，単純な視覚情報で類推できないように工夫しました．数の操作のなかで，さまざまな数を導入しましたが，“ゼロ”を空集合，すなわち数える対象がない状態と定義して，通常の数刺激に“ゼロ”を紛れ込ませました．するとこれに対してもサルは，目標となる数ないしは初期に与えられた数として認識し，普通に数操作課題を行えたのです．さて記録してみると，確かにゼロに応じる細胞はありました．これが単に刺激のない状態で活動する細胞でないのは，数操作に無関係な時期の無刺激状態には応じないこと，数には連続性があるため，ゼロ細胞の一部は 1 や 2 にも応答し，ゼロから離れると次第に活動が減少する特性も見られたのです（Okuyama *et al.*, 2015）．

興味深いことに“ゼロ”細胞には 2 種類がありました．一つはゼロにしか反応しない細胞，もう一つは“ゼロ”と他の数に応じる細胞です．“ゼロ”細胞を含めると他の数の判断をより正確に予測できるのです．ゼロと 1，1 と 2 は，それぞれ 1 つしか違いません．しかしゼロと 1 との差では神経活動は大きく異なります．このことは神経経済学でよく“ただ”になると途端に判断の変わる現象を理解するのに対応しそうです．“ゼロ”の発見は実はインド人ではなく，サルの脳にすでに準備されたのではないでしょうか？

ヒトがサルよりすごいのは，それを記号にしたことなのでしょう．

せると，数以外の属性である刺激の形や配置では一致していないので，サルは数に基づいて刺激が同じ数を表現しているかどうかを判断することになります．すると数を表現している細胞が腹外側前頭前野に多数見出されました（Nieder *et al.*, 2002）．筆者らも投射関係のある頭頂葉からゼロを表現する細胞活動を見出しています（Okuyama *et al.*, 2015）．ほかにも，ルール，たとえば足し算・引き算のルールも，一度数学的な計算のカテゴリーとして認知されれば，さまざまな状況で「足す・引く」などの計算ができるようになるでしょう．

数はオブジェクトの意味的なカテゴリーともよべ，個々の低次元の刺激内容を捨象しカテゴリー化された高次の意味情報です．このような意味情報のカテゴリー，セマンティック・カテゴリーは外側前頭葉のなかでも腹側外側前頭前野がおもに関わっています．

基底核と前頭前野は密に結合があり，カテゴリー学習にも両者が関わります．S-R 学習は数が少なければ基底核が学習の指標にありますが，数が増えるとカテゴリー化が進み，これに関しては前頭前野の重要度が増します．しかし学習では基底核から前頭前野への結合性が主で，基底核が前頭前野の学習を促進しているといえます．

Seger らはさらに特定のカテゴリー（イヌ対ネコ）の細胞が，車のカテゴリー化（スポーツカー対セダン）でもそれぞれをカテゴリーによって二値化する傾向が見られたものの，一方で共通してカテゴリー化に関わる前頭葉の細胞が見つかりました．すなわちこれらの細胞は一人二役以上をしていることが示唆されています（Seger and Miller, 2010）．

一つのカテゴリー情報をそれ専用の細胞で低次元で表現できたほうが，符号化にとってはわかりやすいように思われます．しかし脳内の符号化は，実は一人多役も含めた多次元に埋め込んだほうが効率が良いことがわかってきています（Fusi *et al.*, 2016; Tang *et al.*, 2019）．一つの情報を多次元に埋め込むほうが識別しやすく，他の可能性のあるカテゴリーへの学習にも役立つからです．

Wutz らは，カテゴリーの抽象度によって，背外側前頭前野と腹外側前頭前野が異なる寄与をしていることを見出しました．彼らは複数のカテゴリーをドットのパターンで準備しました．カテゴリー間の違いとカテゴリー内のばらつきを調節することで，より刺激パターンに依存したカテゴリーを低次元カテゴリー，個々の刺激内容とはかなり異なるカテゴリーを高次元カテゴリーと想定して，サルを用いて前頭前野から局所電場電位を比較しました．すると腹外側前頭前野では刺激パターンに依存した比較的低次元の情報に関連してガンマ

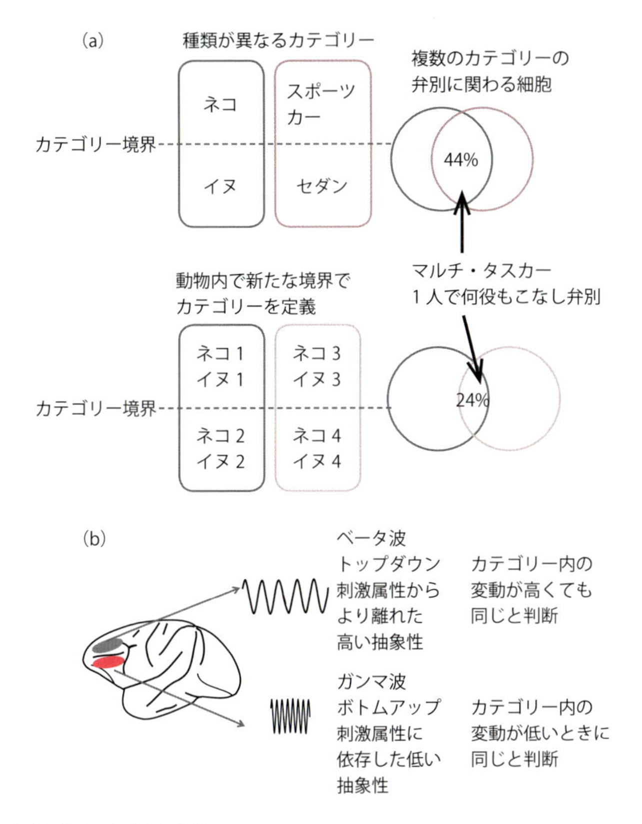

図 4.7 カテゴリー認知と振動

(a) イヌ，ネコ，車どうしのオブジェクトのカテゴリーは腹外側前頭前野に表現されている．単独（イヌ，ネコのみ）と異なり複数（車と動物）のカテゴリー弁別を要求すると半分近くの細胞が，イヌ，ネコ，車のカテゴリー表現に関わっていた（Cromer *et al.*, 2010）．一つの細胞が多数の情報表現に関わることを示唆している．

(b) さらに多次元の情報を含む複雑な図形のカテゴリーに分類すると，腹側よりも背外側前頭前野で表現されていた．単純なオブジェクトカテゴリーにはガンマ波が，一方で複雑なカテゴリーにはベータ波が関わっていた．（Wutz *et al.*, 2018）

波が出現しました．しかし，背外側前頭前野では，より抽象度の高いカテゴリーに関連してベータ波が出現しました．彼らは腹側から背側への 2 段階での情報処理により，より抽象化が進むと考えました（図 4.7）（Wutz *et al.*, 2018）.

前頭前野だけがカテゴリー情報を生成するのではないことも知られています．側頭葉でのさまざまなオブジェクト認識がすでにカテゴリー化に関わっているとする所見もあります（Minamimoto *et al.*, 2010）．さまざまなカテゴリーが他領域で生成されてきても，おそらくそのカテゴリーの境界を柔軟に切り替えられるのに腹外側前頭前野がトップダウンで関わることが想定されます．数の認識にはカテゴリーが基盤にあり，個々の知覚的な形態などに違いがあっても，数として認知することができます（Nieder *et al.*, 2002）．カテゴリーは抽象的な“概念”とよべるものです．さまざまな課題に合わせて適応的に必要な情報が符号化され，神経活動として情報表現されています．

4.3.2　オブジェクト操作としての柔軟なルール使用

腹外側前頭前野は，さまざまなルールを学び，このルールに従ってオブジェクト操作によって合目的的に行動を調節することに関わります．しかもルール自体を更新することで柔軟性な行動調節ができます．行動のルール自身を学習し適応することは運動前野でもできる機能です．しかし前頭前野では，ルールの階層性が高いこと，複数のルールが存在し，その選択を自らの行動結果からルールが同じかどうかを判断しルールの保持と切替えを行うときにとくに重要だとされています．

ルールに合わせたオブジェクトの柔軟な操作を必要とする課題として“Wisconsin Card Sort 課題（WCST）”がよく知られています．この課題では被験者がカードを並べるルールとして色，数，形などがあり，被験者は試行錯誤（trial and error）によって正解のルールを見つけます．たとえば最初，被験者が正解である色のルールに従ってカードを同じ色でグループ分けして並べていたとします．ところが，途中から突然，実験者から並べ方が間違っていると指摘されます．すなわち突然ルールが変更されたのです．すると被験者は新しいルールを探索して，数や形のルールを試みてカードを並べてみます．もし正しいルールを選択して並べだすと，しばらくそのルールが続きます．以後，同じように突然ルールが変更され，その都度，被験者は正解のルールを探すことを要求されます．したがって，この場合は今のルールを作業記憶として覚える必要があります．

WCST ではルールの維持，切替え，探索，新たなルールの選択と維持など，柔軟な行動変化が要求されます．前頭前野の損傷患者は WCST の遂行に障害がみられます．その場合は更新ができなかったり，一度見つけたルールが維持できなかったりと，柔軟な行動選択が障害されます．

Nakahara らは WCST で腹外側前頭前野に関連する活動を見出しました．障害実験と関連活動を調べた研究から，外側前頭前野は眼窩前頭前野，内側前頭前野と連携して，現在実行しているルールの毎回のフィードバックによるモニタリングとルール切替え時期の予想外のフィードバックで，ルールの作業記憶を更新したり，維持したりということだけでも前頭前野領域の広い範囲で関わることがわかっています（Konishi *et al.*, 1999; Nakahara *et al.*, 2002）．

WCST にはさまざまな認知的側面があり，腹外側前頭前野以外の領域も関わることが知られています．Mansouri らの研究では，主溝付近の背外側前頭前野では作業記憶の障害が起こり，現在のルールでの実行と維持に障害が見られました．内側の前帯状皮質（ACC）の障害ではエラーの際の反応時間が速くなり，通常，正解反応とエラー反応との間で見られるコンフリクトで反応が遅くなる現象が認められなくなります．また眼窩前頭前野（OFC）の障害では，ブロック切替え時にそのカード・ソーティングのルールの価値が変化しても柔軟に変更できなくなってしまいました（Mansouri *et al.*, 2015）．

WCST 中は，あるルールで実行し続ければよいルール適用期と，新しいルールを探索するルール探索期とがあります．Vatansever らは，このような 2 つの時期に，内的な注意に関わるとされるデフォルト・モード・ネットワーク（DMN），一方で外界への注意に関わるとされる背側注意ネットワーク（DAN）の挙動がどうのように貢献するかを調べました（図 4.8）（Vatansever *et al.*, 2017）．すると，ルール探索期には DAN の活動と関連する感覚運動ネットワーク（SMN）との結合性が，反応時間に逆相関でパフォーマンスに影響を与えていました．しかし DMN の結合性には影響ありませんでした．すなわち，

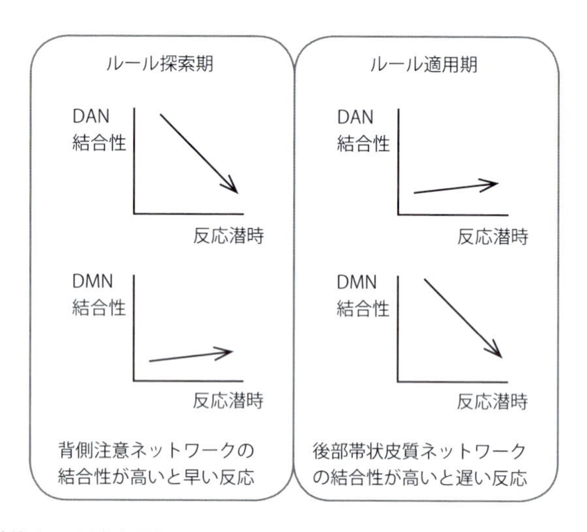

図 4.8　自動的ルール適応課題
WCST によると，ルール探索期には反応潜時は DAN の結合性と逆相関し，ルール適用期には DMN の結合性と逆相関を示していた．（Vatansever *et al.*, 2017）

DAN−SMN の結合性が高いと速く，結合性が低いと遅く反応します．

一方，ルール適用期では，DMN と海馬などの関連領域との結合性が反応時間と逆相関していました．すなわち，記憶などのアクセスが良いことがルール適応期には重要で，この時期を記憶に基づいて自動的に判断のできる時期，オートパイロット・モードとよびました．しかし，DAN など外界への注意と SMN の結合性は，この時期には関わっていませんでした．

注意の向け方に伴ってネットワークの結合性を柔軟に変化させるのに，前頭前野が関わっていると考えられます．外側前頭前野は随意的に DAN と DMN のバランスを調節することで，探索的で外界への注意を上げる時期と，自動的で外への注意を減少させるオートパイロット・モードとを使い分けていると言えます．オートパイロット・モードでは，あまり外界に注意を払わないので，心の中ではよそのことを考えていても行動できるという可能性もあります．そのときにはマインド・ワンダリングとよんだほうがよいかもしれません．

4.3.3　腹外側前頭前野と発話―左右差と言語

腹外側前頭前野は，ヒトではブローカ（Broca）の領域とよばれる運動性言

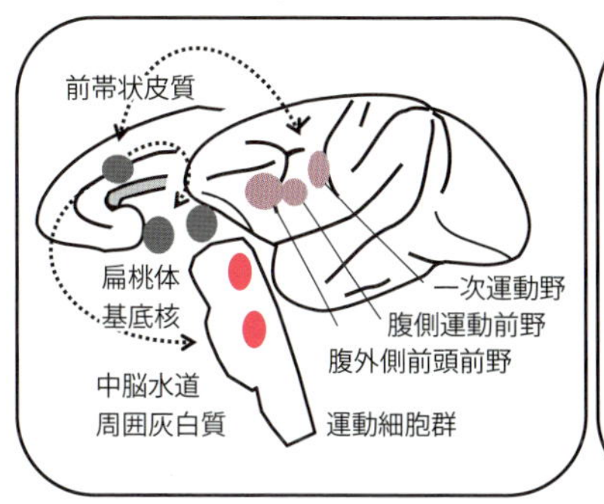

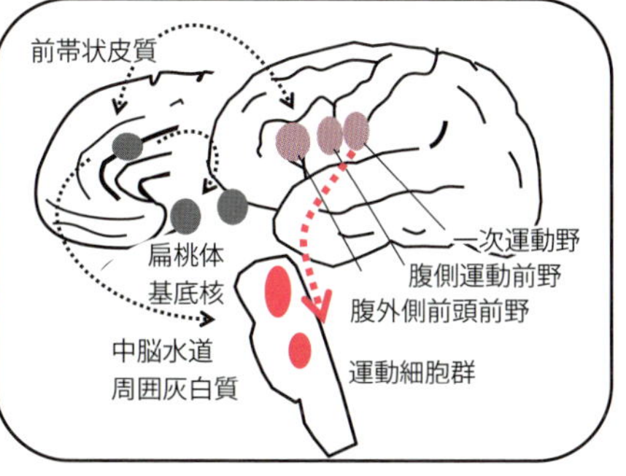

図 4.9　発声と前頭葉

発声には随意的な発声に関わる前頭葉の腹外側前頭前野，腹側運動前野，一次運動野の系統と，情動的発声に関わる内側の前帯状皮質（実際には中帯状皮質の帯状皮質運動野）が関わっている．(Hage and Nieder, 2016)

語野に対応します．腹外側前頭前野はサルにおいては，ミラーニューロンの見つかった腹側運動前野の前方に当たります．最近の研究では，サルに手がかり刺激で発声を行わせ，また他のサルの音声やその映像と組み合わせた刺激を用いると，発声にも音声知覚にも関わる細胞が腹外側前頭前野に見つかりました (Hage and Nieder, 2015; 2016)．

Hage らの仮説では，発声やその認識には前頭葉の内側と外側の 2 つの神経機構が関わるとされています（図 4.9）(Hage and Nieder, 2016)．内側の部位としては前帯状皮質が重要であることが見出されています．前帯状皮質は脳幹の中脳水道周囲灰白質に投射し，発声を制御します．実際，前帯状皮質を刺激すると発声することが知られています（Jürgens and Ploog, 1970）．腹外側前頭前野は，前頭葉外側部として大脳皮質の発声の中枢ではないかと考えられました．しかし,サルの腹外側前頭前野を直接刺激しても発声は起こらず,顔面，喉の運動は後方の腹側運動前野を刺激すると起こりました．発声の経路は内側と外側に 2 つあり，ヒトでは外側系の発達が著しく，現在のような言語野になったと考えられます．しかし，実はそのプロトタイプの領域がサルにおいてすでに存在しているとされています．

腹外側前頭前野は発声するかどうかという意思決定に関わると考えられる細

胞活動が報告されています．腹外側前頭前野は発声という具体的な動作よりは，むしろその準備段階や駆動に関わる前帯状皮質との連携が重要と示唆されました．同時に記録した前帯状皮質からの活動からは，この部位は発声に必要な情動的，または動機的な信号を表していると解釈されています（Gavrilov *et al.*, 2017）．

ヒトの腹外側前頭前野では左右差が指摘されています．左側は言語に関して優位半球であり，右側は行動抑制，注意の転換，自己統制などに関わるとされています．とくに左側では，ブローカ領域が発話や言語の文法的な判断に関わります．さらに意味処理にも関わっていることが指摘されており，言語の統語的側面，意味論的側面に関わることが指摘されています．

ヒトの局所電場電位の脳波の所見からは，ブローカ野は発話前の準備時期には活動が高いのですが，実際の発話中は活動がほとんど見られず，むしろすぐ尾側部の運動野が活動が高いとの所見もあります．ブローカ野では，発話に関わる運動野の時空間パターンをつくるための準備に関わっていると考えられます．その点はサルでの所見とあっているともいえます．ただし，ヒトの言語は情動的な因子以上に認知的な因子で，シンタックスなどの独自の文法構造を学習できるように進化してきた可能性が示唆されています．

4.3.4　報酬に基づいた意思決定と自己統制

外側前頭前野が報酬に関与する行動調節に関わることが示唆されています．外側前頭前野には報酬関連の細胞が存在することは以前から報告がありました（Watanabe, 1996; Watanabe *et al.*, 2002）．刺激と報酬が関連した細胞活動は眼窩前頭前野で多く見つかっています．外側前頭前野と報酬の関連性は不明でした．報酬と刺激の関係を操作して柔軟に切り替えられるかを調べたところ，腹外側前頭前野の障害で，報酬と刺激の関連性の切替えができませんでした（Rudebeck *et al.*, 2017; Murray and Rudebeck, 2018）．一方で，眼窩前頭前野が傷害された動物は切り替えることができました．

報酬と刺激の多数の組合せを学習して，その後，刺激と報酬の関係を入れ替えて訓練を行いました．長期的な報酬価値の更新に関しては，眼窩前頭前野の傷害でパフォーマンスが低下していました．一方で腹外側前頭前野では障害が見られませんでした．これらのことから，腹外側前頭前野も眼窩前頭前野とは異なる側面ではありますが，刺激と報酬の柔軟な関係性の学習に関与することが示唆されました（Rudebeck *et al.*, 2017; Murray and Rudebeck, 2018）.

眼窩前頭前野は価値づけ，判断に関わるものの，刺激と行動の関係に関しては腹外側前頭前野が関わっていることが示唆されています．多感覚のオブジェクト情報から行動目標を生成するには，この刺激と価値やアウトカムとの関連性が必要で，腹側前頭前野はこの目標生成に向け，複数ある行動選択から1つを選択するために判断したりすることに関わると考えられます（Rudebeck *et al.*, 2017）.

4.4 前頭前野前方部―メタ認知またはマルチタスクの柔軟な切替え

前頭前野は内側，外側，眼窩と3つに分かれています．前方にいくと，これらは前頭前野前方部の10野に移行します．これまでこの領域がどのような機能をもっているかさまざまな研究者が説を唱えていますが，まだ不明な点が多い領域です．この領域を前頭前野前方部とよぶと，これまで述べてきた前頭前野は後部前頭前野ともよぶことができます．したがって，厳密には前頭前野の前後方向の分類では，前頭前野前方部，中部（いわゆる前頭前野），後部（前頭眼野などの注意に関わる背側・腹側前頭領域）に分かれると考えられます．

4.4.1 タスクセットによる柔軟な課題処理

前頭前野前方部はその後ろの背外側，腹外側前頭前野のさらに上位の中枢として情報の流れを制御しているという仮説があります．外側前頭前野の腹側と背側ではそれぞれ，運動野と同じように処理する情報が異なることが示唆されています．背側前頭前野は空間的，運動に関わる感覚情報，腹側前頭前野は文字なども含むオブジェクトに関する色や形のような属性に関わります．それぞれの属性に合わせた課題をタスクセットとよびます．

前方前頭前方部がタスクセットの切替えに関わるとする研究結果があります．Sakaiらは2つの属性に関する課題を複数のタスクセットとして組み合わせて，タスクセットの切替えで脳活動がどのように変化するかを調べました．

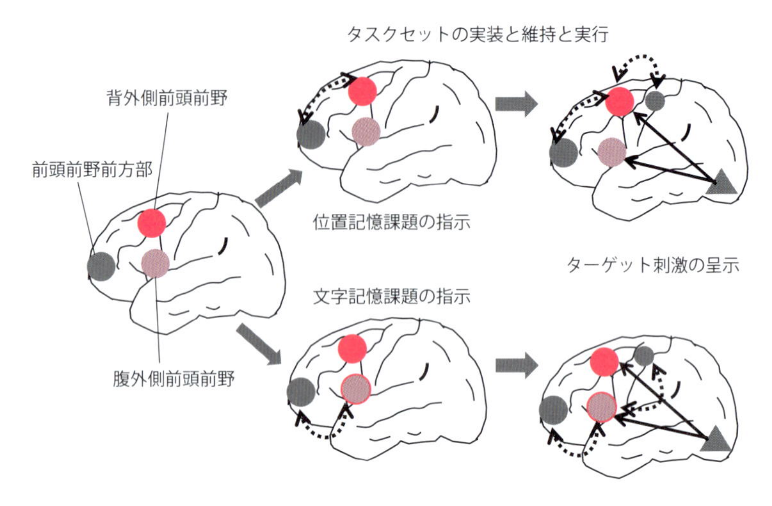

図 4.10　タスクセット
位置記憶課題と文字記憶課題にはそれぞれ背側前頭前野，腹側前頭前野の作業記憶が関わる．しかし，これらの 2 つの領域と視覚入力からの結合性を課題のタスクセットに合わせて制御するのは前頭前野の吻側部の領域（前頭前野前方部）であることを示している．(Sakai, 2008)

課題では，最初に空間順序または単語順序の指示を受けて，オブジェクトと文字からなる記憶用の視覚刺激を 4 枚提示されます．それぞれ，位置と文字が変わるために事前指示に従って記憶する必要があります（Sakai, 2008）．すると文字の作業記憶課題の場合には腹側前頭前野が，一方，空間の作業記憶課題なら背側前頭前野が活動していました（図 4.10）．興味深いことに，その前方の外側前頭前野領域はどちらに対しても活動していました．しかも，それぞれ腹側前頭前野と背側前頭前野領域とには結合性があり，課題を切り替えるごとに変化していました．このことから，前頭前野の前方領域は課題の特有なドメインより，より高い次元の課題セット，タスクセットの切替えに関わることが示唆されました．

前頭前野前方部が背側注意ネットワーク（DAN）とデフォルト・モード・ネットワーク（DMN）の切替えに関わることを示唆する研究もあります．Gao らの研究によれば，タスクセットが単純なフィンガー・タッピングと動画を見るという課題で調べると，外界への注意を必要としない作業では一般に DMN

が活動し，外界への注意が必要な課題では DAN が活性化します（Gao and Lin, 2012）.

執行系ネットワークは状況に応じて，外界への注意が不要な場合には DMN と，一方，外界への注意が必要なときには DAN との結合性が高くなるような柔軟な結合性の変化が見られました．また安静時の内的活動の相関解析では，DMN と DAN は相反的です．しかし執行系ネットワークは，実はどちらとも相関の高い領域です．

執行系ネットワーク，とくにその前方部は柔軟な行動を取るための情報の流れ，注意の再配分をしていることが示唆されます．Spreng らも異なる課題で外側前頭前野が DMN と DAN の切替えを制御していることを示唆しています（Spreng *et al.*, 2013）.

4.4.2 階層モデルとしての包摂アーキテクチャ

前頭前野前方部が，マルチタスクや高度な階層性のある課題遂行に関わるとする説もあります．

Koechlin らは，分岐課題とよばれる――課題のなかに別の課題を挿入するような（文脈課題とエピソード課題のカップリング）――複雑な認知課題を考案して，前頭前野の階層的なはたらきを調べました．文脈課題では一つの文字列が提示され，そのなかの整合性だけで判断します．エピソード課題では一つ前に提示された文字列と整合的か否かを判断するために前の文字列を記憶する必要があります．ところが分岐課題ではエピソード課題の途中で他の文脈の課題を挿入するために，いったんエピソード課題から離れて文脈課題に取り組みますが，その後，割込み前のエピソードに戻って次の文の判断をします．すると単純な分岐のないときに比べ分岐があると，より前方の 10 野を含む前頭前野が活性化することを見出しました（Koechlin and Hyafil, 2007; Charron and Koechlin, 2010）.

前頭前野前方部は，分岐課題やマルチタスクでは直接課題の実行を指示する役割というより，前頭前野の限られたリソースでそれぞれ専門に目標設定から実行までを行い，複数のモジュールのバランスをとるコーディネータのような役割といえます．または一時的に情報を保留しておく仕掛けを提供するのだと

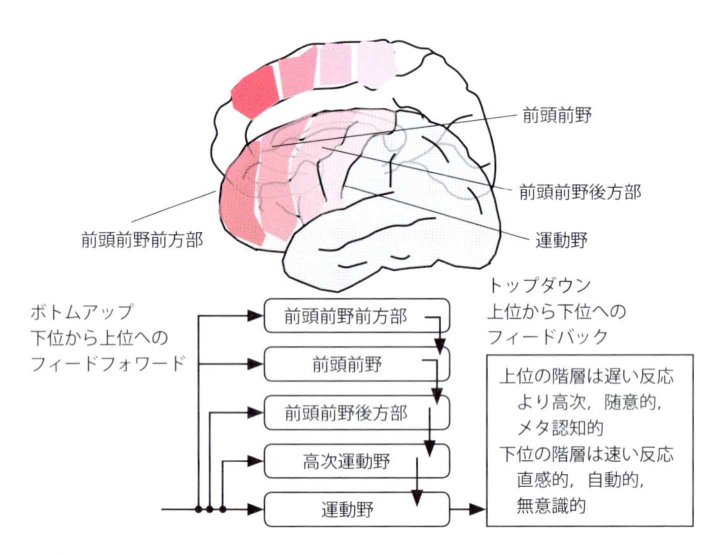

図 4.11　包摂アーキテクチャ
前頭前野の領域は尾側から腹側まで階層的に構造化されているという証拠が多数ある．しかも課題の階層性に従い，前方の領域が参加することから，同様の考え方を人工知能の分野で提唱した Brooks の包摂モデルが当てはまるのではと Koechlin は示唆している．下位は自動的，無意識的で，高位は随意的，メタ認知的になると考えられる．

思われました．認知課題の付加的な要素を補うために下位のモジュールだけでは対応できない点を助けることで対応するのです．

このKoechlinらの階層モデルを，Brooksらの包摂アーキテクチャ（subsumption architecture）として捉えることもできます（図 4.11）．彼らは，複雑な知的振舞いを多数の“単純な”振舞いモジュールに分割し，振舞いのモジュールの階層構造を構築しています（Brooks, 1986）．

各層は何らかの目的に沿った実装であり，上位層にいくに従ってより抽象的になります．前頭前野の最前方部は，これらの頂点に立っているようにも見えます．しかし実際には実行する命令を発するのでなく，通常は下位の層で十分なのですか，必要に応じて登場する調整役だともいえます（Koechlin and Hyafil, 2007）．

4.4.3　ゲートモデルと展望的記憶

Burgess らは前頭葉最前部ブロードマンの 10 野は，感覚知覚系と行動執行系との間で感覚系から中央執行系に情報処理を行わせるか否かを決める門番のようなはたらきをすると想定しています．これが閉じていれば，感覚から行動までの課題は前頭葉の後方部で，執行機能として目標志向的な行動調節をします．しかし予測外のことが検出され，より高い情報処理が必要な際には，前頭前野前方のゲートが開き，中枢の注意などのリソースを当該の課題に振り当てて実行します．前頭葉最前部の機能として，自動的な処理が可能なケースと制御的な処理の必要なケースでの情報の流れを変える役割を想定しています (Burgess *et al.*, 2003; 2005; 2007; Gilbert 2006)．

このモデルでは，認知に関わる有限なリソースを，何かあればゲートを開き，有効なリソースが使えるように普段は自動的な流れに任せ，どうしても対応が必要なときに高次の領域に信号の流れが向かうように調節します．これは Shallice らの上位注意モデルと整合的な考え方です．

しかし，彼らのモデルが Shallice らのものと違うのは，領域 10 野は，多数の課題を抱えているときに展望的記憶として，将来あることを行う意図をいったん中断して記憶し，その後，適切な時期に想起して行う役割が指摘されています．その点では Koechlin らのモデルと整合的だとも考えられます．

展望的記憶とは，意図的行為が対象としている単語を覚えるための記憶を一度オンにして，その後に目先の仕事に従事する間は記憶がオフになり，割り込んだ仕事が終了した後，ふたたび想起する過程をたどる記憶です．想起には，通常は明示的な手がかりはなく，自己開始的な想起となります．

展望的記憶では，結果として割込み課題のようにして，いったん行っていることを中断し他の課題に向かう，それでいてきちんともとの課題に戻ってこられるかどうかがポイントとなります．割込みで忘れてしまうことも多々ありますが，一方でいったん開始して終了しないとかえって早く完成させたいと思う場合も知られています．このような場合は，むしろ完全に終了したときより記憶に残ることもあります．これがツァイガルニク効果（Zeigarnik effect）であり，これも展望的記憶の範疇になります（Glicksohn and Myslobodeky,

2006).

展望的記憶の想起には，事象関連で何かのイベントをきっかけに思い出す場合と，時間だけがキーとなっており，ある程度の時間が経過したときに自発的に思い出す場合があります．いずれも明示的な想起の要求のないイベントや時間という情報なので，内的な想起と考えられます．

前頭前野前方部が展望的な記憶の想起に関わる可能性が示唆されています．

展望記憶課題の典型的なパターンではアインシュタイン Einstein 型パラダイムといって，常に行う背景課題と，時々思い出して行う展望記憶課題との２つを被験者に課します．背景課題としては，たとえば，コンピュータ画面に単語を次々に呈示して後で再生するといった課題が与えられます．その際に展望記憶課題としては，指定された単語が背景課題中に呈示されたら，すぐに指定されたキーを押すというやり方になっています．つい背景課題に集中すると，手がかり語に反応することを忘れてしまいます．前頭前野前方部が傷害された場合，まさに想起ができなくなります．

4.4.4 メタ認知

メタ認知とは自己の認知活動である知覚，情動，記憶，思考などに関して，その状態を自身でモニタリングして，評価さらには制御する過程を表します（表4.1）．「認知を認知する（cognition about cognition）」，あるいは「知っていることを知っている（knowing about knowing）」ことを表し，Flavell がメタ認知という用語を用いたのが始まりです（Flavell, 1976）．メタ認知の分類は研究者により異なりますが，日常の行動，情動，認知に関するモニタリングとその随意的な制御に関しては，メタ認知的知識とメタ認知的経験に分け

表 4.1　メタ認知の分類

大分類	メタ認知の種類	関連する心理過程
メタ認知的モニタリング	メタ認知的知識	人物，課題，戦略（宣言的知識）
	メタ認知的経験	親しみ，困難さ，既知，自信，努力の推定，時間の推定（作業記憶，判断）
メタ認知的統制	メタ認知的スキル	企画，評価，モニタリング，時間配分，努力配分（認知制御のための手続き的知識）

られます．メタ認知的知識は，認知課題の特性に関して知っている事前知識で，おもに3つの因子に分けられます．すなわち人物に関する知識（たとえば自分は数学は苦手とか），課題に関する知識（たとえば論述問題は選択問題より難しいとか），戦略に関する知識（間違ったら次回は別の手を使い，成功したら次回も同じ手を使う方針など）です．行動中はメタ認知的経験（作業記憶中の内容への主観的な判断や推定），メタ認知的スキル（企画遂行しながら行動をモニタリングし，その結果により調整し，さらに努力や時間の配分を手続き的に決める統制）の2つの実践的なメタ認知があります．前頭前野前方部がメタ認知やそれに基づいた統制に関わると考えられています（Burgess and Wu, 2013）．自動的な行動に委ねず自分の行動をモニタリングして，モニタリングの結果に応じて意識的に行動を変化させる機構は前頭葉の重要なはたらきです．

メタ認知的課題において，知識の確信度を尋ねることも一つの方法です．Miyamoto らはサルの実験で，ある提示物が記憶課題リストに含まれていたかどうかの判断の確信度を答えることで，報酬量が「判断は確信度高い―正解」，「判断は確信度低い―正解」，「判断は確信度低い―不正解」，「判断は確信度高い―不正解」の4段階で変化するようにして，関連する脳活動部位を調べました．すると，前頭前野前方部が確信度の判断に関わることが示唆されました．さらに前頭前野内側後部は不活性で，課題のパフォーマンスに影響を与えずに確信度の判断にだけ選択的に障害が見られました．さらに前頭前野前方部10野の不活化では，とくにリストにないことの確信度の判断に障害が認められました．領域10野は未経験であることに対するメタ認知に関わると解釈されています（Miyamoto *et al.*, 2017; 2018）．

このように自分の状態を認識することは，自己を振り返る（reflection）ということでもあります．単に複雑な認知的課題を回答できるという以上に，自己のリソースを知り，それに対して方略を立てるために，前頭前野前方部は振り返って考える**リフレクティブ思考**（reflective thinking）を支えていると考えられます．Stanovich は，リフレクティブ思考には前帯状皮質の働きが大切と考えています（Stanovich, 2010）．

リフレクティブ思考には認知的不協和（Key Word 参照）を検出する前帯

状皮質やルールに基づいたゴール指向的な認知に関わる外側前頭前野以外にも，これから述べるような他の領域の協力も必要です．構成的エピソード，自己生成的な思考を支える内側前頭前野と，価値を処理する眼窩前頭前野などが対象と距離をもちながら互いに“対話”している状態といえます．アルゴリズムによってただ一つの解答に収束，統合する線形思考でなく，可能性の世界と現実世界を行ったり来たりしながら収束する，非線形思考とでもいうべき状態です．Stanovitch はリフレクティブ思考システムとよぶこともありますが，これは脳の特定の部位に局在する機能でなく，脳のネットワーク全体に関わり，さらには脳だけにとどまらない脳の外の社会ネットワークにも依存した思考だと思われます．前頭前野前方部は，内側，外側，眼窩前頭前野のすべての前方部にあり，これらの領域のリフレクティブ思考を支えていると考えられます．

Q　**将棋や囲碁で先手を読むためには，前頭前野（とくに外側前頭前野）の先読み細胞がフル活動していると想像して良いのでしょうか．**

A　ルールに基づいて先を読むときには確かに前頭前野は活動することが期待されます．しかし多くの場合，将棋，囲碁では多くの経験があり，手続き記憶としてある程度の手順は瞬時に浮かぶように高度に習慣化されています．先読みをしているといっても，実はこれまでの多くの手続きを組み合わせたりするときには基底核と大脳皮質とのやり取り，とくに基底核の役割が大切だと考えられています．

実はサルと同様の迷路課題でヒトの脳活動を fMRI で調べたことがあります．その際には，ルールをすぐマスターしたいヒトでは，ほとんど前頭前野の活動が認められず，わずかに運動前野が活動する程度でした．おそらくパターン化された行動を一瞬で浮かべるときには，少数の細胞が活動するだけで効率的に課題を解いているので領域として大きな活動が出にくいためと思われます．一方でルールをやっと覚えてたくらいの初心者は，前頭前野，帯状皮質など実にさまざまな部位が活動していました．どの手がよいか，正しいか，ルールは間違っていないか，自分の行動をシミュレーションしたり，モニタリングしていると思える活動がさまざまな部位の活動に反映されていました．すなわちエキスパートと素人では脳の使い方が大分異なるようです．

数を理解できる細胞がサルの前頭前野で見出されたとのことですが，同様の細胞は霊長類以外にはないのですか．

数の認識は実は霊長類に限らずトリも含めて多くの動物にとって大切です．採餌行動，社会行動で，どちらが数が多いか少ないかで異なる行動をとります．昆虫ですら数の大小がわかるとする行動レベルの研究もあります．数の認識をしていると証明するには，他の因子を排除する必要があります．さらにその神経機構を明らかにするにはまだまだ研究が必要です．

引用文献

Bastos AM, Loonis R, Kornblith S, Lundqvist M, Miller EK (2018) Laminar recordings in frontal cortex suggest distinct layers for maintenance and control of working memory. *Proc Natl Acad Sci USA*, **115**(5), 1117-1122.

Brooks R (1986) A robust layered control system for a mobile robot. *Robotics and Automation*, **2**(1), 14-23.

Burgess PW, Gilbert SJ, Dumontheil I (2007) Function and localization within rostral prefrontal cortex (area 10). *Philos Trans R Soc Lond B Biol Sci*, **362**(1481), 887-899.

Burgess PW, Scott SK, Frith CD (2003) The role of the rostral frontal cortex (area 10) in prospective memory: A lateral versus medial dissociation. *Neuropsychologia*, **41**(8), 906-918.

Burgess PW, Simons JS, Dumontheil I, Gilbert SJ (2005) The gateway hypothesis of rostral prefrontal cortex (area 10) function Chapter 9, *In*: "Measuring the Mind: Speed, Control, and Age, 1st edition", Duncan J, Phillips L, McLeod. P, Eds, Oxford University Press.

Burgess PW, Wu H-C (2013) Rostral prefrontal cortex (Brodmann area 10): Metacognition in the brain. Chapter 31, *In*: "Principles of Frontal Lobe Function, 2nd edition", Stuss DT, Knight RT, Eds, pp. 524-534, Oxford University Press.

Charron S, Koechlin E (2010) Divided representation of concurrent goals in the human frontal lobes. *Science*, **328**(5976), 360-363.

Cromer JA, Roy JE, Miller EK (2010) Representation of multiple, independent categories in the primate prefrontal cortex. *Neuron*, **66**(5), 796-807.

Duncan J (2001) An adaptive coding model of neural function in prefrontal cortex. *Nat Rev Neurosci*, **2**(11), 820-829.

Evans J St BT (2013) "Reasoning, Rationality and Dual Processes: Selected works of Jonathan St B.T.", Evans Psychology Press

Evans JS, Stanovich KE (2013) Dual-process theories of higher cognition: Advancing the debate. *Perspect Psychol Sci*, **8**(3), 223-241.

Flavell J H (1976) Metacognitive aspects of problem solving. *Nat intellig*, **12**, 231-236.

Freedman DJ, Riesenhuber M, Poggio T, Miller EK (2001) Categorical representation of visual stimuli in the primate prefrontal cortex. *Science*, **291** (5502), 312-316.

Funahashi S, Chafee MV, Goldman-Rakic PS (1993) Prefrontal neuronal activity in rhesus monkeys performing a delayed anti-saccade task. *Nature*, **365** (6448), 753-756.

Fusi S, Miller EK, Rigotti M (2016) Why neurons mix: high dimensionality for higher cognition. *Curr Opin Neurobiol*, **37**, 66-74.

Fuster J (2015) "The Prefrontal Cortex, 5th edition", Academic Press.

Gao W, Lin W (2012) Frontal parietal control network regulates the anti-correlated default and dorsal attention networks. *Human Brain Mapping*, **33** (1), 192-202.

Gavrilov N, Hage SR, Nieder A (2017) Functional specialization of the primate frontal lobe during cognitive control of vocalizations. *Cell Rep*, **21** (9), 2393-2406.

Gilbert SJ, Spengler S, Simons JS, Steele JD, Lawrie SM, Frith CD, Burgess PW (2006) Functional specialization within rostral prefrontal cortex (area 10): A meta-analysis. *J Cogn Neurosci*, **18** (6), 932-948.

Glicksohn J, Myslobodsky MS Eds (2006) "Timing the Future: The Case for a Time-based Prospective Memory", World Scientific.

Goldman-Rakic PS (1994) Working memory dysfunction in schizophrenia. *J Neuropsychiatry Clinical Neurosci*, **6** (4), 348-357.

Goldman-Rakic PS (1995) Cellular basis of working memory. *Neuron*, **14** (3), 477-485.

Goldstein S, Naglieri JA Eds (2014) "Handbook of Executive Functioning 2014", Springer.

Hage SR, Nieder A (2015) Audio-vocal interaction in single neurons of the monkey ventrolateral prefrontal cortex. *J Neurosci*, **35** (18), 7030-7040.

Hage SR, Nieder A (2016) Dual neural network model for the evolution of speech and language. *Trends Neurosci*, **39** (12), 813-829.

Ji D, Wilson MA (2007) Coordinated memory replay in the visual cortex and hippocampus during sleep. *Nat Neurosci*, **10** (1), 100-107.

Jürgens U, Ploog D (1970) Cerebral representation of vocalization in the squirrel monkey. *Exp Brain Res*, **10**, 532-554.

Kahneman D (2011) "Thinking, Fast and Slow", Farrar, Straus and Giroux.

Koechlin E, Hyafil A (2007) Anterior prefrontal function and the limits of human decision-making. *Science*, **318** (5850), 594-598.

Konishi S, Kawazu M, Uchida I, Kikyo H, Asakura I, Miyashita Y (1999) Contribution of working memory to transient activation in human inferior prefrontal cortex during performance of the Wisconsin Card Sorting Test. *Cereb Cortex*, **9** (7), 745-753.

Luria AR (1980) "Higher Cortical Functions in Man". Consultants Bureau.

Mansouri FA, Buckley MJ, Mahboubi M, Tanaka K (2015) Behavioral consequences of selective damage to frontal pole and posterior cingulate cortices. *Proc Natl Acad Sci USA*, **112** (29), E3940-E3949.

Mante V, Sussillo D, Shenoy KV, Newsome WT (2013) Context-dependent computation by

recurrent dynamics in prefrontal cortex. *Nature*, **503**, 78-84.
Miller EK, Cohen JD (2001) An integrative theory of prefrontal cortex function. *Annu Rev Neurosci*, **24**, 167-202.
Miller EK, Lundqvist M, Bastos AM (2018) Working memory 2.0. *Neuron*, **100**(2), 463-475.
Minamimoto T, Saunders RC, Richmond BJ (2010) Monkeys quickly learn and generalize visual categories without lateral prefrontal cortex. *Neuron*, **66**(4), 501-507.
Miyamoto K, Osada T, Setsuie R, Takeda M, Tamura K, Adachi Y, Miyashita Y (2017) Causal neural network of metamemory for retrospection in primates. *Science*, **355**(6321), 188-193.
Miyamoto, K., Setsuie, R., Osada, T., Miyashita, Y (2018) Reversible silencing of the frontopolar cortex selectively impairs metacognitive judgment on non-experience in primates. *Neuron*, **97**(4), 980-989.e6
Murray EA, Rudebeck PH (2018) Specializations for reward-guided decision-making in the primate ventral prefrontal cortex M. *Nat Rev Neurosci*, 1-14.
Mushiake H, Saito N, Sakamoto K, Itoyama Y, Tanji J (2006) Activity in the lateralprefrontal cortex reflects multiple steps of future events in action plans. *Neuron*, **50**(4), 631-641.
Mushiake H, Sakamoto K, Saito N, Inui T, Aihara K, Tanji J (2009) Involvement of the prefrontal cortex in problem solving. *Int Rev Neurobiol*, **85**, 1-11.
Nakahara K, Hayashi T, Konishi S, Miyashita Y (2002) Functional MRI of macaque monkeys performing a cognitive set-shifting task. *Science*, **295**(5559), 1532-1536.
Nieder A, Freedman DJ, Miller EK (2002) Representation of the quantity of visual items in the prim"ate prefrontal cortex. *Science*, **297**(5587), 1708-1711.
Ninokura Y, Mushiake H, Tanji J (2003) Representation of the temporal order ofvisual objects in the primate lateral prefrontal cortex. *J Neurophysiol*, **89**(5), 2868-2873.
Ninokura Y, Mushiake H, Tanji J (2004) Integration of temporal order and object information in the monkey lateral prefrontal cortex. *J Neurophysiol*, **91**, 555-560.
Okuyama S, Kuki T, Mushiake H (2015) Representation of the numerosity 'zero' in the parietal cortex of the monkey. *Sci Rep*, **5**, 10059.
Passingham RE, Wise SP (2012) "The Neurobiology of the Prefrontal Cortex: Anatomy, Evolution, and the Origin of Insight", Oxford Psychology Series, Oxford University Press
Posner MI, Snyder CRR (1975) Attention and cognitive control. *In*: "Informationprocessing and Cognition: The Loyola symposium", Solso R Ed, pp. 55-85. Lawrence Erlbaum.
Repovs G, Baddeley A (2006) The multi-component model of working memory: Explorations in experimental cognitive psychology. *Neuroscience*, **139**(1), 5-21.
Rigotti M *et al.* (2013) The importance of mixed selectivity in complex cognitive tasks. *Nature*, **497**, 585-590.
Rosenbaum DA, Cohen RG, Jax SA, Weiss DJ, van der Wel R (2007) The problem of serial order in behavior: Lashley's legacy. *Hum Mov Sci*, **26**(4), 525-554.
Roux F, Uhlhaas PJ (2014) Working memory and neural oscillations: Alpha-gamma versus

theta-gamma codes for distinct WM information? *Trend Cogn Sci*, **18**(1), 16-25.

Rudebeck PH, Saunders RC, Lundgren DA, Murray EA (2017) Specialized representations of value in the orbital and ventrolateral prefrontal cortex: Desirability versus availability of outcomes. *Neuron*, **95**(5), 1208-1220.e5.

Saito N, Mushiake H, Sakamoto K, Itoyama Y, Tanji J (2005) Representation of immediate and final behavioral goals in the monkey prefrontal cortex during an instructed delay period. *Cereb Cortex*, **15**(10), 1535-1546.

Sakai K (2008) Task set and prefrontal cortex. *Annu Rev Neurosci*, **31**, 219-245.

Schiffrin RM, Schneider W (1977) Controlled and automatic human information processing: Perceptual learning, automatic attending and a general theory. *Psychol Rev*, **84**(2), 127-190.

Seger CA, Miller EK (2010) Category learning in the brain. *Annu Rev Neurosci*, **33**, 203-219.

Shallice T (1982) Specific impairments of planning. *Philos Trans R Soc Lond B Biol Sci*, **298**(1089), 199-209.

Shallice T, Cipolotti L (2018) The prefrontal cortex and neurological impairments of active thought. *Annu Rev Psychol*, **69**, 157-180.

Shima K, Isoda M, Mushiake H, Tanji J (2007) Categorization of behavioural sequencesin the prefrontal cortex. *Nature*, **445**(7125), 315-318.

Spreng RN, Sepulcre J, Turner GR, Stevens WD, Schacter DL (2013) Intrinsic architecture underlying the relations among the default, dorsal attention, and frontoparietal control networks of the human brain. *J Cogn Neurosci*, **25**(1), 74-86.

Stanovich KE (2010) "Rationality and the Reflective Mind". Oxford University Press.

Tang E, Mattar MG, Giusti C, Lydon-Staley DM, Thompson-Schill SL, Bassett DS (2019) Effective learning is accompanied by high-dimensional and efficient representations of neural activity. *Nat Neurosci*, **22**, 1000-1009.

Tanji J, Hoshi E (2008) Role of the lateral prefrontal cortex in executivebehavioral control. *Physiol Rev*, **88**(1), 37-57.

Tanji J, Shima K, Mushiake H (2007) Concept-based behavioral planning and the lateral prefrontal cortex. *Trends Cogn Sci*. **11**(12), 528-534.

Vatansever D, Menon DK, Stamatakis EA (2017) Default mode contributions to automated information processing. *Proc Natl Acad Sci USA*. **114**(48), 12821-12826.

Wang XJ (2001) Synaptic reverberation underlying mnemonic persistent activity. *Trends Neurosci*. **24**(8), 455-463.

Wason PC, Evans, J St BT (1975). Dual processes in reasoning? *Cognition*, **3**, 141-154.

Watanabe M (1996) Reward expectancy in primate prefrontal neurons. *Nature*, **382**(6592), 629-632.

Watanabe M, Hikosaka K, Sakagami M, Shirakawa S (2002) Coding and monitoring ofmotivational context in the primate prefrontal cortex. *J Neurosci*, **22**(6), 2391-2400.

Wutz A, Loonis R, Roy JE, Donoghue JA, Miller EK (2018) Different levels of category abstraction by different dynamics in different prefrontal areas. *Neuron*, **97**(3), 716-726. e8.

5 内側前頭前野と頭頂連合野—行為者としてのモニタリングとメンタライズ

5.1 内側系と外側系—内的モニタリングと外界モニタリング

前頭葉の執行機能では，長年研究の対象として実験者が与えたのはさまざまな事物の作業記憶や比較判断を要求する認知課題に関わる脳の活動に焦点を合わせた研究が主でした．そのため，多くの認知課題で活性化される部位として外側前頭前野–頭頂葉が主で，内側前頭前野がどのようなはたらきをしているのか，十分には理解されてきませんでした．

前頭前野の内側と外側はどのように解剖学的に異なるのでしょうか？

大脳皮質は内側面と外側面とで，機能解剖学的にも系統発生的にも異なるといわれています．Sanides や Yeterian らによる皮質の二重起源説によれば，大脳皮質は大きく海馬周囲と扁桃体周囲から発達し，海馬周囲は背側系，扁桃体周囲は腹側系となり，それぞれでさまざまな機能をもつ大脳皮質を生み出しているという考え方でした（Sanides, 1969; Yeterian *et al.*, 2012）．この場合，背側系は前頭葉の内側から背外側にかけて，腹側系は前頭葉の腹外側系から眼窩前頭前野にかけてが対応します．

起源を同じくする領域間はネットワークを形成している点が重要になります．そのような眼で大脳皮質を見ると，関連するネットワークが見えてきます．視覚系では，空間情報を扱う頭頂葉への背側路と，オブジェクト情報を扱う側頭葉の腹側路があります．また聴覚野は側頭葉上部の上側頭回に位置しますが，側頭葉の周辺に向かう系と同時に頭頂葉に向かう系が同定されています．運動系に関しても，オブジェクト操作に関わる腹側運動前野は側頭葉と結びつきが強く，腹側系に属すると考えられます．また補足運動野，帯状皮質運動野は海馬との直接連絡もあり，背側系に属すると思われます．

外側前頭前野は確かに腹側と背側が異なっていました．内側前頭前野と眼窩前頭前野はそれぞれ，外側前頭前野の背側部，腹側部と密接に連携しています．内側前頭前野は，起源からすると海馬と関係が深いことになります．実際に内側前頭前野と関連する領域を含むデフォルト・モード・ネットワーク（DMN）の詳細な解析からは，このネットワークは，サブネットワークを含む大きなネットワークから成り立つことがわかってきました．

Andrews-Hanna らは，内側前頭前野 DMN は（1）皮質正中部コアシステム（the cortical midline），（2）背内側サブシステム（a dorsal medial subsystem），（3）内側側頭葉サブシステム（medial temporal subsystem）と 3 つに分けました（Andrews-Hanna *et al.*, 2014）．それぞれ次のような複数の領域を含むサブネットワークがあります．皮質正中部コアシステムとは前内側前頭前野と帯状皮質後部，背内側サブシステムは背内側前頭前野，側頭-頭頂接合部（TPJ），外側側頭葉および側頭葉前方部，内側側頭葉サブシステムは海馬，傍海馬，脳梁膨大後部皮質および腹内側前頭前野（ventromedial prefrontal cortex：vmPFC），下部頭頂葉後部となります．

内側前頭前野は，実は背側経路とも腹側経路ともある程度連携しており大脳皮質ネットワークのハブとしての立ち位置が見えてきます．また　内側前頭前野は安静時の fMRI による脳血流の変化からも，外側前頭前野とは対比的な活動を示すことがわかっています．そして，とくに課題を行っていないときの脳活動の基本状態　デフォルト・モードとして内側前頭前野と関連する部位の活動が高いことは，DMN の機能的重要性を示唆していると考えられます．

このような内側前頭前野は何をしているのでしょうか？

内側前頭前野は DMN 内の一つの領域でもあり，その結合性からエピソード記憶などに関与する海馬とも関わり，記憶の想起などの内的な過程に関わる解剖学的な位置づけになっています（図 5.1）．Passingham らは運動野から

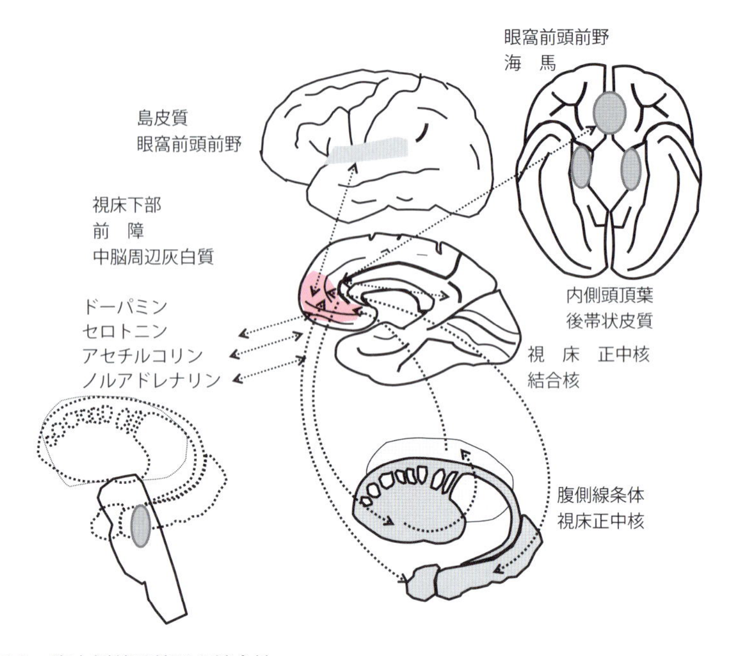

図 5.1　腹内側前頭前野の結合性
腹内側前頭前野を巡る機能解剖学的な関係で，腹内側前頭前野は眼窩部や帯状皮質，島皮質とも関連しつつ，皮質下の領域，基底核，海馬，扁桃体とも関わる．

前頭前野にかけて統一した機能分離ができるのではないかと総説で述べています（Passingham *et al.*, 2010）．すなわち運動野の機能仮説としての内側運動野が内発性で，外側運動野が感覚誘発性という機能的な違いがあります（Goldberg, 1985）．さらに前頭前野で調節する対象が，運動というよりも思考やより高次の行動ですが，外側前頭前野が外界に関する思考や行動調節に対して，内側前頭前野が内界すなわち自身に関する思考や行動調節と考えると一貫した機能分離が説明できるのではないかとしています（Passingham *et al.*, 2010; Mitchell *et al.*, 2002）．

さらに　Andrews-Hanna らは DMN の関連研究を総説して，自生的な思考に関わるとする機能仮説を唱えました（Andrews-Hanna *et al.*, 2014）．理由としては DMN のコアシステムが活性化する条件は，自己参照，回想的記憶，さらにモラル判断などにも関わるからです．また DMN の背内側サブシステムはFrith らのメンタライズ，とくにシナリオや物語の理解，社会性としての心の理論，すなわち他者理解，他者視点，意味記憶などに関わります．そして もう一つのサブシステムである内側側頭葉サブシステムはエピソード記憶と想起，回想的記憶，展望的記憶にも関わり，時空間的な文脈処理に関わります．

Frith らは，内側前頭前野を前後軸，背腹側軸で分けています．前方ほど，高次であり社会性に関わり，後方はより自己の行動に関するモニタリング評価に関わるとしています．また 腹側ほど情動性や身体内部に関する情報で背側ほど情動性が弱くなり，外界の情報などに関わるとされています（Amodio and Frith, 2006）．

内側前頭前野は DMN に属する他の領域と振動に伴って連携を動的に調節していることが示唆されています．ネットワークとしてのはたらきが重要になります．Clayton らはシータ波，アルファ波などが他のガンマ波と連動しながら内側前頭前野に関与するさまざまな注意や作業記憶に関わるとまとめています．これらの処理ではシータ波やアルファ波などの，ガンマ波より少し低い周期の波が連携するネットワーク間を機能的につなぐ基本的なリズムとなっています（Cavanagh and Frank, 2014; Clayton *et al.*, 2015）．

アルファ波は広く皮質で認められますが，前頭眼野を含む背側注意ネットワーク（DAN）と内側前頭前野の DMN はしばしば拮抗的な活動をします．注意の分配に関しては皮質–皮質間をつなぐ基本的なリズムとなって情報対象を選択したりするはたらきに関わります．

またシータ波は前頭正中部でよく記録されるリズムです．とくに海馬ではシータリズムが基本となって，さまざまな記憶処理が行われます．海馬–内側前頭前野の機能連携として，エピソード記憶の想起などに関わります．さらに脳梁膨大後部皮質との連携で，エピソードシーン構築や想像にはシータ波が関わると考えられています（Foster *et al.*, 2013）．また DMN の各領域間をつなぐはたらきとして，シータ波が関わっています．

記憶情報は実際には細胞活動が担い，早い波であるガンマ波に同期してきます．そしてそのガンマ波がシータ波と周波数間カップリングします．Zheng らによれば海馬には 2 つのガンマ波があり，速いガンマ波と遅いガンマ波が分類されています．速いガンマ波には現前の情報，遅いガンマ波には過去から将来への情報が圧縮されていて，その 2 つがシータ波のなかで異なる位相に乗っていることを報告しています（Zheng *et al.*, 2016）．

このような振動状態からも，前頭前野内側部は海馬やその他の領域と複数の周波数間カップリングによって，記憶情報やさまざまな想像により構築された情報をやり取りするハブとなっていることが想定されます．

5.2 内側前頭前野—行動戦略，モニタリングそしてメンタライズ

5.2.1 内側前頭前野が行う行動戦略の選択

行動を定める“方針”という概念には“ルール”と“行動戦略”という 2 つの考え方があります．ルールと行動戦略は何が違うのでしょうか？　ルールとは，たとえば色と運動方向を決めたとしたら，その関係は実験者が定めたものです．一方で，実験者が定めたルールと異なる仕方で，被験者ないしはこの場合は動物側で行動の決定方針を自ら決める場合があります．たとえば色–動作がルールですが，この課題では結果として光ったところに手を伸ばす試行と，光らない方に手を伸ばす試行があるので，一見ルールとはまったく関係のない副次的な関係をいわば行動の戦略として身につけてしまいます．実際に細胞活動を見ると，本来の感覚運動ルール以外に動物が自発的に編み出した行動指針を示す細胞も見つかりました．

外側前頭前野がルールに基づいてある目標ゴールに向かっての行動企画やその遂行に関わるということは，外側前頭前野のところ（第 4 章）で説明しました．内側前頭前野の後部は，外側前頭前野とは異なる様式で刺激と行動の関係づけを行っていることがわかっています．松坂らは，空間ルールとカラー・ルールを複数導入してサルを訓練し，細胞活動を内側前頭前野後方部から記録しました（Matsuzaka *et al.*, 2012; 2016）．これは 2 つのボタンのどちらかを選択して到達運動をする課題です．色の課題では青で左，赤で右，空間課題では光ったボタンを選択するか，光っていないボタンを選択するかでした．外側前頭前野であればルール選択性があることが知られているので，ルールに対応した細胞活動が期待されます．しかし内側前頭前野ではどうでしょうか？

内側前頭前野ではルールそのものを表現する細胞はなく，その代わりにルールに共通するある行動戦略を表現していることが見出されました．すなわち，この場合は，色の課題でも空間課題でも，結果として光ったボタンを選択する場合と，光っていないボタンを選択する場合に分かれます．このような実験者側が教えたルールではない刺激と行動の対応をサルが自ら発展させた点でこれを行動戦略とよびました．内的な行動戦略を内側前頭前野が任い，外側前頭前野が外部から与えられたルールを表現するこの例は，内外側の違いをよく反映しています．

内側前頭前野では，しばしば不確定な状況行動を選択せざるをえないときに活動が高いとするVolzらの結果があります．戦略はルールが不確かなときに内的に生成され，行動決定を支援するしくみともいえるかもしれません（Volz *et al.*, 2003; 2004）.

5.2.2　内側前頭前野による自己および他者の行動のモニタリング

内側前頭前野は自己と他者の相互に渡る行動調節に関わります．Yoshidaらは2頭のサルを用いた課題で，自分の行動の内容のみならず，相手の行動のパフォーマンスを表現する細胞を内側前頭前野で見つけました（Yoshida *et al.*, 2011）．補足運動野なども自分の評価に関わることはよく知られていました．前補足運動野，内側前頭前野というように前方の領域にいくと，自分のみならず他者の行動をモニタリングしていることが判明してきました．

内側前頭前野は同種のパートナーだけでなく，ヒトと動物など異なる種の行為者との協働的な行動調節にも関わります．Falconeらはヒトとサルを組み合わせて，両者が交互に行う課題を行いました．ヒトとサルを対面させて，動作選択の役割を2試行ごとに交互に繰り返す課題を訓練しました（Falcone *et al.*, 2017）．黄色と緑色の2色のターゲットのうち一つを選択する課題で，連続する5～17試行ごとに正しい色が切り替わります．この課題では，実行中の他者の行動結果を受けて，自分が行う際に正しく選択することが求められます．とくに他者が誤ったときに，運動を切り替えるのか維持するのかは，他者の試行の経過をモニタリングしている必要があります．この課題では自分の行動のモニタリングと同時に他者の行動もモニタリングし，その意図と結果の

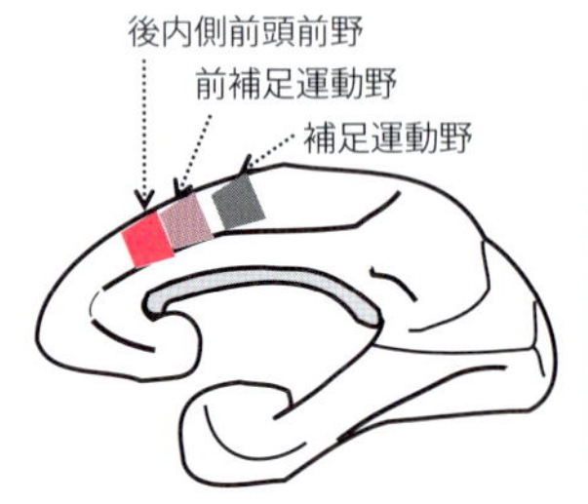

	サルだけ	ヒトだけ	両方
後内側前頭前野	23%	23%	15%
前補足運動野	22%	22%	10%
補足運動野	31%	17%	3%

図 5.2　自己と他者の協働課題
サルとヒトとの協働課題で，補足運動野，前補足運動野，後内側前頭前野ともにサル，ヒト，サルとヒト両方という行為者（エイジェント）選択的な細胞活動が見出されている．しかし後内側前頭前野でとくに，サルとヒト両方という活動が高いという結果が得られる．この領域が他者の意図理解や心の理論，メンタライズに関わるとする説と適合していると考えられる．表中の数字は細胞の割合．（Falcone *et al*., 2017）

評価が必要になります（図 5.2）．

このような条件下で，前補足運動野を中心とする内側関連領野において，彼らは他者の動作に選択性を示す神経細胞，自己でも他者でも活動する神経細胞，そして自己の動作に選択性を示す神経細胞，おもにこの 3 種の細胞を見出しました．

協働的な行動課題では他者の動作を観察して，その経過をモニタリングし，さらにその結果をモニタリングする必要があります．Falcone らは補足運動野，前補足運動野に加えて内側前頭葉後方の一部の領域からも細胞活動を記録しました．ここでは，実行前の準備期の活動に注目してサルの脳活動を解析しました．サル自身の行動を表現する細胞，サルでもヒトでもその両方を表現する細胞を見出しました．そして両方を表現する細胞は内側前頭前野の腹側の最も奥で見つかりました．

ミラーニューロンは観察した行動でも活動し，自分で同じ動作を行うときにも活動するので，行動を模倣するときに役立ちますが，内側系は他者の意図を汲み取って理解したり，同じ動作をするというより，意図を汲み取ったうえで他の行動をしたりすることに関わるので，ヒトの心的状態を表現するメンタライズとよばれる機能に対応すると思われます．

運動野レベルでも内側・外側の領野は，それぞれ異なる様式で自己と他者の循環的な関わりを表現しています．自己と環境，自己と他者との再帰性は運動制御のレベルから始まっています．

5.2.3　他者と戦略的行動選択に関わる背内側前頭前野

背内側前頭前野は，自己と他者への報酬の分配などを戦略的に判断することにも関わります．自分だけの利益を考える利己的戦略か他者の利益を考えた利他的または向社会性行動かは，人によって個人差があります．

Sul らは自己単独，他者単独，自己他者同時に報酬を得る学習課題を行い，内側前頭前野と向社会性行動との関連性を調べました．ここで興味深いのは，他者単独の報酬課題では学習するのは自分ですが報酬を得るのは他者であることです．この課題で脳活動を調べると，内側前頭前野は背側ほど他者の報酬学習に関わり，腹側ほど自己の報酬に関わる傾向がありました．そして被験者が向社会性をもった人だと,自己より他者の報酬に関わる場所が広いのに対して,利己的な傾向がある人では,背側が他者で腹側が自己という区分けが認められ,活動パターンがはっきり 2 つに分かれていました（Sul *et al.*, 2015）（図 5.3）.

向社会性には，共感性という他者の理解とともに，互いに報酬を分け合うなどの互恵性も重要です．腹内側前頭前野は，向社会性に関わる互恵性と共感性の両面に関わっています．

Lee らはこれまでの研究成果から，内側前頭前野は腹側が自己，背側が他者に関連して戦略形成に関わると考えました．さらにヒトでは，その人の性格特性なども影響すると考えられます．ですから社会的な状況下での行動戦略には，個人差が大きいのでしょう（Lee and Seo, 2016）.

内側前頭前野はメンタライジング，腹側運動前野はミラーニューロンシステムと，それぞれ他者の運動実行観察で活動しますが，その運動自体が他者に向

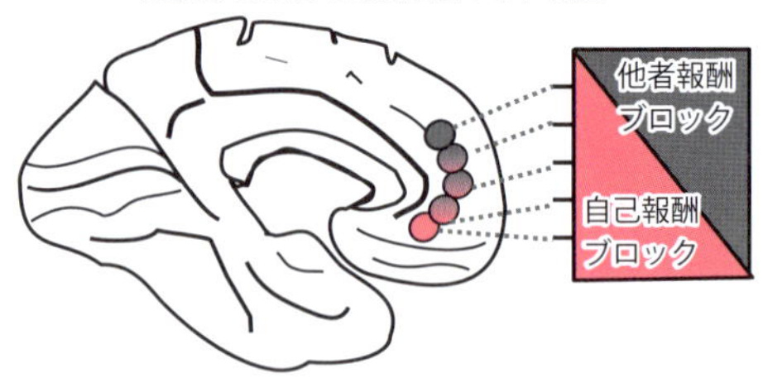

図 5.3　自己と他者の価値づけ
自分の行動に対する報酬が自己単独，他者単独，自己他者同時に与えられる学習課題で脳活動を調べてみると，背側ほど他者報酬ブロックで，腹側ほど自己報酬ブロックで活動が高いことが示された（Lee and Seo, 2016）.

かう社会的な運動であればさらに活発に活動することが知られています (Becchio *et al.*, 2012).

5.2.4　腹内側前頭前野と背内側前頭前野におけるメンタライズ

前頭葉内側の前方領域では自己や他者の心の状態を想像することで，信念，意図，目的，理由など，ヒトの志向性の観点による解釈に関わることが知られています（Frith and Frith, 2003; Amodio and Frith, 2006）．心理学では，他者の行為の理由として心の状態を想像し理解することを**メンタライズ**とよびます．したがって，前頭葉内側の前方領域はメンタライズに関わるともいえます．

メンタライズとほとんど同様の意味で用いられる言葉に，いわゆる“**心の理論**”があります．これはヒト以外の霊長類の研究から生まれた言葉で，他者が心をもった指向性ある行為主体者であると仮定して理解する心的態度，志向性態度をさします．なぜ理論というかというと，自分の心以外に他者の心は他の現実の事物のように触れられないので，存在を仮定するしかありません．つまり，何らかの心的状態をもったと仮定した他者が行っていることを観察して，心的状態を推定することです．

メンタライズすることが必要な課題としては“サリーとアンの課題”のように，複数である2人の登場人物の行動を追いながら，知っている内容やそれに伴って行う行動を理解するには，自分も含めてそれぞれの行為者には異なる心的状態を仮定することができ，その視点を切り替える（視点切替え）必要があります．

ところでメンタライズは対象が必ずしもヒトでなくても，対象がこのような心的状態をもっていると仮定することができれば可能です．有名なハイダー・ジンメルのアニメーション（column 参照）では，たとえ単純な幾何学図形の動きでも，自然と心情があるような解釈ができます．これをマインドバイアス，擬人観（anthropomorphism）とよびます．Spunt らは，人物の動画を見て

column

ハイダー・ジンメルのアニメーション

社会心理学者の Heider と Simmel は，ヒトが対象を知覚する際に，対象にどのような特性を帰属させる傾向があるかを調べる研究をしました．そのために短いアニメーションを作成して被験者に見せ，その内容を記述してもらいました．

そのアニメーションは単純な幾何学図形からできたもので，小さな△，小さな○，少し大きな△と真ん中に大きな長方形の枠が描かれています．最初大きな△が枠の中にいます．外部からに小さな△，小さな○が移動して，一緒に動いています．すると枠の一部が開き，大きな△が外に出てきます．この大きな△はその角で小さな△に衝突します．そして，その間に小さな○は枠の中に移動します．大きな△が枠の中に移動してきます．少しずつ小さな○に近づきます．しかし，○は急に速く動いて，小さな△と一緒にどこかに移動してしまいます．

さて以上は物理的な記述です．しかし，実際に動画を見たヒトの多くは小さな△，小さな○は仲良しで，遊んでいるとか，大きな△は意地悪で，小さな△，小さな○をいじめているとか，小さな△は小さな○を心配しているとか，あたかもそれぞれの形に心や意図をもっているような説明をします．これは単純な幾何学図形にもその動き方次第で“心の理論”を帰属させることが可能であることを示しています．一方で自閉症傾向の子どもでは，図形の動きに物理的な因果関係の説明をしがちで，“心の理論”に基づいた説明をする傾向が少ないことが知られています．

このような“心の理論”ないしは“心”に基づいた解釈をして動画を見るときには内側前頭前野，上側頭溝，前方側頭葉，側頭頭頂接合部などが活動することが知られています．解釈としては，生物的な運動に関わる上側頭溝，オブジェクトの人物としての同定や意味処理に関わる前方側頭葉，心の理論に関わる内側前頭前野，視点切替えや社会性帰属に関わる側頭頭頂接合部が関与すると思われます．

も心情か物理的側面かで，内側前頭前野の活動が高くなることを見出しています．すなわち，マインドバイアスと相関する活動が見られました．一方で対人的関係構築，非言語的コミュニケーションに困難を示す神経発達症の一つである自閉症スペクトルの社会性の特性とは逆比例しており，この領域の活動が個人の社会性を反映していることを示唆していました（Spunt *et al.*, 2015）．

擬人観，マインドバイアスなど，心をヒトでないものに認める傾向は，たとえば腹話術や人形浄瑠璃などの芸術ではよく知られています．心があるというよりも，対象に投射するヒトの観方を反映しているといえます．事物の連鎖と見るか，現象する心と見るかは，内側前頭前野がどれほど関わるのかに依存しているといえます．逆に対象がヒトであっても事物としてしか見ないとすると，非人間化（dehumanization）であり，内側前頭前野の活動が低くなることが知られています（Harris and Fisk, 2006）．

自分と似た信条をもつ他者なのか，それとも違う信条をもつ他者なのかで，メンタライズに関わる脳の活動部位が異なることが知られています．一般的に，似た人の気持はメンタライズしやすいのですが，異なる心情の人の心は読みづらいものです．実際 Mitchell らは，同じように他者の心情を想像するとしても，自分と似た人と思っているか否かが影響を与えると考えました．そこで被験者が心情を理解する仮想対象者も自由（リベラル）か保守（コンサーヴァティヴ）かで分けて，対象者がどのような意見をもっているかを推定してもらう課題を行い，脳活動を調べました．そして，撮影後，潜在連合テストを用いて被験者がリベラルか保守か，どのような信条に近いかを推定しました．潜在連合テスト（implicit association test：IAT）とは中央に提示された対象をある規則で 2 種に分け，該当する左右のボタンを選択する課題です．たとえば提示された対象を人種なら白人・黒人，対象が物なら良い・悪いに分ける課題で，一つの課題が左側が（白人または良い），右側が（黒人または悪い）で対象を左右に分ける課題と，もう一つが左側が（白人または悪い），右側が（黒人または良い）と分ける課題で反応時間を調べると，白人と黒人に対して，潜在的に被験者が良い，悪いをどのように関連づけているかで，その人の潜在的連合を浮き彫りにするものです．この研究では保守とリベラルのカテゴリーと，われわれ（被験者），そして彼ら（仮想対象者）というカテゴリーを組み合わせることによって，左右のボタンを選ぶ時間に差があるかどうかで，その被験者がどちらの信条をもっているかを推定しました．

すると被験者と同じ政治信条の人を推定する場合は腹内側前頭前野が，そして異なる信条の対象者を推定する場合は背内側前頭前野が活動していました（Mitchell *et al.*, 2006）．このようなことから，腹内側前頭前野は自分自身または自分と同様な他者，背内側前頭前野は自分とは異なる他者を理解することをシミュレーションし，メンタライズするというように分かれていると考えられました．このように腹側と背側では自己と他者の距離感によって異なる仕方でメンタライズするということが示されました．

興味深いのは評価される対象がたとえ自分自身でも，自分自身で直接の自己評価をする場合と，他者の視点で自分がどのように評価されているかを脳活動で比べると，他者視点の評価では，より背内側前頭前野が活動していました．実際にOchsnerらは，自己視点での自己評価と他者視点での自己評価を比較して，前者は腹側，後者は背側が関わるとしています（Ochsner *et al.*, 2005）．興味深いことに発達の過程でも自己評価の仕方が影響を受ける可能性が示唆さています．Pfeiferらは，多感な青年期では大人の被験者に比べて自己の特性に関する質問でも背側が活動することが多いと報告しています．これは青年期はとくに他者の視点に敏感に反応して自己を理解しているためとしています（Pfeifer *et al.*, 2009）

Hanらは，西欧，中国（アジア）の文化でも腹側・背側内側前頭前野の活動が影響を受けると報告しています．たとえば母親の性格などを聞くと西欧ではより背側が活動するのに対して，中国人の被験者ではより腹側が活動します．彼らは西欧では母親は自己と独立した性格として捉える傾向が高いが，アジア系では母親の特性を自己と同じような性格と捉える傾向があることと対応していると考察しています（Han and Northoff, 2008）．

Liebermanはメタ解析で，メンタライズに関わる複数の課題（誤信念課題，言語的物語，アニメーションによる心的解釈，意思の推論，実時間での想像，皮肉）で最も再現性よく活動する領域は背側・腹側内側前頭前野，TPJ，側頭前方部，上側頭溝後部，楔前部であることを明らかにしました．そしてこれらをメンタライジング・ネットワークとよぶことを提唱しています．このネットワークは実はDMNとほとんど重複しています．彼らの解析でも，やはり内側前頭前野の背側がより他者のメンタライズに関連し，腹側はより自分に関する内容に関連するとしています（Lieberman, 2010）．

5.3 海馬と連携によるスキーマ構築と二重トレース説

5.3.1 エピソード記憶および想像的構築または反事実的思考

内側前頭前野の研究では，内側前頭前野はエピソード記憶の想起に関わることが判明しています．これは，内側前頭前野がエピソード記憶や意味記憶に関わる海馬と密接な結合があることからも期待される結果です．エピソード記憶にはおもに自己に関わる回想的な記憶も含まれます（Cabeza and St Jacques, 2007）．自己のエピソードは，自分の行った行動や出合ったものなどから，シーンを想像したうえで再現，構築する過程と捉えられます（Schacter *et al.*, 2012）．このような捉え方を構築的エピソードシミュレーション説とよび，従来の「記憶＝過去」の発想から「エピソード構築＝過去＝未来＝想像」という発想になります．

内側前頭前野は過去の経験をエピソードとして記憶するだけでなく，別なシナリオを考えたり，将来のことを想像するときにもはたらいてることがわかってきました．Hassabisらは，想像上でのシーン構築とエピソード記憶に関わる脳領域を比較しました．具体的には（1）実際にあったことのエピソードの想像，（2）新たに想像するエピソード・シーン，（3）以前に想像したエピソード・シーンを再度想像する課題を与えました．このコントロールとしたのは，これまでに遭遇した事物を想像する，新しい事物を想像する，再度同じ事物をを想像するという課題で，異なる履歴での物体の想像と異なる履歴でのエピソードの想像に関わる場所を探りました（Hassabis *et al.*, 2007）．

すると驚いたことに過去の経験の想起も，事実ではないエピソードの想像も，エピソードのシーンの構築に関しては共通して内側前頭前野，そして海馬，傍海馬回，脳梁膨大後部皮質を中心としたいわゆるDMNまたはメンタライジング・ネットワークが活動してきました．すなわち経験した事実の想起および明らかに事実と異なる思考，「もし…だったら（what if）」，すなわち反事実的思考に関しても同じ領域が活動していたことになります．Van Hoeck らは，実際に反事実的思考で想像する課題をヒトで行い，海馬や DMN が活動することを見出しています（Van Hoeck *et al.*, 2013）．

ヒトは，過去に関しても未来に関しても，事実に基づいた想起や想像以外に事実と離れた反事実的思考ができます．反事実的思考は別なシナリオを考える柔軟性があるともいえますが，一方で「こうすればよかった」「もしああすれば，今はこうなっていたかもしれない」などと後悔することもあるでしょう．逆に「もし別なことしていたら，今ごろはとんでもないことになっていたかも」と考えればむしろ，ホッとするかもしれません．不安や抑うつ状態では，いわゆる過剰な思考反芻（rumination）が起きます．その内容は反事実的思考で，その際に情動的にネガティブな内容のことが多くなります．

DMN によるエピソードの想像による活性化は，自分のエピソードでなくても，他者の話や物語でも活性化することがわかっています．自己と他者，事実であっても架空であっても，内側前頭前野は語り（ナラティブ，Key Word 参照）を理解することに重要なはたらきをしてます．Milivojevic らは，登場人物と場所などは同じで，しかし異なる物語を見せて脳活動を比較しました（Milivojevic *et al.*, 2016）．すると，海馬ではたしかに登場人物や場所に関する情報は共有されていても，異なる物語であれば活動のパターンが物語の展開とともに異なるように変化していきました．つまりエピソードの時空間的な展開としての一つの語りとして構築することに海馬や DMN が関わることがわかりました．Milivojevic らは，一度物語を聞いて海馬や内側前頭前野に表現されても，ある視点で考察させるとただちにこれらの活動パターンが再構成されることも見出しています（Milivojevic *et al.*, 2015）．物語の理解を多様な観点で理解するときに海馬と内側前頭前野の連携が重要であることを示唆しています．

Mar らの脳活動のメタ解析からは，内側前頭前野は物語の理解，物語の生成，物語間の関係の理解に対して活性化することがわかりました（Mar, 2004）．さらに外側前頭前野に関しては，左側が言語処理，関係性，順序化に関わることが示唆されました．しかし物語としての理解に関しては，むしろ右側の前頭前野が関わることも示唆しています．言葉と物語の人物理解，時空間的な文脈のなかで位置づける過程では，内外側の前頭前野の連携が必要です．

海馬において構築される関係性表現と内側前頭前野との関係性から，さまざまな語り（ナラティブ）の形成と理解が可能になります．単に言語理解ということでなく，海馬のもつ時空間のコンテキストと物や人の関係を埋め込むことで，言語がある主体をもった行為者の意図などをもって行動し，他者や事物との相互作用により，複数の意図が交錯する物語として，さらに一段と深い理解を生み出すものと考えられます．

5.3.2　海馬との連携による逐語的記憶と要点的記憶

内側前頭前野においても，外側前頭前野におけるカテゴリーのような概念化が行われます．具体的なエピソード記憶などが多数記憶され集積するなかで，実は細かいストーリーよりも，多くのエピソードに共通する大まかなスキーマを理解することは，新しい経験をする場合に理解を助けると考えられます．

古くは心理学者の Bartlett が記憶のスキーマに関しての研究を系統的に行いました．被験者に物語を記憶させた後，一定の保持期間の後に再生テストを繰り返す反復再生法の実験を行うと，次第に詳細は忘れますが，逆に全体として辻褄が合うように新たな情報が加えられたり，なじみのある言語に変えられたりすることを見出しました．また物語の一部が強調されて，新たな中心となり，出来事の順番すら辻褄が合うように置き換えられます．Bartlett は，記憶は次第に失われますが，一方でスキーマのはたらきにより，失われた詳細情報を補完して再構成がされると考えました．

記憶が構成的であることから，構成が正しく行われないと誤記憶が生じることが考えられます．このような誤記憶の研究には DRM パラダイム（Deese-Roediger-McDermott paradigm）とよばれる実験パラダイムの確立に基盤があります．このパラダイムでは，被験者に，一度単語リスト（たとえば，寝台，安静，覚醒など）を学習させたあとで，学習語としては呈示されない単語（ルアー語：誤りを誘発しやすい囮語で，仮にここでは「睡眠」としてみましょう）を呈示します．するとルアー語もリストに含まれていたと誤った判断をすることが多いことが知られています．一般に，実験参加者は新奇語よりもルアー語を多く誤って想起し，さらに，誤記憶は正しい記憶と同程度の想起意識を伴うことが知られています（Roediger *et al.*, 1998）．このような課題を用いると誤記憶に関わる領域として海馬などが指摘されています（Gutchess and Schacter, 2012）

スキーマ形成に関わる理論として，Reyna のファジー・トレース理論が提案されています(Reyna and Brainerd, 1995)．ファジー・トレース理論では，二重のトレースが生成されると考えます．ターゲット刺激の記憶表象には，一つは具体的な情報の表象である**逐語的記憶**（verbatim）と，もう一つは意味と関連情報の表象である**要点的記憶**（gist）があるとされています．Bartlett の例では逐語的記憶は次第に失われますが，要点的記憶はスキーマとして残り，想起ではスキーマに合うように詳細情報が再構築されているために誤記憶が生

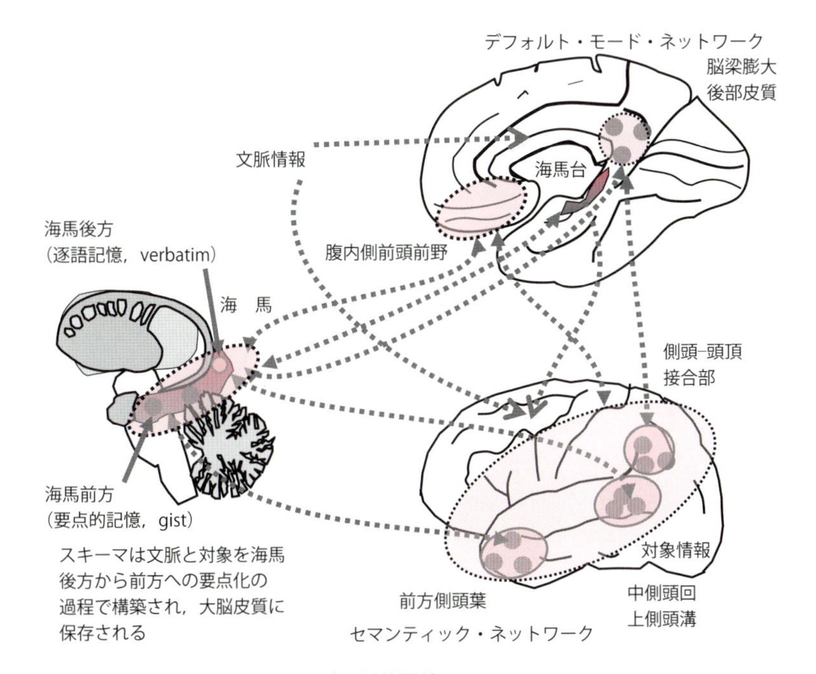

図 5.4　スキーマ形成と海馬および内側前頭前野
スキーマ形成には海馬での二重トレースが関わると考えられている．海馬後方に具体的な情報の表象である逐語的記憶と，海馬前方には意味や関連性の表象である要点的記憶があるとされている．内側前頭前野のエピソード記憶に関わる DMN と，側頭葉のセマンティクスに関わる記憶のネットワーク，さらには海馬台などを介して外側前頭前野とも関わり，スキーマを構成し，長期記憶として大脳皮質に保存される．（Gilboa and Marlatte, 2017）

じます．

海馬の長軸方向で，この2つのトレースの寄与が異なっていることが知られています．すなわち前方海馬は要点的記憶に関わり，後方は逐語的記憶に関わるとされています．記憶の二重トレース理論によれば，この2つのタイプの記憶は脳ではさまざまな認知処理の基礎にあると考えられています．

Robinらはこのような海馬の前方部の要点的記憶が，内側前頭前野にはスキーマとなって構築され，記憶されると考えました（図5.4）．実際には海馬と前方の内側前頭前野とは直接神経連絡があります．また外側前頭前野とも海馬台を介して連絡があります．その結果，海馬の要点的な記憶が前頭前野ではスキーマとして形成されると考えられます．

一方で後方部逐語的記憶は，後部帯状皮質や側頭葉の視覚連合野やセマンティクスに関わる領域などと連携して，感覚的な知覚対象の構築に関わると考えました（Robin and Moscovitch, 2017）．

スキーマは枠組みをもった複数の概念の図式と見なせます．そこには具体的な内容がまだ決まっていないスロットがあり，そのためさまざまな誤記憶の原因にもなります．ロフタスの目撃者の誤記憶（column参照）の例にあるよう

column

ロフタスの誤記憶の実験

心理学者のLoftusは，目撃者の記憶の信頼性を調べる目的で，自動車事故のビデオを被験者に見せてその想起の内容を調べました．その際に目撃直後に「どのくらいのスピードで衝突しましたか？」という質問を「どのくらいのスピードで激突しましたか？」と少し質問の言葉を替えるだけで，被験者は自動車のスピードを10キロくらい速く答えました．また1週間後に同じ人たちに，「事故の際に窓が割れていましたか」と尋ねました．すると同じ質問にもかかわらず，目撃直後に「激突」という言葉を使って質問されたグループでは，多くの人が窓が割れていたと答えました．これらの研究から，直後の記憶は影響を受けやすく，質問の言葉の違いでその後の記憶は変容し，誤記憶が生まれることを示唆しました．

海馬の二重トレース説からは，要点的記憶と逐語的記憶は互いに影響を与え，一度要点的記憶が変容すると関連する詳細な記憶，逐語的記憶はスキーマに整合的に変わってしまうと考えられます．

に，回想する内容を引き出す質問者のわずかな言葉の違いで，その質問に暗に含まれているニュアンスに整合的な内容に，被験者の記憶内容が変容してしまうことがあります．そして一度このようなかたちで変容してしまうと，スキーマとしての要点記憶が詳細記憶に勝り，記憶が変容して再固定されることになるので，後日質問されても変容したまま保持されている誤記憶の内容を疑いもなく正しいものとして答えることになります．

パーキンソン病では，初期に要点的記憶が低下するものの，逐語的記憶は保たれるということが指摘されています．パーキンソン病ではうまく嘘がつけないという興味深い研究は，もしかすると逐語的記憶と要点的記憶のバランスが前者にシフトすることが関与しているのかもしれません（Abe *et al.*, 2009）．

Oyarzún らによると，心的外傷後ストレス障害（post traumatic stress disorder: PTSD）では　海馬長軸方向での障害に差があることが知られています．後方海馬がとくに障害され，ここに関与する記憶はより逐語的記憶に依存する記憶であるため，誤記憶も起こりやすくなります．本来は関係のないものも，同じストレスの起こったスキーマのなかに関連すると想起が起こり，強い情動的な応答を伴うことになります．このようなことが，ストレスの更なる悪化を招く原因になることが考えられます（Oyarzún and Packard, 2012）．

5.4　頭頂葉内側部（楔前部）とのシーン構築とシミュレーション

5.4.1　運動，感覚，認知に関わるハブ

内側前頭前野はデフォルト・モード・ネットワーク（DMN）の領域である頭頂葉内側部で背側に位置する楔前部（precuneus），そして腹側には後帯状皮質さらに腹側部には脳梁膨大後部皮質が密に連携しています（Cavanna and Trimble, 2006）（図 5.5）．

楔前部は，運動，認知，視覚などの感覚に関わるきわめて多様な結合性をもつ領域です．たとえば前方は運動系の補足運動野，運動前野，体性感覚野，島皮質と関わり体性運動に関与します．また中間部は頭頂葉，前頭前野の 10, 46，8 野と連絡があり，認知機能に関わります．さらに後部は視覚野と連絡があり，視覚認知に関わります．運動系と視覚系の結びつきから，たとえば運

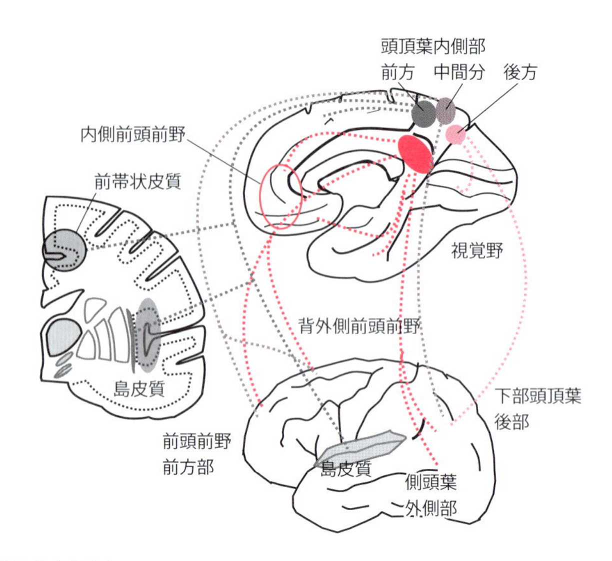

図 5.5　頭頂葉内側部
頭頂葉内側部の楔前部は前方は運動野などと関連性があり，中間部は前頭前野，後方は視覚野と関連性が高く，運動，認知，視覚情報に関わる．また楔前部腹側に位置する脳梁膨大後部皮質は内側前頭前野，海馬，側頭葉と結合性が高い．

動している場面を視覚的に想像することに関わります．皮質下との結合として基底核，尾状核，被殻への投射があり，視蓋前域にも投射し，瞳孔調節や眼球運動に関連した部位にも投射があります．

これらの多様な結合性から，楔前部は身体情報，空間情報などを集めて，さらには自発的な運動情報なども含めることで，身体の時空間内定位とそのなかの移動可能性を表現していると思われます．実際に頭頂葉内側部では，柔軟な座標系に対応して対象を捉えることができます（Bernier and Grafton, 2010）．したがって運動を行う際には，身体空間座標と視野空間座標といった異なる座標系で捉えることが可能です．そしてこれらの情報は近傍の脳梁膨大後部皮質との密なつながりでによって，自分の身体を基準とした空間情報と移動情報が形成されると考えらます．また前頭前野との関わりで，トップダウンの操作が行われることになります．

実際にヒトにおける脳機能画像の研究から，両手運動，能動的追跡運動，歩行している状態の想像，手の順序運動の想像，注意維持やシフト，想像上のナ

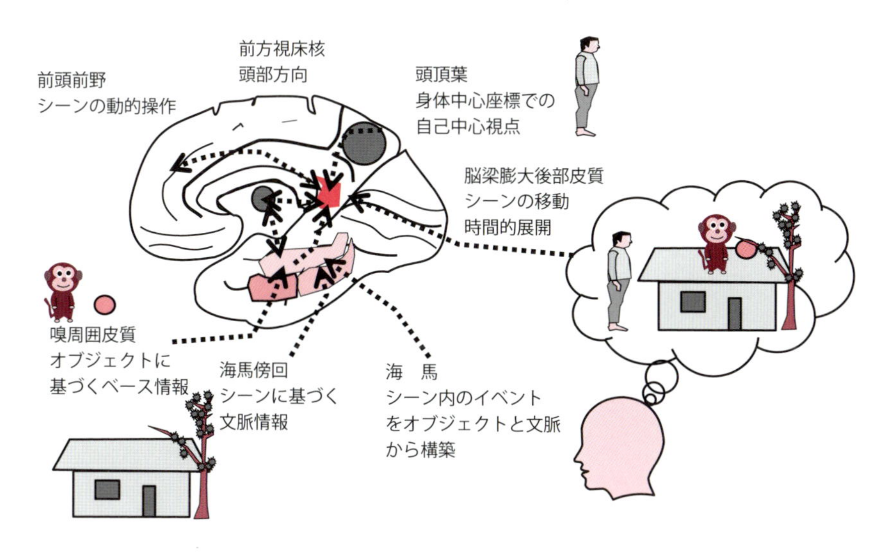

図 5.6　脳梁膨大後部皮質の世界像
楔前部腹側には，海馬でのオブジェクトと文脈を統合した情報，自己の身体の情報，さらにその中の動きの情報を前頭前野と連携しながら構築し，自己身体中心座標でエピソードとし，想像し，時間展開することに関わる．（Vann *et al.*, 2009）

ビゲーション，言葉の想起，記憶した源の想起，エピソード記憶や自己回想記憶，自分の特性への判断，自己視点・他者視点での物語理解，感覚運動，認知，エピソード記憶，展望記憶，社会性などの幅広い機能との関連性が指摘されています．

楔前部の腹側部である脳梁膨大後部皮質は想像する際のエピソードの構成的シミュレーションに関わると考えられます（図 5.6）．脳梁膨大後部皮質は楔前部と海馬のそれぞれと密に連絡があり，エピソード記憶の形成や操作に関わると考えられています．視覚系との関係が強く，現在の自分のおかれたシーンと楔前部での自己身体基準の時空間的な情報が集まります．興味深いことに，実際に起こったエピソード記憶も，想像上でのイベントにもこの領域は活動します．

エピソードは心的にさまざまな断片的な情報から構築されるもので，それが記憶であれ想像であれ，同様の神経過程が関わっているという Schacter らの説があります（constructive episodic simulation：構築的エピソード・シミュレーション）（Schacter *et al.*, 2007）．楔前部は，文脈情報と登場人物などのオブジェクト情報の2つを統合する場として捉えることができます（Ranganath and Ritchey, 2012）．身体とその環境の中での時空間的な構築に密に関わっていると考えられます．

脳梁膨大後部皮質は広い空間上で自己身体を定位すること，時間的に過去のエピソード記憶および起こりうる未来の展望記憶として構築できることから，ナビゲーションには必須の領域といえます．この部位はDMNのサブネットワークであり，通常の認知課題では活動が低下することが知られていますが，課題が空間のナビゲーションや，自分に関わる回想的エピソードの想起などに関わると，課題中にも活動することが判明しています（Margulies *et al.*, 2009; Vann *et al.*, 2009）．

脳梁膨大後部皮質での記憶の想起にはシータ波が関わっていることが知られています（Foster *et al.*, 2013）シータ波は海馬で，複数の場所細胞の情報を位相で分けて表現したり，現在経験しつつある情報や将来の情報などを表現するので，記憶想起には皮質–海馬での同期性でネットワークが形成されます．

5.4.2　後帯状皮質による注意の再分配

後帯状皮質（posterior cingulate cortex：PCC）はさまざまな領域とネットワークを形成しながら，注意の配分を調節しているということが示唆されています．

解剖学的には後帯状皮質は，背側後帯状皮質（dPCC）と腹側後帯状皮質（vPCC）に分けられます．背側後帯状皮質は視覚系背側路として，腹側後帯状皮質は腹側路の延長として捉えられます．実際，dPCCは頭部身体の大規模な空間内での定位や移動を表すことに関わります．一方でvPCCは顔面の形態認知にも関わります．後帯状皮質は皮質前頭領域ともつながりがあり，とくにvPCCは前帯状皮質膝下部（the subgenual anterior cingulate cortex：sACC）や，眼窩前頭前野，側頭葉の腹側路と深く関わります．これらの結合性から単に知覚情報処理というだけでなく，より高度な自己に関する情報を参照する過程に関わると考えられています．

Sharpらは大脳皮質のなかでも，多数の領域から投射を受け，またそれぞ

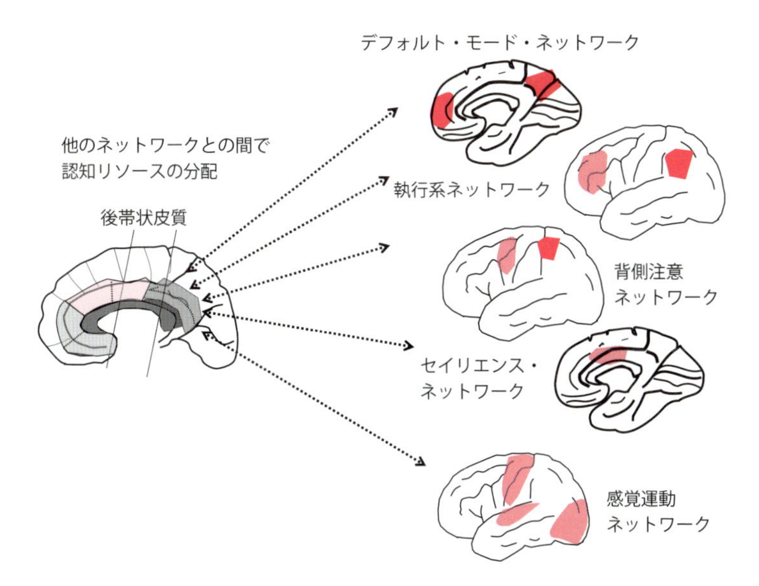

図 5.7　後帯状皮質と結合性
後帯状皮質は，DMN，前頭–頭頂ネットワーク（執行系ネットワーク），背側注意ネットワーク，セイリエンス・ネットワーク，感覚運動ネットワークと，ほぼすべてのネットワークと結合性があり，この間の認知的な処理のリソースの分配に関わっていると考えられます．（Leech *et al.*, 2012）

れの領域にも送っているような場所として PCC に注目しています．PCC はおもな安静時ネットワークの多領域からの入力を集めて注意のリソースを再配分します．シャープは，関連する注意をあたかもエコーのようではないかと記述しています（Sharp, 2014）（図 5.7）．

実際に Vatansever らは n バック課題という認知課題で，負荷を上げるごとに DMN と関連する他領域のメンバーが変化し，かつその結果，脳の機能モジュールとしての側面が小さくなり，より全体で連携した反応をすることができることを見出しました．PCC は作業記憶などの課題中は一般的には活動は低下しますが，動的結合性により他の領域のはたらき方に強く影響を与えていることになります（Vatansever *et al.*, 2015）．

Leech と Sharp らは，注意を内向きと外向き，そして狭い注意と広い注意に分け，これらの調節に後帯状皮質が関わる可能性を示唆しています．後帯状皮質の背側部は外側前頭前野などの執行系ネットワークと連関して外的な注意，一方で腹側部は海馬などの側頭葉と関わり記憶に基づいた内的な注意に関わります．DMN は，前頭葉の内外のネットワークのどちらにどの程度の注意配分をしているかということに関与していると考えられます．また参加するネットワークを再編成することで効率的に課題に取り組めるように，限られたリソースを再配分していると考えられます（Leech and Sharp, 2014; Leech *et al.*, 2011）．安静時のネットワークのゆらぎは，このような動的なネットワークの再編成が常に背景で起こっており，さまざまな状況に対応できるように準備しているともいえます．

Mittner らは　このような後部帯状皮質の DMN のゆらぎが青斑核とよばれる脳幹のノルアドレナリン細胞のある部位の活動することを見出しています（Mittner *et al.*, 2016）．青斑核からのノルアドレナリンは大脳皮質に広く分布しており，全体の活動性に影響を与えます．青斑核の活動には，持続性の活動と相同性の活動があり，相同性の一過性の活動が注意転換などの際にも活動し，たとえば腹側注意ネットワークでの TPJ がトップダウンとボトムアップの注意の転換をする際にも青斑核との関連性が示唆されています．

5.4.3 後帯状皮質とディスエンゲージメント

DMN がぼんやりしてる安静時に活動が高いことはよく知られています．DMN の一つの役割は，取り組んでいる課題から離脱することではないかとも考えられます．一般的に課題に関わることをエンゲージメントとよびます．逆に関わりをやめることはディスエンゲージメントとよびます．われわれは日常でも，どの程度課題にエンゲージメントし，またどうなるとディスエンゲージメント，すなわち離脱するかは大きな問題です．われわれの能力は有限なリソースに基づいて課題に取り組んでおり，利益や負荷，コストなどの履歴を蓄積してそのバランスにより，さまざまな課題に対して動的に関わる脳のネットワークの切替えをする必要があるからです．

サルにおいて，複数ある採餌の場所からどの程度 1 箇所で粘り，そして離脱するかを見る課題で後帯状皮質から細胞活動を記録した実験が報告されいます．するといくつかのオプションのある採餌行動に関わる課題で，後帯状皮質の記録から細胞活動は実行に関わるというより，ある課題から離れることに関与することがわかりました（Barack *et al.*, 2017）.

Platt らは複数箇所からの給餌行動で，エンゲージメントとディスエンゲージメント，すなわち現在の給餌をしている場所（対象）を選択し続けるのか，またその場所を離れて別の場所に移動するかを調べました（Heilbronner and Platt. 2013）．同じ場所を選択し続けると報酬が減少するので他の場所へ移動します．何回くらいで移動するかは戦略として重要です．後帯状皮質の細胞活動は，いつ移動するかを予測することに関連性のある変化を示しました．その場所の報酬価値の学習には眼窩前頭前野が，その期待値からの変化には前帯状皮質が関わることがわかっています．しかし，現在の状況におけるさまざまな環境からのフィードバックを，いわば現状から離脱するための証拠集めと考えると，後帯状皮質の細胞活動はディスエンゲージメントに関わった活動と理解できました．現在給餌行動を行っている意思決定に直接関わっているわけではないのですが，この現状から他の行動選択に向けての離脱の可能性を背景で計算していると仮定すれば，後帯状皮質は外側前頭前野と反対の活動パターンを示すことも理解できます．

後帯状皮質は単にディスエンゲージメントして離脱するだけでなく，エンゲージメントする可能性を課題の周辺で，一見無関係なものをモニタリングすることで探索しているようなはたらきにも関わっています．

さらに後帯状皮質は課題そのものより，課題からの離脱の証拠集めと考えられる活動が他の課題でも見つかりました．すなわち学習課題で，さまざまな刺激−種々の量の報酬，を関連づける課題で，エラーの際に活動する，報酬量が少ないときにむしろ活動する，新規の刺激で活動する，などの特徴が後帯状皮質に認められました．さらに不活性化すると，学習された課題に影響はなく，また新しい学習でも刺激と報酬関連性がはっきりしている場合には障害がありませんでした．むしろ報酬との関連性が弱い，試行錯誤の探索の必要な状況で初めて障害が認められました．このことから，後帯状皮質ははっきりしない探索に対する動機づけに関わると解釈されました（Pearson *et al.*, 2011; Heilbronner and Platt, 2013）.

Anderson らは反応する色を指示し，その後提示されるターゲット文字が同じ色ならその文字のキーを押し，違えば押さないゴー・ノーゴー課題を考案しました(Anderson *et al.*, 2016). ただしフランカー課題の要素も付加して，課題とは無関係なフランカーをターゲットの前に提示します．しかもフランカーの色が指示した色，または指示と異なった色で提示されるため，その後提示されるターゲットの色の判断を惑わすことになります．この条件で脳活動を調べると予想どおり，外側運動野はゴー反応に関連して活動を示します．一方で，内側の後帯状皮質はフランカー刺激の色が指示信号と異なると反応する傾向が見られました．本来は課題には関係のないフランカー刺激ですが，指示と異なる色刺激であると，課題に対してディスエンゲージ，すなわち関わりを弱めることに関わると解釈されました．このような反応により，外側前頭葉の無関係な刺激への注意の分配を弱める効果が考えられます．反応時間はフランカーの色が指示と異なると長くなる傾向がありますが，このような遅延は課題からディスエンゲージメントするために，ターゲットが指示した色であったときに比べて，反応までに余計に時間がかかるためと考えられます．

この場合，後帯状皮質を含むDMNは課題中に活動しており，従来の課題に関わらないときに活動するという傾向と異なるように思われます．しかし，無意識のうちに無関係な刺激に対して反応することで，課題への注意の向け方に好ましい影響を与えていると考えられます．

これらの例から後部帯状皮質の役割は明示的で，随意的な課題の実行というより，結果としては行動調節に望ましい影響を与える無意識の課題の周辺情報へ常に背景で注意を向けている影の行動調節機構といえるかもしれません．

課題に必要な焦点的思考に対して，多くの脳領域との発散的な結合性を背景に新しい経験への準備や課題に必要な注意のリソースの調節に関わるということは，多くの行動調節に関して示唆を与えると思われます．

5.5　側頭–頭頂接合部による視点変換と側頭部による意味理解

側頭-頭頂接合部（TPJ）は大脳皮質の外側溝の後方で側頭葉と頭頂葉が接する下頭頂小葉（ヒトでは縁上回と角回）の下部と上側頭回の後部に相当する領域をさします．

この領域は，内側前頭前野などと結合してデフォルト・モード・ネットワーク（DMN）の一部とされ，また社会脳，とくにメンタライズに関わります．すなわち他者視点でヒトの心情を理解したりする，いわゆる"**心の理論**"に関わる重要な役割を担っていると考えられています．一方では腹側注意ネットワークと背側注意ネットワークの切替えなどにも関わります．

Blanke らの研究から TPJ（とくに角回とよばれる部位）は，多数の感覚情報からの投射を受ける部位で，自己像の形成に関わるとされています．この領域が電気刺激されることで，体外離脱体験がひき起こされるという例が報告されています（Blanke and Arzy, 2005）．

Corbetta らの研究では，ターゲット刺激を他の多くのオブジェクトとともに提示して検出させる課題で，左右のどちらかに出現するかを予告信号として与え，脳活動を fMRI で記録しました．するとその予告信号が指示する側が，左側から右側，またはその逆に変化するときに側頭-頭頂接合部（TPJ）の活動が認められました．すなわち注意の転換に関わることが示唆されました（Corbetta, 2009）．

この領域は，腹外側前頭前野と結合して腹側注意ネットワークの一部と重複します．この領域の障害は注意に関する障害で半側注意無視が起こります．とくに右半球が空間処理に関しては優位半球になり，とくに右の TPJ の障害で左半側空間無視が起こります．

TPJ は外側前頭前野と連携する一方で DMN の一員として，他者視点で理解することにも関わります．Dumontheil らは，**ディレクター課題**とよばれる課題を考案して，自己視点と他者視点への転換（perspective-taking）に関わる領域を調べました（Dumontheil *et al.*, 2010）．この課題では，本棚を挟んで被験者のいるこちら側と本棚の向こう側に 1 人ずつディレクターがいて指示を出します．本棚が一部遮蔽されて，本棚のこちらと反対側では見える棚が異なります．そのために，向かい側のディレクターの指示のときには，向こう側から何が見えて，何が見えないのかを想像（メンタライズ）する必要があります（図 5.8）．この部位が社会性に関わるのは，「他者の立場に立って」考えることを，実際の身体像をいわば他者の立場に投影して，その視点で何がどう見えるかをシミュレーションすることにこの領域が関わっているからかもしれません．

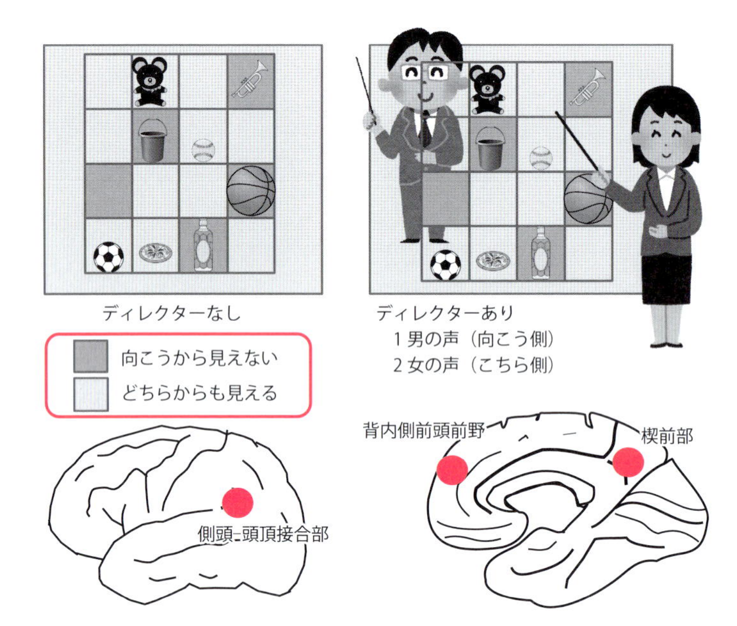

図 5.8　ディレクター課題
ディレクター課題では一部の枠に板があり，前方の女性のディレクターからは見えるが，後方の男性のディレクターからは見えないボックスが有る．そのためにどちらのディレクターから「大きいボールをとってください」と言われたかで，向こうの男性ディレクター視点ならサッカーボールが大きく，手前の女性ディレクタ視点ならバスケットボールが大きいとなる（Dumontheil *et al*., 2010）．

Q　睡眠中の夢はエピソード記憶と深い関わりがあると思われます．内側前頭前野は，夢を見ているときに活動が高まるというような報告はあるのでしょうか．

A　レム期の脳活動を報告した論文はいくつもあります．まとめると大脳皮質外側前頭葉は夢を見ているときには，むしろ活動が低下していることが知られています．そのため論理的な整合性などをチェックする機構がはたらいていません．しかし一方で内側では帯状皮質と腹内側前頭前野は活動が高く，扁桃体，基底核も活動が高く，脳幹の橋からの活動が視覚関連領野の内因性の活性化を促します．これらの活性化から視覚の解釈に関連した部位や，エピソード記憶に関連した部位，情動に関わる部位がともに活性化しています(Hobson and Pace-Schott, 2002)．

事件の目撃者の証言が誤記憶のため，裁判の判決に重大な影響を与えることがあります．内側前頭前野と海馬のはたらきで，記憶が変形してしまうためと考えられます．この場合は，脳の正常なはたらきであるということで，目撃者の誤記憶による証言の誤りについては，目撃者は偽証罪としての罪を免れることになるのでしょうか．

ロフタスの研究（column 参照）から，目撃者の証言が必ずしも当てにならない可能性が指摘され，もし証言しか証拠がないなら証拠不十分で無罪になっているケースが知られています．しかし，誤記憶に基づいた目撃証言が偽証かどうかの指摘は必ずしも簡単ではありません．客観的状況と合わない証言であれば誤っているとは指摘できても，それが本人の誤記憶によるのか，故意に証言を変えているかが検証されにくいからです．

一方で自分の意図に合わない発言や嘘をつく場合には，内側前頭前野，腹外側前頭前野が関わります．内側前頭前野–海馬は反事実的な記憶の構築に関わりますし，腹外側前頭前野は意図的な行動で自己統制が必要な際に活性化します．興味深いのは，嘘が拮抗するためにコンフリクトを起こし前帯状皮質が活性することが知られていますが，とくに「知らない」と嘘をつくときに活性化するのです．またパーキンソン病などの病気で基底核に疾患があると嘘をつく課題で困難を示します．おそらく嘘をつくには前頭前野–海馬などでの反事実的思考など柔軟な思考が必要ですが，ドーパミンが不足し，基底核との連携がうまくいかないと正直になってしまい，柔軟に嘘がつけなくなるようです．

引用文献

Abe N, Fujii T, Hirayama K, Takeda A, Hosokai Y, Ishioka T, Nishio Y, SuzukiK, Itoyama Y, Takahashi S, Fukuda H, Mori E（2009）Do parkinsonian patients have trouble telling lies? The neurobiological basis of deceptive behaviour. *Brain*. **132**（Pt 5）, 1386–1395.

Amodio DM, Frith CD（2006）Meeting of minds: The medial frontal cortex and social cognition. *Nat Rev Neurosci*, **7**（4）, 268–277.

Anderson BA, Folk CL, Courtney SM（2016）Neural mechanisms of goal-contingent task disengagement: Response-irrelevant stimuli activate the default mode network. *Cortex*, **81**, 221–230.

Andrews-Hanna JR, Smallwood J, Spreng RN（2014）The default network and self-generated thought: Component processes, dynamic control, and clinical relevance. *Ann NY Acad Sci*. **1316**, 29–52.

Barack DL, Chang SWC, Platt ML（2017）Posterior cingulate neurons dynamically signal decisions to disengage during foraging. *Neuron*, **96**(2), 339-347.

Becchio C, Cavallo A, Begliomini C, Sartori L, Feltrin G, Castiello U (2012) Social grasping: From mirroring to mentalizing. *Neuroimage*, **61**(1), 240-248.

Bernier PM, Grafton ST (2010) Human posterior parietal cortex flexibly determines reference frames for reaching based on sensory context. *Neuron*, **68**(4), 776-788.

Blanke O, Arzy S (2005). The out-of-body experience: Disturbed self-processing at the temporo-parietal junction. *Neuroscientist*, **11**(1), 16-24.

Cabeza R, St Jacques P (2007) Functional neuroimaging of autobiographical memory. *Trends Cogn Sci*, **11**(5), 219-227.

Cavanagh JF, Frank MJ (2014) Frontal theta as a mechanism for cognitive control. *Trends Cogn Sci*, **18**(8), 414-421.

Cavanna AE, Trimble MR (2006) The precuneus: A review of its functional anatomy and behavioural correlates. *Brain*, **129**(Pt 3), 564-583.

Clayton MS, Yeung N, Cohen Kadosh R (2015) The roles of cortical oscillations in sustained attention. *Trends Cogn Sci*, **19**(4), 188-195.

Corbetta MP (2009) Interaction of stimulus-driven reorienting and expectation in ventral and dorsal frontoparietal and basal ganglia-cortical networks. *J Neurosci*, **29**, 4392-4407.

Dumontheil I, Küster O, Apperly IA, Blakemore SJ (2010) Taking perspective into account in a communicative task. *Neuroimage*. **52**(4), 1574-1583.

Falcone R, Cirillo R, Ferraina S, Genovesio A (2017) Neural activity in macaque medial frontal cortex represents others' choices. *Sci Rep*, **7**(1), 12663.

Foster BL, Kaveh A, Dastjerdi M, Miller KJ, Parvizi J (2013) Human retrosplenial cortex displays transient theta phase locking with medial temporal cortex prior to activation during autobiographical memory retrieval. *J Neurosci*, **33**(25), 10439-10446.

Frith U, Frith CD (2003) Development and neurophysiology of mentalizing. *Philos Trans R Soc Lond B Biol Sci*, **358**(1431), 459-473.

Giaccio RG (2006) The dual origin hypothesis: An evolutionary brain-behavior framework for analyzing psychiatric disorders. *Neurosci Biobehav Rev*, **30**(4), 526-550.

Gilboa A, Marlatte H (2017) Neurobiology of schemas and schema-mediated memory. *Trends Cogn Sci*, **21**(8), 618-631.

Goldberg, G (1985) Supplementary motor area structure and function: Review and hypotheses *Behav Brain Sci*, **8**(4), 567-588.

Gutchess AH, Schacter DL (2012) The neural correlates of gist-based true and falserecognition. *Neuroimage*, **59**(4), 3418-3426.

Han S, Northoff G (2008) Culture-sensitive neural substrates of human cognition: Atranscultural neuroimaging approach. *Nat Rev Neurosci*, **9**(8), 646-654.

Harris LT, Fiske ST (2006) Dehumanizing the lowest of the low: Neuroimaging responses to extreme outgroups. *Psychol Sci*, **17**, 847-853.

Hassabis D, Kumaran D, Maguire EA (2007) Using imagination to understand the neural basis of episodic memory. *J Neurosci*, **27**(52), 14365-14374.

Heilbronner SR, Platt ML (2013) Causal evidence of performance monitoring by neurons in posterior cingulate cortex during learning. *Neuron*, **80**(6), 1384-1391.

Hobson JA, Pace-Schott EF (2002) The cognitive neuroscience of sleep: Neuronal systems, consciousness and learning. *Nat Rev Neurosci*.

Lee D, Seo H (2016) Neural basis of strategic decision making. *Trends Neurosci*, **39**(1), 40-48.

Leech R, Braga R, Sharp DJ (2012) Echoes of the brain within the posterior cingulate cortex. *J Neurosci*, **32**(1), 215-222.

Leech R, Kamourieh S, Beckmann CF, Sharp DJ (2011) Fractionating the default mode network: Distinct contributions of the ventral and dorsal posterior cingulate cortex to cognitive control. *J Neurosci*, **31**(9), 3217-3224.

Leech R, Sharp DJ (2014) The role of the posterior cingulate cortex in cognition and disease. *Brain*. **137**, 12-32.

Lieberman MD (2010). Social cognitive neuroscience. chapter 5, *In*: "Handbook of Social Psychology, 5th ed." Fiske ST, Gilbert DT, Lindzey G Eds, pp. 143-193, McGraw-Hill.

Mar RA (2004) The neuropsychology of narrative: Story comprehension, story production and their interrelation. *Neuropsychologia*, **42**(10), 1414-1434.

Margulies DS, Vincent JL, Kelly C, Lohmann G, Uddin LQ, Biswal BB, Villringer A, Castellanos FX, Milham MP, Petrides M (2009) Precuneus shares intrinsic functional architecture in humans and monkeys. *Proc Natl Acad Sci USA*, **106**(47), 20069-20074.

Mas-Herrero E, Marco-Pallarés J (2016) Theta oscillations integrate functionally segregated sub-regions of the medial prefrontal cortex. *Neuroimage*, **143**, 166-174.

Matsuzaka Y, Akiyama T, Tanji J, Mushiake H (2012) Neuronal activity in the primate dorsomedial prefrontal cortex contributes to strategic selection of response tactics. *Proc Natl Acad Sci USA*, **109**(12), 4633-4638.

Matsuzaka Y, Tanji J, Mushiake H (2016) Representation of behavioral tactics and tactics-action transformation in the primate medial prefrontal cortex. *J Neurosci*, **36**(22), 5974-5987.

Milivojevic B, Varadinov M, Vicente Grabovetsky A, Collin SH, Doeller CF (2016) Coding of event nodes and narrative context in the hippocampus. *J Neurosci*, **36**(49), 12412-12424. Erratum in: *J Neurosci*, 2017, **37**(22), 5588.

Milivojevic B, Vicente-Grabovetsky A, Doeller CF (2015) Insight reconfigures hippocampal-prefrontal memories. *Curr Biol*, **25**(7), 821-830.

Mitchell JP, Heatherton TF, Macrae CN (2002) Distinct neural systems subserve person and object knowledge. *Proc Natl Acad Sci USA*, **99**, 15238-15243.

Mitchell JP, Macrae CN, Banaji MR (2006) Dissociable medial prefrontal contributions to judgments of similar and dissimilar others. *Neuron*, **50**(4), 655-663.

Mittner M, Hawkins GE, Boekel W, Forstmann BU (2016) A neural model of mind wandering. *Trends Cogn Sci.* **20**(8), 570-578.

Ochsner KN, Beer JS, Robertson ER, Cooper JC, Gabrieli JD, Kihsltrom JF, D'Esposito M (2005) The neural correlates of direct and reflected self-knowledge. *Neuroimage*, **28** (4), 797-814.

Olson IR, McCoy D, Klobusicky E, Ross LA (2013) Social cognition and the anterior temporal lobes: a review and theoretical framework. *Soc Cogn Affect Neurosci*, **8**(2), 123-133.

Oyarzún JP, Packard PA (2012) Stress-induced gist-based memory processing: a possible explanation for overgeneralization of fear in posttraumatic stress disorder. *J Neurosci*, **32**(29), 9771-9772.

Passingham RE, Bengtsson SL, Lau HC (2010) Medial frontal cortex: from self-generated action to reflection on one's own performance. *Trends Cogn Sci*, **14**(1), 16-21.

Pearson JM, Heilbronner SR, Barack DL, Hayden BY, Platt ML (2011) Posterior cingulate cortex: adapting behavior to a changing world. *Trends Cogn Sci.* **15**(4), 143-151.

Pfeifer JH, Masten CL, Borofsky LA, Dapretto M, Fuligni AJ, Lieberman MD (2009) Neural correlates of direct and reflected self-appraisals in adolescents and adults: When social perspective-taking informs self-perception. *Child Dev.* **80**(4), 1016-1038.

Ranganath C, Ritchey M (2012) Two cortical systems for memory-guided behaviour. *Nat Rev Neurosci.* **13**(10), 713-726.

Reyna, VF, Brainerd CJ (1995) Fuzzy-trace theory: An interim synthesis. *Learn Indiv Diff*, **7**, 1-75.

Robin J, Moscovitch M (2017) Details, gist and schema: Hippocampal-neocortical interactions underlying recent and remote episodic and spatial memory. *Curr Opin Behavioral Sci*, **17**, 114-123.

Roediger HL III, McDermott KB, Robinson KJ (1998). The role of associative processes in creating false memories. *In*: "Theories of Memory". vol. 2, Conway MA, Gathercole SE, Cornolde C, Eds, pp. 187-245, Psychology Press.

Sanides F (1969) Comparative architectonics of the neocortex of mammals and their evolutionary interpretation. *Ann NY Acad Sci*, **167**(1), 404-423.

Schacter DL, Addis DR, Buckner RL (2007) Remembering the past to imagine the future: The prospective brain. *Nat Rev Neurosci.* **8**(9), 657-661.

Schacter DL, Addis DR, Hassabis D, Martin VC, Spreng RN, Szpunar KK (2012) The future of memory: Remembering, imagining, and the brain. *Neuron.* **76**(4), 677-694.

Spunt RP, Meyer ML, Lieberman MD (2015) The default mode of human brain function primes the intentional stance. *J Cogn Neurosci.* **27**(6), 1116-1124.

Sul S, Tobler PN, Hein G, Leiberg S, Jung D, Fehr E, Kim H (2015) Spatial gradient in value representation along the medial prefrontal cortex reflects individual differences in prosociality. *Proc Natl Acad Sci USA.* **112**(25), 7851-7856.

Van Hoeck N, Ma N, Ampe L, Baetens K, Vandekerckhove M, Van Overwalle F (2013)

Counterfactual thinking: an fMRI study on changing the past for a better future. *Soc Cogn Affect Neurosci*. **8** (5), 556-564.

Vann SD, Aggleton JP, Maguire EA (2009) What does the retrosplenial cortex do? *Nat Rev Neurosci*. **10** (11), 792-802.

Vatansever D, Menon DK, Manktelow AE, Sahakian BJ, Stamatakis EA (2015) Default mode dynamics for global functional integration. *J Neurosci*, **35** (46), 15254-15262.

Volz KG, Schubotz RI, von Cramon DY (2003) Predicting events of varying probability: Uncertainty investigated by fMRI. *Neuroimage*. **19** (2 Pt 1), 271-280.

Volz KG, Schubotz RI, von Cramon DY (2004) Why am I unsure? Internal and external attributions of uncertainty dissociated by fMRI. *Neuroimage*. **21** (3), 848-857.

Yeterian EH, Pandya DN, Tomaiuolo F, Petrides M (2012) The cortical connectivity of the prefrontal cortex in the monkey brain. *Cortex*, **48** (1), 58-81.

Yoshida K, Saito N, Iriki A, Isoda M (2011) Representation of others' action by neurons in monkey medial frontal cortex. *Curr Biol*. **21** (3), 249-253.

Zheng C, Bieri KW, Hsiao YT, Colgin LL (2016) Spatial sequence coding differs during slow and fast gamma rhythms in the Hippocampus. *Neuron*. **89** (2), 398-408.

6 眼窩前頭前野と帯状皮質 —内感覚とソマティックマーカーによる情動機能

6.1 情動の捉え方

前頭葉の代名詞のように“執行機能”というはたらきを議論するときに，一つ大切な脳のはたらきが議論されていませんでした．それが情動機能です．

前頭葉のはたらきとして執行機能が重要であるとするとき，情動とはどう関わるでしょうか？　そもそも情動とは何でしょうか？

歴史的に情動に関して 2 つの大きな考え方があります

蛇を見つけたときの恐怖の情動を例にとって考えてみましょう．古典的な説明には 2 つあります（図 6.1）．

Canon Bard の考え方では，蛇を見たときに恐怖を感じるというのは，まず対象の認知をして蛇と同定し，これが怖いと感じて交感神経の興奮性が上昇して心拍数が上がり，冷や汗が出て，いわゆる情動表出が認められるというものです．すなわち，認知そして身体反応により情動が生まれるとします．

一方，James-Lange の考え方があります．恐怖を与える対象を見る，対象の認知同定をはっきりとはしていませんが，なぜか交感神経の興奮レベルが上がり，心拍数が上がり，冷や汗が出てきます．この状態に本人が気づくことで，この身体反応の意味を解釈して恐怖を感じます．

しかし，一人ひとりが何を感じているかは，表情やしぐさなどからわかることもありますが一般的には難しいと思われます．たとえばスポーツ選手 2 人

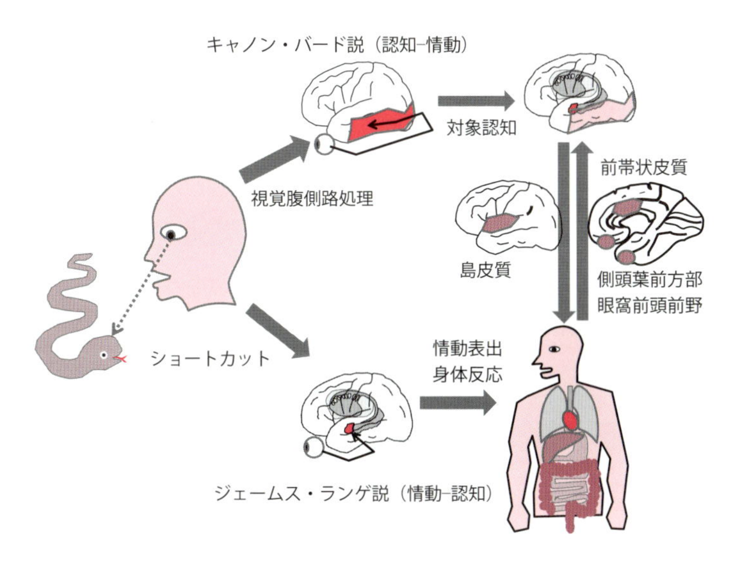

図 6.1　キャノン・バード説とジェームス・ランゲ説
キャノン・バード説では，対象認知の後にその評価として情動表出が起こるが，ジェームス・ランゲ説では，最初に情動表出が起こり，その評価のなかで対象の認知が行われる．

がオリンピックで金と銀を受賞して涙を流していたとして，その表情を見てどのような情動を相手に感じるでしょうか？　涙を流している状況では，うれしいのだろうと情動的に共感できるかもしれません．しかし　一人が金メダル，一人が銀メダルだったとして，どうでしょうか？　心情的には，金メダルにもう少しで手が届いた銀メダルの選手は悔し涙を流している，と推定することも十分可能でしょう．このようなときの心情を理解するには表彰台までの一連のイベントやそれぞれの選手のおかれた状況をその人の物語として構成して，涙を流すときまでの物語を理解できたときに初めて理解できるでしょう．したがって身体的に現れた表現から一意に情動を推定することは難しいと思われます．

以下で，情動に関する 4 つの考え方（情動プログラム説，認知的情動説，心理構築的情動説，社会構築的情動説）を Barrett の分類に従って紹介します (Barrett, 2018)（表 6.1，Key Word「構築説」も参照）．

表6.1　情動説

	情動プログラム説	認知的情動説	心理構築的情動説	社会構築的情動説
脳内過程	ハードウェア	脳は評価系	ソフトウェア	社会的構築
情動の特異性	皮質下の回路	複数の評価可能	ない	ない
情動表出	特異的	評価次第	特異性なし	特異性なし
普遍性	脳機構	情動評価	心理的側面	社会的側面
情動多様性	随伴現象	評価の多様性	元来多様性	社会性次第
進化の影響	特定の情動が進化	評価機構が進化	多様化	社会組織の進化
情動調整	皮質が皮質下へ	皮質と皮質下の両方	脳内ネットワークの創発	社会ネットワークの中で構築

6.1.1　情動プログラム説

“情動プログラム説”では生得的に脳内に情動に関わる神経機構が存在すると考えます.

たとえばPankssepは，この情動プログラム説の立場で，基本的な情動システムを7つに分けています．彼は（1）探索SEEKING，（2）怒りANGER，（3）恐怖FEAR，（4）愛欲PLEASURE/Lust，（5）愛着CARE（maternal devotion)，（6）パニック不安悲しみPANIC or grief（sadness)，（7）喜び

表6.2　Pankseppによる分類

情動プロトタイプ	Affective Prototype（Pankseppによる）	おもな神経機構	おもな神経修飾因子
1. 探索（期待）	SEEKING, Generalized Motivational Arousal	腹側被蓋野, 側坐核, 基底核	ドーパミン, ノルアドレナリン
2. 怒り	RAGE（Affective Attack), ANGER	扁桃体（内側）分界条床核中脳水道周囲灰白質（背側）	サブスタンスP, グルタミン酸など
3. 恐怖	FEAR	扁桃体（中心, 外側核), 中脳水道周囲灰白質（背側）	神経ペプチド
4. 愛欲（性的情動）	PLEASURE/Lust（Sexuality）	視床下部, 扁桃体, 中脳水道周囲灰白質（腹側）	性ホルモン, バソプレッシン,オキシトシン,ドーパミン
5. 愛着	Nurturance/ maternal CARE	前帯状皮質, 腹側被蓋野, 中脳水道周囲灰白質（腹側）	オキシトシン, プロラクチン, ドーパミン, オピオイド
6. 分離パニック	Separation Distress/ PANIC（Social Bonding)	前帯状皮質, 腹側中隔核, 視床下部	CRF, オキシトシン, プロラクチン , ドーパミン, オピオイド
7. 遊び, 社会的喜び	PLAY/（Social Joy & Affection)	視床核	オピオイド, アセチルコリン, カンナビノイド

PLAY (social joy), に分類して皮質下に対応部位を想定しています (Panksepp, 2004). さらには，皮質下の基本情動システムから大脳皮質に向かって投射して，そこで高次の感情が生じると考えます．基本的には基本情動プログラムでは，「一つの情動と対応する脳との関係は一対一で対応する」とする考え方です（表 6.2）.

6.1.2 認知的情動説

“認知的情動説”は，状況を評価する結果として特定の情動が生まれるという考え方です．この説には細かく見るといくつかの異なる考え方が含まれています．生理的身体反応や覚醒反応があり，それ自体は特異的でありません．先ほどの情動プログラム説との違いは，基本プログラムによって予想されるような一対一で情動が特定化されるのでなく，その評価過程によって初めて特定されるという考え方です．

しかし，このような評価過程を含む評価説のコアな考え方では，脳の状態は一意に決まらないと考えます．非特異的な身体反応などに対して評価システムが状況から推論して現在の状況を理解することになります．評価には任意性があるため，脳の特定の領域と情動を結びつけることはできないとする考え方です．

Lazarus は，構造説の立場から 1 次的評価で状況を正負に分け，次に 2 次的評価で対応する自己のリソースが十分か否かでストレスになるかが評価され，さらにふたたび状況の再評価をしました．情動はこのような一連の評価から生まれるとします．

評価説では自動的な過程と随意的な過程に評価過程を分けたりなど，さらに多くの説に分かれるともされます．基本的には一つの状況でも評価系が異なれば異なる情動が生まれ，個人差が生じます．さらに評価系の差が情動への対処，すなわちコーピングや事態の再評価で情動に多様性が生まれます．評価次第で情動がカテゴリーのように分かれるか，連続的ではないかなども意見が分かれます．

たとえば Schachter と Singer らは，情動は身体反応とその原因を何かに帰属させる認知の両方が不可欠であるとする情動の二要因説を唱えています．大学生に興奮剤としてアドレナリンを投与すると，身体反応が同じでも状況によって喜び，怒りは異なる評価をすることを確認しました．感情は身体反応の知覚そのものではなく，身体反応の原因を説明するために評価した結果，あるいは，認知解釈のラベルを帰属させることであると考えました．認知的解釈には当然大脳皮質の関与が深いはずで，皮質下のコアな情動システムだけでは情動を一意に決められない可能性を示唆しています（Schachter *et al.*, 1962）．

6.1.3　心理構築的情動説

"心理構築的情動説" では，いくつかの基本的な考え方がこれまでの伝統的な考え方と異なっています．Barrett らは独自に，これまでのさまざまな情動と脳の場所と関連性をメタ解析という手法で調べました．すると，怒り，恐怖，悲しみなどで，従来いわれている扁桃体，眼窩前頭前野，帯状皮質との関連性もさることながら，一対一では説明できない多様な関連性が見出され，これらのメタ解析から，脳部位と情動との一対一関係に疑問を呈しました．このような所見を突破口に，さまざまな情動の考え方や疑問に挑戦して，以下のような考え方を提案しました．

（1）情動にはさまざまな要素があり，数種にカテゴリー化され，タイプ別に分かれるとする考え方には反対です（反類型主義）．また特定のタイプの情動は特定の脳部位で限局して理解できる，とする基本プログラムとしての情動説に反対です．あくまで，情動は連続分布のスペクトルを不連続に分けて色の名前をつけるのと変わりないと考えています．また大脳皮質と皮質下のほとんどを含むネットワーク全体が関わり，情動表出の結果としての身体反応も情動で一意に定まらないと考えます．

（2）情動には情動専用の特定の本質的な回路があるわけでなく（反本質主義），コア・システムが脳にあるだけであると考えます．それはポジティブとネガティブ，活性化と不活性化など非常に基本的なものでしかありません．すべての情動はさまざまな状況認知や評価などで多次元化すると考えます．

（3）情動はさまざまな要素から構成されたものとして創発するもので，特定の要素に還元できるという考え方に反対です（反還元主義）．脳科学の現状においても，脳機能をネットワークとして捉える方向性になってきており，これまでの特定の部位，あるいは特定の回路のはたらきに知覚，認知，および行動を還元させるという基本概念そのものを見直す時代に入ってきたと考えられます．

感情や情動にラベル化すること自体が，情動の本来もつ多様性を誤解する原因になっているともいえます．

6.1.4 社会構築的情動説

“社会構築的情動説”では，感情を規定するのは他者のいるなかで，すなわち社会的文化的な状況で情動が構築されてくると考えます．心理構築的情動説のように情動の要素を基本的には一人の人間の中にとどめて説明するのと，その点で異なります．多くの情動が人の世界で同定されているのは，決して一人だけの構成物ではなく他者との相互作用，社会的，文化的な背景のなかで構築されラベル化されてきているといえます．

これら４つの説は情動のある側面を強調していますが，必ずしも互いに矛盾するものではないといえます．神経生理学として情動に関して一つ大切なことは，情動には脳-身体と心理-社会の関係性が重要だと考えられる点です．情動のきっかけは脳から身体への自律神経系などを介した反応であり，それを内感覚，すなわち身体からの情報をどのように評価するかということです．身体反応は脳から自律神経や内分泌などの反応，さらには身体に起こったさまざまな状況を反映することになります．したがって，内感覚を受け取った脳の活動は，すでにある自発的な脳活動と一緒になり，複雑な感情が生まると考えられます．

このような身体からの情報を受け取る前頭葉の場所として，眼窩前頭前野，帯状皮質，さらにこれらと機能的に密接に関係のある島皮質があり，これらのはたらきを次節以降で紹介します．

6.2 眼窩前頭前野―主観的価値の形成と自己を巡る価値の記憶

眼窩前頭前野の領域は，(1) 扁桃体，(2) 味覚嗅覚野，内臓からの感覚，

(3) 側頭葉からの視覚入力，(4) 体性感覚，島皮質，そして (5) 聴覚の入力も受け取ります．後方の無顆粒眼窩前頭前野は，嗅覚，味覚，内臓感覚に関わっており，さらにそこに側頭葉からの高度なオブジェクト情報が加わることで，たとえば食べ物の識別ができるようになると考えられます．前方にある顆粒眼窩前頭前野はさまざまな刺激から報酬と嫌悪，ベネフィットとコストを評価し，価値づけるはたらきが主になります．価値づけはいわば脳内の"共通貨幣"とよべるものです（Kringelbach, 2005; Rolls, 2004; Platt and Plassmann, 2014）．そして眼窩前頭前野と腹内側前頭前野，帯状皮質はしばしば一緒にはたらき，正または負の主観的な価値づけに関わります（Bartra *et al.*, 2013）．眼窩前頭前野と腹外側前頭前野も連携して活動することがあります．その際に眼窩前頭前野は価値評価，腹外側前頭前野は行動出力に関わるという機能的な違いがありました（O'Doherty *et al.*, 2003）

眼窩前頭前野は内側，中央，後中央，外側で結合性が異なることが知られて

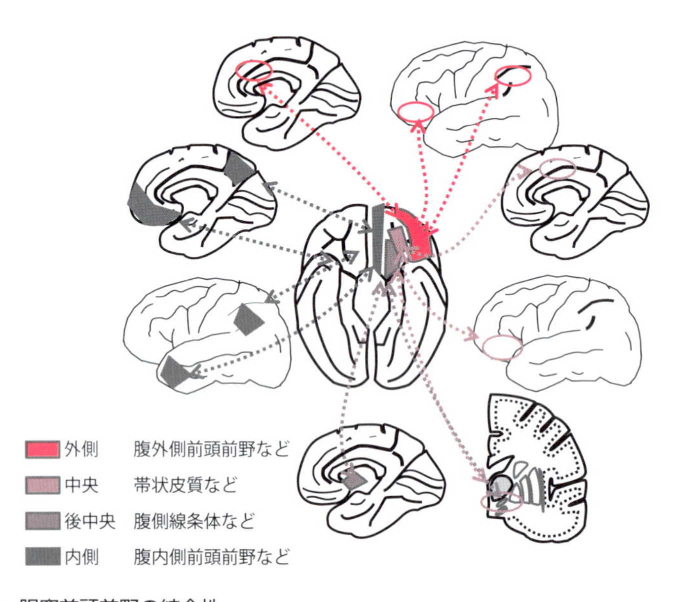

図 6.2　眼窩前頭前野の結合性

眼窩前頭前野は 4 つに分かれている．外側はおもに腹外側前頭前野，中央部は帯状皮質，後中央部は腹側線条体，内側は腹内側前頭前野，内側の頭頂葉，側頭–頭頂接合部などで，部位により結合様式が異なる．

います（Kahnt *et al.*, 2012）．内側はデフォルト・モード・ネットワーク（DMN）との結合性が高く，外側は腹外側前頭前野など腹側注意ネットワークを含む領域と結合性があります．中央部は腹側線条体，前頭基底部などの領域と結合性があります（図 6.2）．

6.2.1　内感覚と価値表現

眼窩前頭前野は前頭前野の底部の眼窩直上に位置し，損や得というような価値を判断することに関わります．後方は視覚，聴覚，体性感覚以外に味覚，嗅覚などの感覚入力もあり，自律神経からの体内環境の受容にも関わる情報が入力しています．また辺縁系の扁桃体や，視床下部，島皮質などとも連携してはたらきます．また皮質下の基底核系とも回路を形成しています．

眼窩前頭前野はさまざまな感覚入力を評価して，報酬価値すなわちアウトカムと結びついて意思決定に関わります．Wallis によれば，眼窩前頭前野は価値，アウトカムに基づいた意思決定に関わるとされています（Wallis, 2007）．さらに O'Doherty らは貨幣価値などのような抽象的な報酬の損得に関わる活動を見出しています（O'Doherty *et al.*, 2001）．

眼窩前頭前野の細胞活動を調べると，実際には価値のみでなくさまざまな情報も一緒に表現しています．この点では他の前頭前野でも見られているように，複数の情報を符号化した多様な細胞が課題のさまざまな時期に見つかります．Salzman らによれば，細胞レベルでは一般に，さまざまな感覚情報の価値表現，情動，認知的側面に関わり，多様な応答性が認められたとされています．また扁桃体にしばしば似たような活動性を示す細胞があります．このような混合的な表現は，他の前頭前野にも共通に認めらています（Salzman and Fusi, 2010）．一連の課題状況により，ある時期では感覚応答性に見えた細胞が，後に価値表現や意思決定に関わるなど，きわめて動的な表現が認められると考えられます．

眼窩前頭前野の細胞活動が多様な符号化をすることは，情報のネットワークが複合的になっており，柔軟な結合性の切替えを行う基盤となっていることが期待されます．Schoenbaum らによれば，とくに眼窩前頭前野の傷害で目立つのが刺激–アウトカム（報酬または嫌悪）の関係を逆転する学習が障害されることです．一度刺激-アウトカムの組合せを学習しても，簡単な再学習でその関係を変更できることは，柔軟な行動といえます（Schoenbaum *et al.*, 2009）.

眼窩前頭前野では刺激を与えると，その後の報酬の有無を予測するような活動が見られます．刺激の報酬価値（嫌悪する負の価値も，報酬による正の価値も含む）の予測的な評価が実際の結果と誤差があれば，行動を変えるように調整します．

報酬に基づいた行動調節，すなわち刺激-アウトカムの柔軟な切替えには，眼窩前頭前野と腹外側前頭前野の両者が関わることが知られています．眼窩前頭前野自身では行動の出力には結びつかないので，間接的に影響を行動に与えると考えられます．腹外側前頭前野は行動目標に関わり，行動を抑制したり，

column

フィネアス・ゲージ

Phineas P. Gage は米国で，鉄道で発破を行う仕事をしていました．1848 年のある日，爆薬を仕掛けたところ間違って爆破し，大きな鉄の棒が飛び，彼の頭を左横から眼窩部そして頭頂に抜けて大怪我をしました．彼は左前頭葉の大部分を破損しましたが，奇跡的に生還しました．おもに左眼窩前頭前野，帯状皮質，内側前頭前野に及ぶ損傷の結果，彼の行動は大きく変化しました．事故以前は Gage は勤勉で責任感があり，部下の者たちに非常に好かれていてました．しかし事故後の彼は気まぐれで，礼儀知らずで，ときにはきわめて冒涜的な言葉を口にし，同僚にもほとんど敬意を示さず，彼の友人や知人からは「もはや Gage ではない」と言われたほどでした．

眼窩前頭前野は対象の価値判断，それに伴う行動の調節に関わり，衝動性を抑え，自己統制にも関わることから，これらの破壊が彼の行動を変えてしまったことは理解できます．また外側前頭前野が比較的保たれているために，言語能力や知能にはあまり影響がなかったことも前頭葉のはたらきの機能を考えるうえで歴史的にとても貴重な症例といえます．

その後の 2000 年代に行われた新しい Gage の研究からは，実は，環境にほとんど順応できないのは事故後の限られた期間のみで，その後彼は乗合馬車の御者としての日常業務をし，時折，公衆の前で公演をしていたと思われる広告も見つかりました．もし社会復帰していたとすると，脳の回復力はきわめて高いといえます．

行動を企画することに関わります．この部位が傷害されると，長期的な報酬価値などに基づいた行動選択ができず，目先の利得で脱抑制的で衝動的な行為に走りやすくなります．

この部位を損傷した患者としてはフィネアス・ゲージ（column 参照）が有名です．彼は知能は保たれましたが，人にとってとても大切な価値判断，アウトカムの判断が適切にできず，衝動的だったり不適切な行動を選び，周りの人は人格が変わってしまったと報告しています．彼は結局，穏当な社会生活もできなくなってしまいました．

Hare らによると眼窩前頭前野の表現する価値とは，結果として自分の好みを表現しています．しかし，状況によっては好みとしての価値に基づく行動を抑えるような自己統制が必要な場合があります．そのときには外側前頭前野と連携して自己統制的な行動を取ります. 具体的には健康に良いが嫌いな食べ物，好きだけど健康に良くない食べ物などは良い例であり，好き嫌いの嗜好性（直観的な価値観）と健康から見た価値観（分析的な価値観）が拮抗するときに，外側前頭前野が眼窩前頭前野の活動を制御して，健康的な判断を示すという例が紹介されています．眼窩前頭前野にはさまざまな表現があり，優勢な価値観（嗜好性）が表されていますが，ルールとしてわかっている健康からの価値観を表現している外側前頭前野が，拮抗する価値観のなかで，価値表現に関わる眼窩前頭前野での価値の順序を入れ替えることによって目標となる合理的な行動を実行するようになります．Ochsner らによれば一度与えられた事象を再評価する際には，それが正であっても負であっても外側前頭前野が活性化し，眼窩前頭前野が不活性化する傾向が認められました（Ochsner *et al*., 2002)（図 6.3)．

ヒトは価値に基づいて選択するとき，文脈次第で不合理な判断をすることがあります．仮に，確実に少し損をする選択肢と，確率的には損をしないこともあるが損をする場合には大きな損になる選択肢，すなわちギャンブル的な選択肢をとる傾向があります．このことを**フレーム効果**といいます．たとえ 2 つの選択肢の損得の期待値が同じでも，確実な損は回避したいのでついギャンブル的な選択肢を取る傾向があります．

De Martino らは実際にこのようなフレーム効果が認められるときの行動に

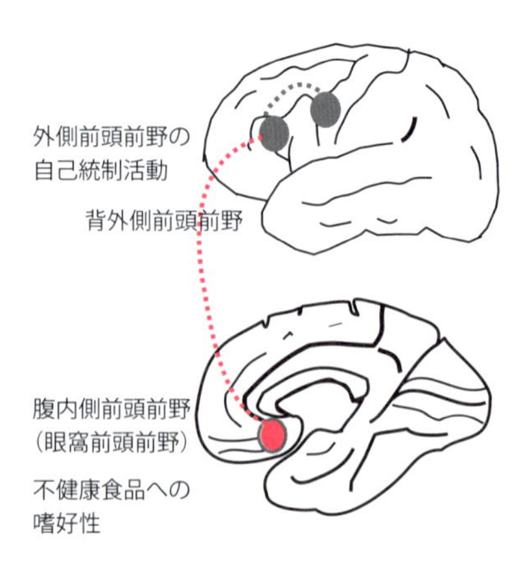

図 6.3　自己統制
自己統制は，自分の好みを表現する眼窩前頭前野，腹内側前頭前野に対して，背外側前頭前野，腹外側前頭前野を介したルール（健康法などによる抑制）が関わることにより行われる．

関わる領域を調べました（De Martino *et al.*, 2006）．するとフレーム効果による活動がよく見られたのは扁桃体でした．そして，フレームに惑わされない合理的な人には眼窩前頭前野の活動性が重要でした．実際眼窩前頭前野と合理性の相関が優位に高く，眼窩前頭前野がどのような価値判断をする傾向があるかが重要と考えられました．また不合理な選択をしてしまいそうですが，合理的に意図的に振る舞うような，選択に際してコンフリクトを生じている場合には，前帯状皮質が活動する傾向がありました．

6.2.2　アイオワ・ギャンブリング課題とソマティック・マーカー

眼窩前頭前野の価値に関する意思決定を調べる課題としては，“アイオワ・ギャンブリング課題”がよく知られています（Bechara *et al.*, 1997）．この課題では4枚のカードの山があり，そこから1枚ずつ選ぶ課題です．山ごとに利得損失の確率が異なります．4つのカードの山から次々選択して最大の利得を得るようにする課題です．このカードには利得は大きいがそれ以上に損失確率の高いカードと小さな利得だが損失も小さく長期的には利得がプラスになる安全なカードが混じっています．この実験では同時に，自律神経の応答として皮膚電気抵抗（galvanic skin response：GSR とよばれ，精神的な動揺により

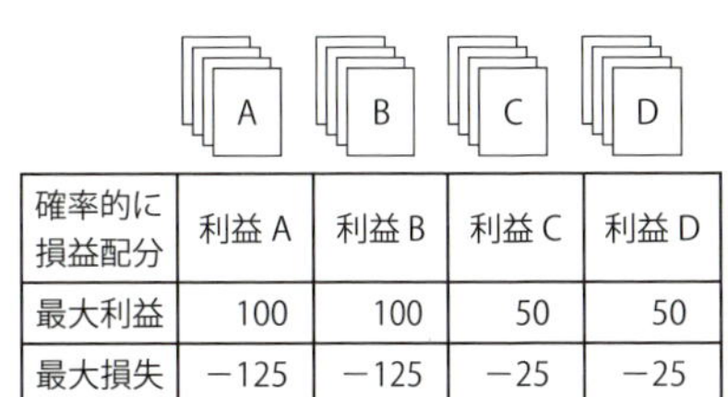

確率的に損益配分	利益 A	利益 B	利益 C	利益 D
最大利益	100	100	50	50
最大損失	−125	−125	−25	−25

皮膚の電気抵抗
自律神経系の指標

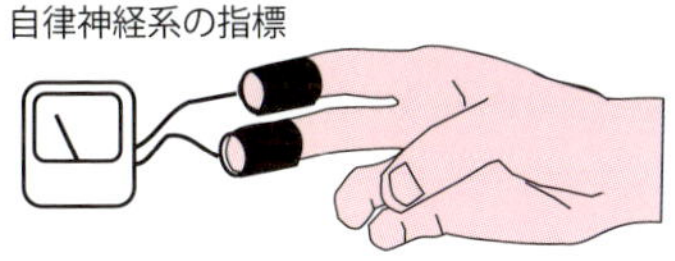

健常人の結果

	ベースライン Baseline	試行錯誤 Pre-hunch	勘で判断 Hunch	明示的に理解 Conceptual
皮膚自律神経反応			*	*
行動選択			*	*

回数を重ねると安全なカード（C,D）を選択，明示的なリスクに気づく前に選択が偏り，自律神経反応が見られる．

眼窩前頭前野障害

	ベースライン	試行錯誤	勘で判断	明示的に理解
皮膚自律神経反応			勘で無意識に良いカードを選択する時期がない	
行動選択				

回数を重ねても高リスクカード（A, B）を選択，リスクに気づくが，自律神経反応はなく，リスクの選択継続．

■悪いカード　□良いカード

図 6.4　アイオワ・ギャンブリング課題

アイオワ・ギャンブリング課題では４つのカードに異なる利益，コストの確率が設定されている．右２つ A,B がハイリスク・ハイリターンで最終的には損をする．右２つはローリスク・ローリターンで最終的に得をする．皮膚コンダクタンスを計測すると，高いリスクのあるカードを選ぶときに汗が出ている．しかしこれはまだ本人が危ないカードと気がつく前のものである．

起こる発汗活動と皮膚の電気抵抗の変化．嘘発見器に利用される）を計測します（図 6.4）．

健常人では，途中で次第にハイリスクの悪いカードの山と，良いカードの山の存在に気が付きます．そのことにいつ気がついたかを調べると，本人がそのことを明確に認識するより前には，カードの選択の安全性の確率に偏りがあることを意識はしていないようですが，意識下で感じてわかっているようなのです．何故なら，悪いカードを選択するときには皮膚抵抗の変化が顕著になっていたのです．これは，本人は明示的には気がついていないが，自分が危険な選択をしそうであることをおそらく扁桃体が検出し，自律神経系は早い時期から交感神経が優位となり警告を発してるかのように見えます．この情報は島皮質や前帯状皮質の内感覚を通じて眼窩前頭前野にも伝わると考えられます．そして眼窩前頭前野の意思決定には，外部情報に加え，このような身体からの情報に基づくことも含めて判断していると考えました．

なぜなら眼窩前頭前野の損傷患者は，最後まで見かけの大きな利得を好んで選びます．損失が大きくても高い利得のカードに固執します．しかも彼らには危険なカードを選択するときに自律神経系の応答が見られないのです．彼らは最終的に危険なカードの存在には気がついていました．しかし選択し続けるのです．すなわちわかっているけど，つい衝動的に選択してしまうのです．

Damasio はこのような身体情報を“ソマティック・マーカー（somatic marker）”とよびました（Damasio, 1994）．前頭前野がもつ通常は合理的で情動的な面とは無縁と思われますが，実は自律神経系の応答などの身体に現れる情動的な反応を，むしろ判断する際に積極的に使っているらしいのです．この自律神経系の身体反応には扁桃体が深く関わっていると考えられます．そして，その身体反応は今度は島皮質，前帯状皮質などの部位で検出され，前頭前野の内側部や眼窩部で行動選択の一つの重要な情報源となっているのです（Bechara *et al.*, 1997; 2005）．

次の章で記すように，前頭葉の機能は身体からの情報に依存しているのです．しかし，このような状況はあまり意識に上っていないために，通常は自分の勘が当たったような自覚しかないようなのです．

6.2.3 内側と外側の眼窩前頭前野の違い

外側の眼窩前頭前野と内側の眼窩前頭前野は価値づけに関わる点は共通ですが，異なる面も知られています．内側眼窩前頭前野は正にも負にも報酬に，すなわちアウトカムに応じます．しかし，さまざまな入力源があるのですが，どちらかというと，とくに刺激と正のアウトカムに対して反応する傾向があると考えられています．一方で外側眼窩前頭前野は，逆に正より負の報酬，すなわち罰や損失に対して応じる傾向があるとされます．アウトカムが動的に変化することに対応する際には，外側眼窩前頭前野はその価値の更新に関わります．その際にはしばしば前帯状皮質や島皮質も活動します．

一方で，内外の眼窩前頭前野は価値の正負より情報源が違うのではないかとも指摘されています．Bouret らによれば，サルに外的な手がかりと報酬との関連性を学ばせる課題と，外的な手がかりなしで自分の待ち時間という内的な手がかりで反応することで報酬を得る課題とを訓練して細胞活動を比較しました（Bouret and Richmond, 2010）．すると，外側眼窩前頭前野はより外的な手がかりと報酬に関連する細胞が多く，内側眼窩前頭前野では自分が始める内的な手がかりと報酬との関連がある細胞が見出されました．これは他の前頭前野でもしばしば認められる内側，外側の違いと一致していると思われます．すなわち内側眼窩前頭前野は自己の関連する対象，記憶に基づいた事象の価値づけに関わり，腹内側前頭前野とほぼ同義語として使われます．外側では，実際に与えられた外界の事象への価値づけやその動的な価値づけの変化，更新に関わります．

内外の眼窩前頭前野の違いの長期的な記憶と短期的な行動調節の差異ではないかと捉える考え方もあります．長期的な刺激–アウトカムの記憶には内側の眼窩前頭前野が関わり，短期での刺激–アウトカム，行動の切替えには外側眼窩前頭前野が関わるといえます．報酬と刺激との関係が逆転する場合に，その刺激に対して期待される報酬がないときには外側眼窩前頭前野がその検出に関わります．

また Markowitsch らによれば記憶したエピソードや，自己回想の内容に関しても，内側の眼窩前頭前野は正の報酬やエピソード記憶に基づいて活性化し，外側の眼窩前頭前野は負の報酬，嫌な思い出の想起で活性化するとする研究もあります．眼窩前頭前野は記憶に関してのその内容の情動的な側面に関わります（Markowitsch *et al.*, 2003）．

内外の眼窩前頭前野は並列的にも系列的にもはたらいているとする考え方もあります．Rushworth らは外側眼窩前頭前野と内側眼窩前頭前野（腹外側前頭前野）および前帯状皮質は 3 者が，感覚情報の入力から判断そして行動出力まで連携していると考えました（Rushworth *et al.*, 2012）．これによると系列的に連携する際には，外的な情報はまずは外側眼窩前頭前野で処理されますが，内側眼窩前頭前野は記憶に基づいた評価，期待などと比較を行い，その期待とのズレに応じて前帯状皮質と連動し，意思決定をして行動決定すると考えました．もちろん，これらの領域は個別に価値表現や情報処理の選択性があるので並列的にはたらき，その情報の特性に応じて並列的な計算をしていると

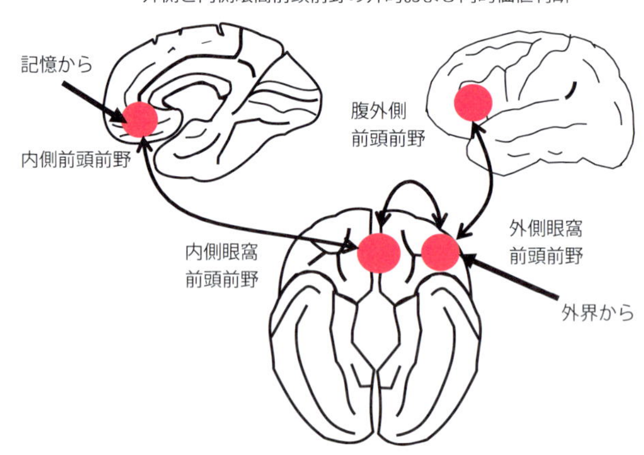

図 6.5　内側および外側眼窩前頭前野の連携
内側眼窩前頭前野は内側前頭前野と連携が高く，長期の記憶からの情報に伴う価値判断に関わり，一方で外側眼窩前頭前野は腹外側前頭前野と密な連絡があり，外からのフィードバックなどでその都度価値の予測誤差に伴う調整など，より短期的，感覚的な価値情報による行動調節に関わる.

も考えられます（図 6.5）.

Roy らも，眼窩前頭前野と前帯状皮質は報酬や不快な刺激に対して予期を行っており，実際に与えられた刺激の結果と予期との差，すなわち報酬予測誤差を計算しています．このような情報は結果として前帯状皮質の活性化に連動しています（Roy *et al.*, 2012）．さらにこのような情報は皮質下のドーパミン細胞などの報酬予測誤差信号と連動して，報酬に関する強化学習を行う際の動機づけとして作用することになります.

内側眼窩前頭前野は前頭葉の腹内側部に広がるため，研究者によっては腹内側前頭前野と重複して分類されます．とくに自律神経系との関係が強く，内臓感覚とも強く関連する部位です．弧束核（solitariy nucleus：NTS），腕傍核（parabrachial nucleus：PBN），中脳中心灰白質（periaqueductal grey：PAG）などの脳幹の自律神経関連の場所との解剖学的連絡があります．Damasio のソマティック・マーカー仮説も，内側眼窩前頭前野ないしは腹内側前頭前野の身体情報との密な関係から生まれた仮説です．また基底核にはパッチ–マトリックスの構造（7.2.2 項，図 7.5 参照）がありますが，そのパッチ構造に投射して，基底核の報酬に基づいた行動や学習に影響を与えます．

6.2.4　眼窩前頭前野から腹内側前頭前野にかけての自己と他者の価値

　眼窩前頭前野内側部は腹内側前頭前野と隣接して一緒にはたらきます．これらは一つの領域としてもよく，内側前頭前野が社会性に関わっていたように眼窩前頭前野も自己と他者の関わる報酬や価値に基づく行動調節に関わります．

　Lee らは社会性を含む課題として，報酬割当において 2 頭のサルが関わる課題を検討しました．自分，相手，または報酬なしのそれぞれを組み合わせた課題を行い，自己，他者に関する神経活動を調べました．彼らは，眼窩前頭前野，前帯回と前帯状皮質溝から細胞活動を記録して比較しました．すると，報酬割当の際に，自分への割当に関連して活動する細胞，相手の割当に関連して活動する細胞，または両方に関連して活動する細胞が見出されました．そのなかでは，眼窩前頭前野は自分への報酬割当で活動するものが最も多く，しかし，一部に自己と他者，ないしは他者の報酬割当に関連した細胞が見出されました．そして前帯状皮質溝では，自己の報酬に関心をもちながらもより他者の報酬へ関与する活動も多く見つけられました．一方で前帯状回は他者への報酬割当の

協力行動は報酬最大より報酬関連領域を活性化

囚人のジレンマ課題

A	B	報酬	状態
C	C	(2, 2)	公平
C	D	(0, 3)	
D	C	(3, 0)	最大
D	D	(1, 1)	

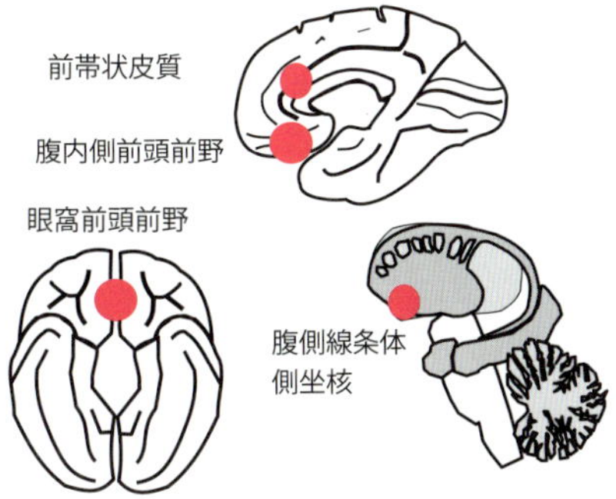

前帯状皮質
腹内側前頭前野
眼窩前頭前野
腹側線条体
側坐核

図 6.6　協力行動と報酬に関連する部位
囚人のジレンマ課題では，双方にとって最良なのは協力行動をとったときで，2 人の合計は最大で，2 人とも同じ量の報酬を得て公平性がある．一方で他者を裏切って自分だけ最大報酬となり，相手は報酬がなく不公平な報酬結果ですが個人の報酬としては最大になることもある．眼窩前頭前野，腹側線条体では，公平な判断のときの活動が不公平な個人の報酬が最大になったときの活動より大きい点で，社会的報酬は個人の報酬よりまさるといえる．

際に反応する細胞が多数でした．すなわち，自己と他者に対する選択性が部位によって異なっていました（Lee, 2008）．

Rilling らの研究では囚人のジレンマ（prisoners' dilemma, column 参照）課題という，相手とのやり取りのなかで協力か非協力で互いの利得，損失の異なる課題があります．この課題では，お互い協力するほうが協力しないよりもよい結果になることがわかっていても，もし相手が協力しなければ自分が損失を受けるため，それを避けるために非協力という選択をするかしないというジレンマに陥ることになります．互いに相手が信用できなければ，または互いに自己の利益だけを考えれば，互いに協力しなくなる可能性があります（図 6.6）（Rilling *et al.*, 2002）．

column

囚人のジレンマ課題

この課題は共犯者と思われる 2 人の囚人を自白させるため，検事がその 2 人に司法取引をもちかけたことに由来します．その司法取引は，(1) もし 2 人とも黙秘なら 2 人とも 2 年の罪，(2) どちらも自白すれば 5 年の罪，(3) しかしどちらかが自白，どちらかが黙秘のままなら自白者は無罪，黙秘者は 10 年の罪とするというものでした．もし 2 人とも黙秘したら，証拠不十分として減刑し，2 人とも懲役 2 年になります．

もし 1 人の囚人が黙秘すると，相手次第で 2 年か 10 年の罪になります．もし自白すると 0 年から 5 年の罪になります．これを平均すると，黙秘は 6 年，自白は 2.5 年となり自白するのが良さそうです．しかしもし相手が信頼でき，協力できれば互いに黙秘して 2 年となるのが一番良さそうです．自白か黙秘かのジレンマに陥るのがこの課題の難しいところです．

自白は自分にとっては最善手ですが，他者との公平性を考えると黙秘するのが 2 人の解決策としてはベストです．本書で述べたように脳の報酬系は実は単に個人の報酬最大化より公平性による活動が大きことは，ある意味では驚くべきことです．元来脳には向社会性が備わっているといえます．しかし，個体差があるのも確かです．このような課題を罰の重さでなく報酬の量に変えたのが研究者が工夫した点です．さらに，このような課題を繰り返し同じグループでやり続けると，最初は利己的な判断をする人も次第に協調的な判断をするようになるという研究もあります．協調性は生得的な側面も学習により獲得した側面もあることを示唆しています（Robert, 1984）．

このような課題で脳活動を調べると，協力行動の選択に対して報酬系に関わる線条体腹側と眼窩前頭前野が活動することが知られています．しかも，本来自己の利益だけの最大化なら非協力で勝つことが望ましいのですが，多少少ない報酬でも協力を選択することにより活性化します．互いに同じ程度の報酬を受ける公平な判断という社会的報酬のほうが，自分だけの最大報酬より価値があると判断していると考えられます．眼窩前頭前野や基底核は社会的な公平性や協力に，より価値をおく社会性が備わっていると考えられます．

6.2.5　学習性無気力と自信

Seligmanらはイヌを使った実験で，うつ病の実験モデルともいうべき学習性無気力（learned helplessness）をつくり出すことに成功しました（Maier and Seligman, 2016）（図6.7）．これは電気ショックとその回避ためのボタ

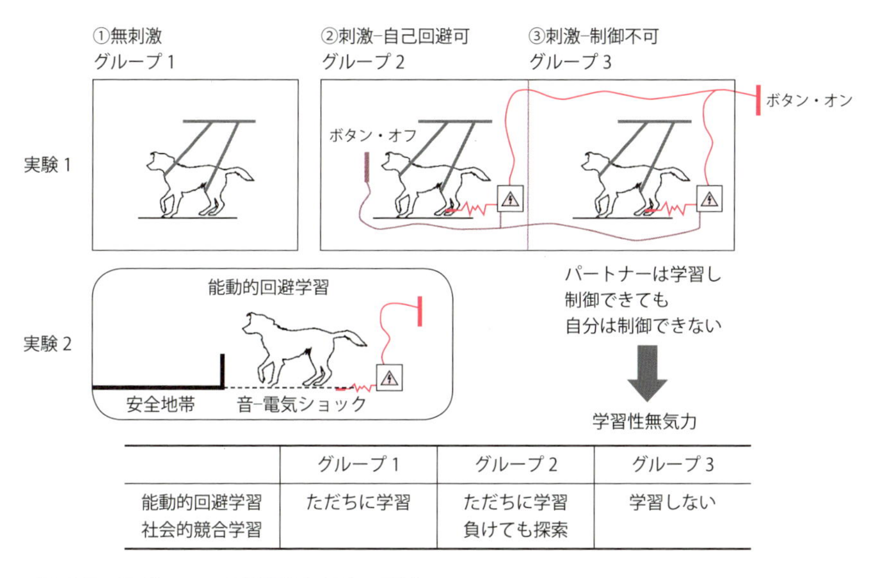

	グループ1	グループ2	グループ3
能動的回避学習 社会的競合学習	ただちに学習	ただちに学習 負けても探索	学習しない

図6.7　Seligmanの学習性無気力の実験
3匹のイヌは，①はコントロールで，②，③は電気ショックを与えられるが，②は与えられると自分でスイッチで解除できる．③は②のスイッチで同時に解除されるが，自分では何もできない．すると③は，学習性無気力に陥る．一方で制御できるイヌは，能動的回避学習をすぐに覚え，むしろもっと困難な社会的競合課題も，多少負けても諦めないレジリエントな動物になっていた．

ンを組み合わせて3つの環境を用意しました．グループ1はコントロールで，電気ショックなどは与えられません．他の2つの条件では電気ショックが与えられます．しかしその条件が異なります．グループ2ではボタンがあり，電気ショックが与えられても自分で目の前のボタンを押すとオフになります．もう一つのグループ3は電気ショックを与えられるのはグループ2と同じです．しかしボタンはなく，グループ2のイヌがボタンを押すと電撃がオフになります．すなわち　グループ2と3のイヌは同じ量の電気ショックを同じ回数だけ受けます．しかしグループ2は自分で制御でき，グループ3は自分では制御できず，グループ2のイヌ任せです．このような条件を課したあとで，次に予備音があると電気ショックが与えられますが，隣に移動すれば回避できる課題を与えます．

しかし，グループ1と2の動物はすぐ学習しますが，グループ3の動物は学習しません．最初の制御できない電気ショックのために，動物は制御できないということを学んでしまったと考えられます．しかもこの学習は他の学習にも転移します．このような学習は，いわゆる恐怖条件課題と異なり，特定の恐怖と条件を学んだのでなく，制御不可能性ということを学んでしまったといえます．

その後の研究で，制御不可能性の学習には扁桃体と腹内側前頭葉（内側眼窩前頭前野）が関わっていることが明らかになりました．しかし，Seligmanはもう一つの可能性を見出していました．最初に制御可能であることを学んだ動物は，その後に制御不可能なストレスのある課題でもすぐには諦めないこと，すなわちレジリエンスを身につけていることを見出しました．これは，制御できることを学ぶと，制御できない経験もどこかでは制御できるようになるかもしれないという楽観主義を学んだといえます．彼はその後，ポジティブ心理学を唱え，現在多くの分野に影響を与えています．

一方でこの腹内側前頭前野は学習の履歴から自分が正しいと思う気持ち，自信（confidence）の形成，自尊心が関わるといわれます．腹内側前頭前野は，自己に関わるさまざまな情報の形成に関わります．そのなかでも自尊心は自分を価値づける指標であり，とても重要な自分関連の情報です．自尊心がどのよう形成されるかは難しい問題です．一つの仮説として，自尊心とは対人関係における承諾と拒絶の統合されたものという考え方（ソシオメトリー：集団内での関係性の定量化）があります．

わかりやすくいうと，自尊心は定量的に0から100までのランクをもったソシオメトリーであると想定します．最初の値がある程度の位置，たとえば50点であるとします．多くの人と付き合いながら，われわれはみなフィードバックを受けていると考えられます．たとえば「君の今回の行動は素晴らしいね」などポジティブなフィードバックは自尊心をプラス方向に変化させます．また「君は仲間にしないよ」など負のフィードバックもありえます．これ以外にもたとえば，自分から微笑みかけた相手に無視されたら負のフィードバック，同じく微笑みで返してくれれば正のフィードバックなど，状況によって対人関係はこのようなミクロな承認と拒絶の連続としてソシオメトリーが上がったり下がったりして変動していると考えられます．

Willらは複数名の相手とゲームをするなかで，拒絶と承認のフィードバックの確率を変化させて，自尊心の変化をダイナミックなソシオメトリーと捉え，関連する部位を調べました．すると腹内側前頭前野は自尊心の動的な変化と対応して活動を変化させていました．またフィードバックに対する感受性に関しては島皮質，前帯状皮質（とくに膝下部），腹側線条体が関わっていました．そして，腹内側前頭前野と島皮質との結合性は，性格特性としての自尊心の脆弱性と深く関わっていました（Will *et al.*, 2017）．

さらには人はもともと良いことはすぐ受け入れますが，悪い知らせは受け入れない傾向，いわゆるポジティブバイアスがあります．このようなポジティブバイアスには腹内側前頭前野が関わっています．

腹内側前頭前野の長期的な変化には，海馬との連携が大切だとされています（Euston *et al.*, 2012）．自分や周囲との関わりのさまざまなエピソードが海馬との連携でスキーマとなって，記憶として定着することが想定されます．シータ波により腹内側前頭前野と海馬との連携がつくられ，海馬でまず早期に記憶の情報が形成され，次第に長期的に腹内側前頭前野に移行する図式が提案されています（Euston *et al.*, 2012）．またシータ波の脳内での分布が学習性無気力で変化することも指摘されています（Reznik *et al.*, 2017）

6.3 前部または中部帯状皮質—内感覚と情動表出と自律反応

Vogtの分類によれば帯状皮質の領域は4つに大きく分けられ，前方から後方に向かってそれぞれ，前帯状皮質，中帯状皮質，後帯状皮質，脳梁膨大後部皮質と区分けされています．彼らはこの分類法を4領域モデルとよんでいます．そして，それぞれをさらにいくつかに分けています．

前帯状皮質は大脳半球内側面の前方部に存在します，帯状溝周辺および帯状回の領域です．ブロードマン24，25および32野に相当します．中帯状皮質前方部を含むかたちで前帯状皮質を大きく捉える場合には前帯状皮質（ACC）の領域の前帯状皮質膝下部（subgenual anterior cingulate cortex: sgACC）と 前帯状皮質膝前部（pregenual anterior cingulate cortex: pgACC）そして 中帯状皮質前方部（anterior midcingulate cortex: aMCC）になります（図6.8，表6.3）．

中帯状皮質は前方部（aMCC）と後方部（posterior midcingulate cortex: pMCC）に分けられます．とくにこの2つの領域は，それぞれ脊髄に直接投射し運動と関わりが強い領域を含んでいます（Picard and Strick, 1996）．実際にこの部位を刺激をすると顔面を含めさまざまな体性運動が誘

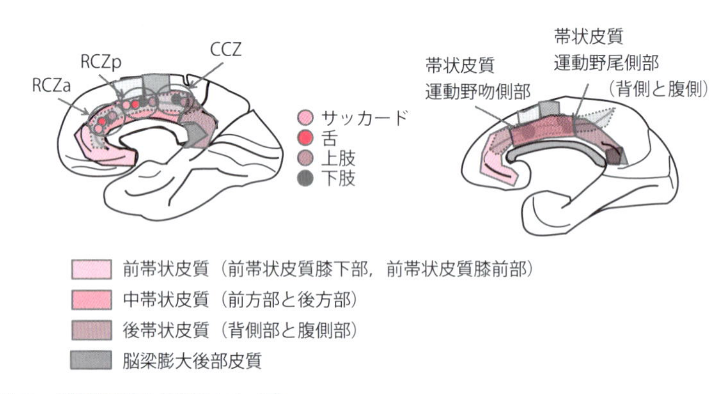

図6.8　帯状皮質の分類とマップ
帯状皮質は4つの部分に分かれる．前帯状皮質膝前部と中帯状皮質前部を一緒にして背側前帯状皮質とよぶ研究者もいるので注意されたい．
RCZa: anterior rostral cingulate zone 吻側帯状皮質領野前方部，RCZp: posterior rostral cingulate zone 吻側帯状皮質領野後方部，CCZ: caudal cingulate zone 尾側帯状皮質領野

表 6.3　帯状皮質の部位

帯状皮質	細分類	機能仮説（Vogt）
前帯状皮質	前帯状皮質膝下部 sgACC	内臓・自律神経調節
	前帯状皮質膝前部 pgACC	情動・自律神経統合
中帯状皮質	中帯状皮質前方部 aMCC	接近・回避行動調節
	中帯状皮質後方部 pMCC	身体調整
後帯状皮質	後帯状皮質（背側部）dPCC	身体調整の意図形成
	後帯状皮質（腹側部）vPCC	自己概念形成
脳梁膨大後部皮質	脳梁膨大後部皮質 RSC	自己評価，ナビゲーション

発されます．後ろの領域は脊髄にも投射しています．前方部は前帯状皮質に属するとして，背側前帯状皮質（dorsal ACC：dACC）とよばれたりします．痛みなどの刺激で，中帯状皮質前方部は前方の前帯状皮質膝前部とともに活動を示すこともあり，機能的に一体と見て背側前帯状皮質（dACC）とよぶことが多いからです．側頭葉，頭頂葉，前頭前野，前頭葉運動野と連絡があります．ドーパミン細胞の神経終末が分布しており，報酬，情動，認知や行動を結びつけることに関わることが示唆されます．辺縁系からの情動や内的欲求，身体状態と前頭前野からの情報を受けて行動調節に関わっている領域です．ヒトでとくに発達しているブロードマン 32，33 野は，サルでは対応する部分がほとんど未発達です．またさらに齧歯類では前頭葉内側（ブロードマン 6，8，9，10，11 野）が未発達のため，前頭前野内側部として，前帯状皮質と中帯状皮質が分類されていると考えられます．そのために文献を調べる場合に，どの動物種，どの分類を用いた研究かは注意が必要です（Vogt, 2009; 2016）．

後帯状皮質は背側部と腹側部に分けられます．多感覚系の入力を受け，さらに腹内側前頭前野と密接に繋がりがあります．詳しくは内側前頭野の章で紹介しましたので，この節ではおもに前帯状皮質，中帯状皮質のはたらきと，島皮質に関して説明します．これらはセイリエンス・ネットワークに属しています．

6.3.1　前帯状皮質と内臓感覚系とセルフモニタリング

前帯状皮質（ACC）はとくにヒトにおいて行動モニタリングおよび行動調節に関わり，なかでも社会的認知，および情動に関わります（Bush *et al.*,

2002; Ridderinkhof *et al.*, 2004)．前帯状皮質膝下部は視床下部および傍中脳水道灰白質との神経連絡があり，前帯状皮質膝下部が興奮すると自律神経と関係が深く，心拍数，呼吸　代謝などに変化が現れ，とくに脅威などの際に認められます．この領域は内分泌系，とくに視床下部–下垂体–副腎系の反応と関わります．

また，前帯状皮質膝前部は価値づけ，とくに内臓感覚などの内感覚，自己に関する知識などに対する評価に関わります．前帯状皮質膝下部はどちらかというと自律神経の出力に関わり，前帯状皮質膝前部は評価や主観的な感覚として，喜びや不快感を反映していると考えられます．一部脳幹の顔面神経運動神経に投射し，情動性の表情表出に関わります．社会的報酬や，抗ストレスにはたらくオキシトシンの受容体も豊富にあり，他者との結びつきやストレスに対する抵抗性やレジリエンス関わります．

報酬結果に基づく行動調節は，期待された報酬と実際の報酬の差（報酬予測誤差）を基盤にして説明されます．すなわち試行を繰り返してある報酬量に適応すると細胞活動は徐々に減少し，実際の報酬量が予測した量より異なると細胞活動が増えて，それにより行動を切り替えます (Matsumoto *et al.*, 2007)．

6.3.2　自己の痛みと他者の痛みと社会的拒絶

帯状皮質にはオキシトシンの受容体が多数あり，社会報酬に関わるオキシトシンの影響を受けます．また側坐核，中脳ドーパミン細胞にもオキシトシンの受容体があり，社会的報酬としてはたらいています（Meyer-Lindenberg *et al.*, 2011)．

ヒトの前帯状皮質膝下部（sgACC)，前帯状皮質膝前部（pgACC）は，それぞれ異なった情動に関わり，悲しみ・喜びの表情やイベントに関係しています．課題において，sgACCは悲しい表情の認知表出の際に活動を高めます．dgACCまたはaMCCは恐怖の表情や声の提示を受けて活動を高め，pgACCは喜ばしい表情の提示の際に活動を高めます（Paus, 2001; Vogt, 2005; 2016)．

ACCは痛覚にも関わります（図6.9)．ヒトのACCにおいては，経皮温度刺激による痛覚を反映する活動はpgACCを中心に見られ，内臓伸展刺激によ

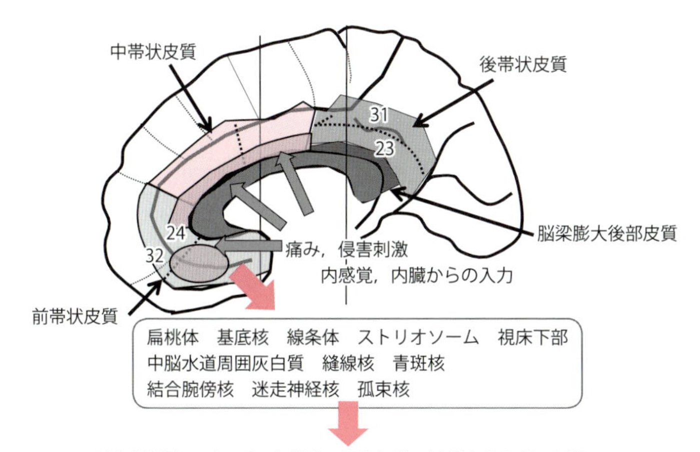

図 6.9　前帯状皮質と痛み
痛みは帯状皮質前方ではおもに自律神経系の応答，中部は能動的回避や情動の行動的表出に関わる．後部は痛みの直接の処理にはそれほど関わらない．しかし注意などの配分などで間接的には関わる可能性もある．数字はブローカ一野．

る疼痛を反映する活動も同様です．さらにヒトの ACC は，他人が経験する痛みに関連して活動を示します．たとえばヒトの ACC は，他人が痛みを経験している様子を観察するだけで活動します．いわゆるバイカリオス（Key Word 参照）により他者の情動を知らせます．さらにはヒトの背側 ACC（pgACC+aMCC）は，社会的疎外の経験で生じる不快感（社会的痛み）を反映する活動を示します（Vogt, 2005）．

Eisenberger らはサイバーボール課題という，社会的拒絶と社会的包含を含む状況を被検者に見せて，社会的拒絶に関わる脳の場所が身体的痛みの場所と同じく，背側前帯状皮質であることを示しました．このような社会的拒絶は社会的絆の逆であり，本人の孤独感を増強して肉体的痛みに似た精神の痛みの状態を作り出していると考えられます（Eisenberger *et al.*, 2003）．

情動，とくに痛みやストレスは背側部の前帯状皮質が関わり，他の情動に関しては傍膝前帯状皮質や sgACC という部位が関わっています．したがって，情動や感情に関しては，辺縁系，島皮質，帯状皮質，眼窩前頭前野，内側前頭前野などと広く関わることが考えられます（Shackman *et al.*, 2011）．

前帯状皮質と扁桃体はどちらも情動認知や表出に関わります．しかし，そのはたらきには拮抗的な関係があるといわれています．たとえば驚いている表情は一般に，負の情動の一部として解釈することも，あるいは正の情動の一部として解釈することもできます．この際の前帯状皮質と扁桃体の活動を比較すると，正の情動として解釈する際には前帯状皮質が活性化して扁桃体は抑制される傾向があるのに対して，逆に負の情動の一部として解釈する際には，前帯状皮質が抑制され，扁桃体は活性化している傾向がありました．

自閉症スペクトラム障害の人では，自律神経系の応答が低く，解剖学的には，通常関係する帯状皮質，そして次に述べる島皮質などと関連が弱いことが知られています．一方で自閉症スペクトラムでは感覚応答の過過敏性や低下などの感覚応答の不安定性や主観的な不快・快の各人の変動性が認められます．体性感覚への過敏性は，体性感覚と自律神経系の過剰な応答性とに関わっている可能性が示唆されています．このように扁桃体と帯状皮質は密に関わって自律神経系を制御しており，その障害はいろいろな精神的病態の一因になっています (Eilam-Stock *et al.*, 2014)．

6.3.3　他者と自己のアウトカムに関する意思決定

ヒトの前帯状皮質膝前部（pgACC）は社会的認知に関わります．社会的認知には自己に関する判断，ヒトに関する判断，および他者の意図・信念の想像（メンタライジング；心の理論）が含まれます．pgACC は，提示された言葉が自己に当てはまるのかどうかを判断する課題において，高い活動を示します (Johnson *et al.*, 2002)．

また pgACC は，false belief 課題（メンタライジング課題）において，被験者が物語を読んだ後，登場人物の意図・信念に関する質問に答える際に，高い活動を示します（Fletcher *et al.*, 1995)．

アウトカムである報酬に関する意思決定課題遂行には前帯状皮質ないし中帯状皮質が関わります．とくに，実際に与えられた報酬が期待される報酬に比べて少なく，その結果，行動を変えるときに活動します（Bush *et al.*, 2002)．また報酬情報でも，実際にもらえた量と，もらえたかもしれない他の選択肢の報酬もモニタリングしていることが判明しています（Hayden *et al.*, 2009)．

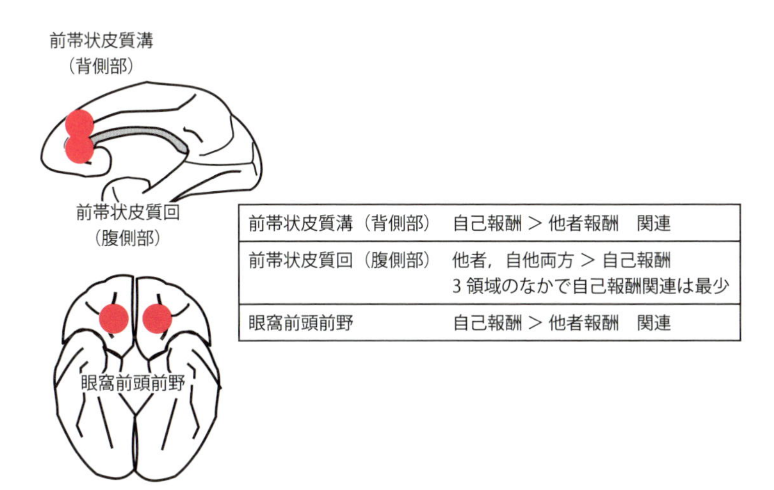

前帯状皮質溝（背側部）	自己報酬 > 他者報酬　関連
前帯状皮質回（腹側部）	他者，自他両方 > 自己報酬 3 領域のなかで自己報酬関連は最少
眼窩前頭前野	自己報酬 > 他者報酬　関連

図 6.10　眼窩前頭前野と前帯状皮質における自己と他者の表現
2 頭のサルが，自分にだけ報酬，相手にのみ報酬，または両者ともに報酬なしを組み合わせた課題を行うと，課題に関連する細胞の分布が領域で異なっていた．（Chang *et al.*, 2013）

前帯状皮質は報酬に関する意思決定の課題において，自分と他者のアウトカムを分けながら行動調節できることがわかっています．Chang らは 2 頭のサルを用い報酬割当課題において，眼窩前頭前野から帯状皮質までの記録を行い比較しました．研究でも 2 頭のサルが，自分にだけ報酬，相手にのみ報酬，または両者ともに報酬なし，のそれぞれを組み合わせた課題を行い，自己，他者に関する神経活動を，眼窩前頭前野，前帯状皮質回と前帯状皮質溝から細胞活動として記録して比較しました．すると，報酬割当の際に活動して，自分への割当に関連して活動する細胞，相手の割当で関連して活動する細胞，または両方に関連して活動する細胞が見出されました．そのなかで，眼窩前頭前野は自分への報酬割当で活動するものが最も多く，しかし，一部に自己と他者，ないしは他者の報酬割当に関連した細胞も見出されました．前帯状皮質溝内の領域もほぼ同じ傾向で，自己の報酬に関心をもちながらも他者の報酬への関与も一部あることがわかりました．一方，前帯状皮質回では，他者への報酬割当が多い場合に活動が上昇する細胞が多数ありました（図 6.10）（Chang *et al.*, 2013）．

Tomlin らは前帯状皮質と中帯状皮質から細胞活動を記録して，自己と他者のどちらのパフォーマンスのモニタリングに関わっているかを比較しました．すると前帯状皮質は他者の，中帯状皮質はおもに自己の行う反応に関連していると報告しています（Tomlin *et al.*, 2006）．

6.3.4　コンフリクト・モニタリングと認知的不協和の調整機能

前帯状皮質背側部（dACC）すなわち中帯状皮質前方部（aMCC）は行動モニタリングに関わります（Ridderinkhof *et al.*, 2004）．行動モニタリングにはコンフリクト・モニタリングおよび行動成果モニタリングが含まれます．ヒトの dACC はストループ（Stroop）課題におけるように，2 つ以上の行動を同時に惹起しうる状況（コンフリクト）において高い活動を示します（Botvinick *et al.*, 1999）．

コンフリクトを起こす課題としては，被験者がエラーを犯すような複数のルールが共存する可能性をつくり，競合性を生じさせるものがあります．たとえば，エリクセンのフランカー課題（Eriksen flanker task）とよばれるものがあります．真ん中の矢印の方向に対して反応するのですが，周辺の矢印の方向が一致しているかどうかで周辺刺激の妨害刺激（ディストラクター）に挟まれた中央の矢印の向きを答えさせる課題で競合的（>><>>）または非競合的（<<<<<）な場合があります．すると競合的なディストラクターに挟まれたもののほうが誤答率や反応時間が増加します．

他の非常に有名な競合性をひき起こす課題として，ストループ課題があります（口絵 1）．古典的なストループ課題は単語と色が一致（赤色で書かれた「赤」という文字）した場合や，不一致（青色で書かれた「赤」という文字）した場合においてその単語の色を答える課題で，単語の意味とインクの色が一致していれば非競合的，不一致であると競合的な状況を作り出します．このとき，ヒトの単語を読む能力が，単語の色を正しく答えようとする際に干渉をひき起こします．

コンフリクトは，より広く意味を考えると，人が自身の中で拮抗する複数の認知を検出して存在に気づいたため，不快感を感じる状況といえます．この状態を Festinger は認知的不協和とよびました（Festinger, 1957）（Key Word 参照）．その際には中帯状皮質前方から前帯状皮質の活動が高いことが知られています．コンフリクト・モニタリングに関わる領域ですが，認知的不協和は信念と外部情報とのズレによるもので，この気づきにより，対象と認知的に距離をおくきっかけになります．ついで背外側前頭前野を含む領域が関わり，認知的な分離（cognitive decoupling）が起こり，対象を振り返って考える思考，すなわちリフレクティブ思考，自分の状態を認知するメタ認知的な状態に誘導されます（Stanovich, 2010; Mitchell *et al.*, 2007）.

Cavanagh によれば，コンフリクトの際には脳波としては前頭正中にはシータ波が出現していることが知られています．皮質におけるコンフリクトの検出には，ガンマ波などの速い波より少し遅い波であるシータ波が関わることから，ソマトスタチン含有の抑制細胞などの関与が想定されています．浅層の細胞，深層の細胞ではシータ波が参照周波数となってコンフリクトが検出され，その後，反射的な行動を少し抑制していると考えられます（Cavanagh and Frank, 2014; Cohen, 2014）．コンフリクトの検出に関連して頭蓋の外で誘発された脳波としても記録されます．いわゆるエラー関連負電位（error-related negativity）とよばれる信号です（Yeung *et al.*, 2004）.

前帯状皮質と内側前頭前野はしばしば一緒に活動が認められますが，より背側寄りと腹側寄りで，機能的違いがある可能性が指摘されています．背側はより評価に関わり，腹側はその調整に関わるという説があります．コンフリクトの検出は前頭葉の内側で行われますが，検出後の行動調整は背外側前頭前野が担います（MacDonald *et al.*, 2000）.

コンフリクトを検出するストループ課題にも情動性をもたせると，より前方の前帯状皮質が関わることが知られています．認知的なストループ課題では相対的に後方の，背側の帯状皮質，中帯状皮質が活性化します.

前帯状皮質と扁桃体は情動的側面の評価に関わりますが，多くの場合相反的に活動を示します．すなわち扁桃体が活性化すると前帯状皮質が抑制され，逆に扁桃体が抑制されているときには前帯状皮質が活性化しています.

また前帯状皮質と中帯状皮質も，それぞれより情動的側面と，より認知的側面に関わるため，活動する文脈が異なっています．コンフリクトをモニタリングして行動を正しく自己調整する機能は，注意の制御がポイントになります．その点 ADHD など注意障害の傾向がある人では，健常発達児に比べて活動の低下が認められるとの所見もあります．

背側前帯状皮質ないし中帯状皮質を含む領域は，コンフリクトの検出に伴い出現する瞳孔拡大に関与していることが見出されています（Ebitz and Platt, 2015）．

6.4 島皮質—内感覚と情動からセイリエンス

島皮質（insular cortex：IC）は外側溝（シルビウス裂溝，Sylvian fissure）の奥にあり，前頭葉，側頭葉，頭頂葉に囲まれています．歴史的には Johann Christian Reil が 1796 年に前頭葉，頭頂葉，側頭葉，後頭葉に次ぐ第5の葉の存在を指摘したことが，島に関する初の学術的な記述とされ，Reil の発見した島「レイル（Reil）の島」とよばれることもあります（Craig, 2009）（図 6.11）．

島皮質は無顆粒皮質である前方部の前島皮質（AIC）と，顆粒皮質の後方島皮質（PIC）からなっています．前方部はさらに背側と腹側部に分けられます．背側部は背側前帯状皮質や補足運動野の運動野と結合しています．腹側は腹側

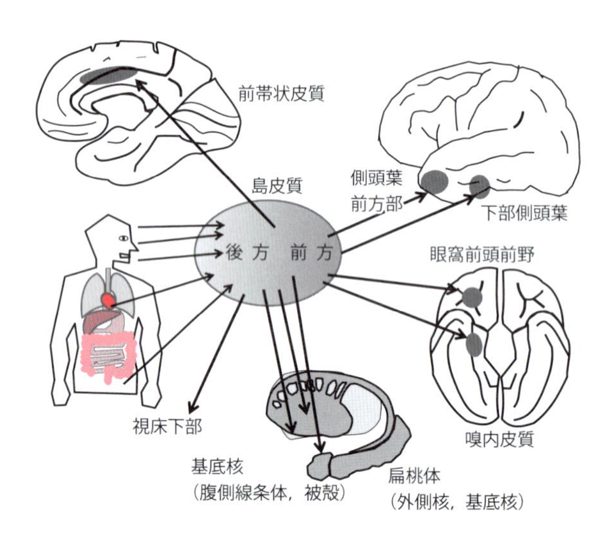

図 6.11　島皮質
島皮質は前帯状皮質，側頭葉前方部，下部側頭葉，眼窩前頭前野，嗅内皮質，扁桃体や基底核，視床下部と結合がある．

外前頭前野，前帯状皮質でも前帯状皮質膝前部（pgACC），側頭葉などとの結合があります．後方部は体性感覚皮質と同様に皮質第Ⅳ層である顆粒層が発達しています．

このように島皮質は聴覚，視覚，体性感覚，味覚などの多種感覚と運動野との連絡があります．後方部は二次感覚野（S2）と相互に接続し，脊髄視床路から視床を経由して，痛み，愛撫などの情動性接触感覚，社会性接触感覚，温度感覚，かゆみなどの情動やホメオスタシスに関わります（Keysers *et al*., 2010）．後方の，身体内からの自律神経活動や内臓からの情報と外界からのさまざまな感覚情報を結びつける部位から，前方の認知，情動，注意などの高次機能に関わる領域へと移行します．前方部は大脳辺縁系，扁桃体，前帯状皮質，眼窩前頭前野と顕著な神経連絡があり，実際に高次の情動認知に関わります．またパフォーマンスモニターにも，エラーの認知や予測にも関わり，不安の原因になる領域でもあります（Klein *et al*., 2013; Paulus and Stein, 2006）

6.4.1　ホメオスタシスのための内感覚機能

脊髄神経や迷走神経を経由した内臓感覚は，孤束核，傍小脳脚核，そして視床核を経由して島皮質へと伝達されます．島皮質は口腔より下部の消化管の内臓覚の情報を受け取ります．食道刺激，直腸刺激，肛門括約筋の収縮なども島皮質の活性化を誘発します．覚醒下のヒトで島皮質を電気刺激すると，多様な消化管感覚を生ずることが知られています．島皮質は心拍の知覚にも関与し，実際に心拍数と関係したニューロン活動も知られています．このような内感覚に気づく（セイリエンス）ことに島皮質は関わるとされています（Craig, 2003; Pavuluri and May, 2015）．

内感覚（interoception）は身体状態のホメオスタシスと関わる重要な知覚です．脊髄視床路は弧束核（solitariy nucleus：NTS）に届いて消化管，循環系の状態をモニタリングし，さまざまな反射として自律神経系の反射があります．さらに腕傍核（parabrachial nucleus：PBN）などを介して，帯状皮質，島皮質に到達します．帯状皮質，島皮質は上位からの影響を受けつつ，高次機能と脳幹機能を結ぶ架け橋的役割を演じます．

島皮質や帯状皮質から，脳幹への出力先としては中脳中心灰白質

（periaqueductal grey：PAG）があります．中脳水道周囲灰白質は中脳水道を取り囲む領域で，比較的小型の細胞が密に分布しており，中脳水道直下の正中領域はセロトニン含有細胞からなる背側縫線核です．

中脳水道周囲灰白質はさらに2つに別かれます．背外側はファイト・オア・フライトなどの積極的な反応をすることに関わり，交感神経反応を増加させ，ストレスに対して積極的に対処する情動行動を増加させます．体表痛や急性痛と関連し，痛みに対する回避行動にも関わります．後方は逃走行動，そして威嚇・防衛反応は表情筋も加わり，心拍，血圧が上昇します．青斑核に投射し，ノルアドレナリン系と深く関わります．

一方で，中脳水道周囲灰白質の腹側部は沈静化する反応で，情動行動や交感神経の緊張を減少させ，相対的に副交感神経系が優位に寄与することになります．この部分は内臓痛，深部痛，さらには慢性痛にも関連します．また嫌悪刺激などでフリージングなど動かなくなる反応とも関係します．この際に血圧が下がり，徐脈が起こります．大縫線核へ投射し，セロトニン系と深く関わります．中脳水道周囲灰白質（PAG）からの下行性疼痛抑制系は，延髄の大縫線核を経由して，脊髄後角侵害受容ニューロンを抑制します．

島皮質，そして多くの場合，帯状皮質は連動してはたらき，情動知覚や表出に関わります．恐れや不安，発声，性行動の制御，情動行動，心血管系，体温調節などとも深く関係します（Pavuluri and May, 2015）．

島皮質は情動的要素の処理，自律神経系の制御に関わっています．実際に島皮質を電気刺激すると，内臓感覚，異常な体性感覚，恐れの感覚が誘発されます．島皮質の障害としては，痛覚失認，痛覚失象徴（pain asymbolia syndrome）など，情動的な知覚と弁別的な知覚の乖離が生じます．島皮質を含む大脳皮質が傷害された患者では，痛みの空間的，質的，強度的要素は認識できます．しかし痛みに対する情動的要素が低下します．内感覚の気づき，さらに言語化や情動表現がうまくできない状況をアレキシサイミアとよびます．

島皮質は心拍の知覚などとも関わります．心拍は基本的には規則的な振動と思われます．しかし実は安静時も時間的に揺らいでいます．そのゆらぎは高い周波数のゆらぎ（HF fluctuation）と低い周波数のゆらぎ（LF fluctuation）との2つに分かれることが知られています．それぞれが副交感神経と交感神

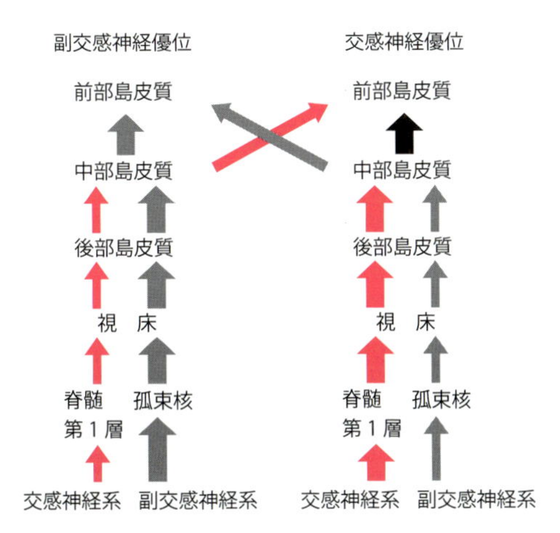

図 6.12　島皮質と自律神経系の左右差
島皮質と自律神経系の繋がりには左右差がある．左島皮質は副交感神経の入力が優位であり，右島皮質は交感神経優位である．（Craig, 2003）

経の機能的ゆらぎに関わるとされています．実際の心拍は交感神経と副交感神経のバランスにより複雑なゆらぎが生じています（Hassanpour *et al.*, 2018）．

左右の島皮質は，交感神経-副交感神経に関して左右差があることが知られています(図 6.12)．左島皮質は副交感神経系の変化に相対的に応答性が高く，右島皮質は，逆に交感神経系に応答性が高いことが知られています．心拍の低周波のゆらぎは交感神経のゆらぎと関わっており，右側の島皮質と強く関わり，逆に心拍の高周波のゆらぎは副交感神経のゆらぎと関わります．左側の音知覚では，1～10 Hz 程度の刺激に対しても右島皮質はより遅い振動数に反応性があり，左島皮質は反応が遅いとされています．

6.4.2　内感覚における予測誤差モデルとアロスタシス

予測誤差モデルとは，運動制御のところで，予測信号と実際の結果との差を検出して修正し，学習するモデルとして紹介しました．また外部からの知覚も，その知覚内容が変動する場合にそれを予測することと，実際の結果の違いから外部知覚の内容や意味づけを更新する際に脳は予測誤差モデルを用いることに

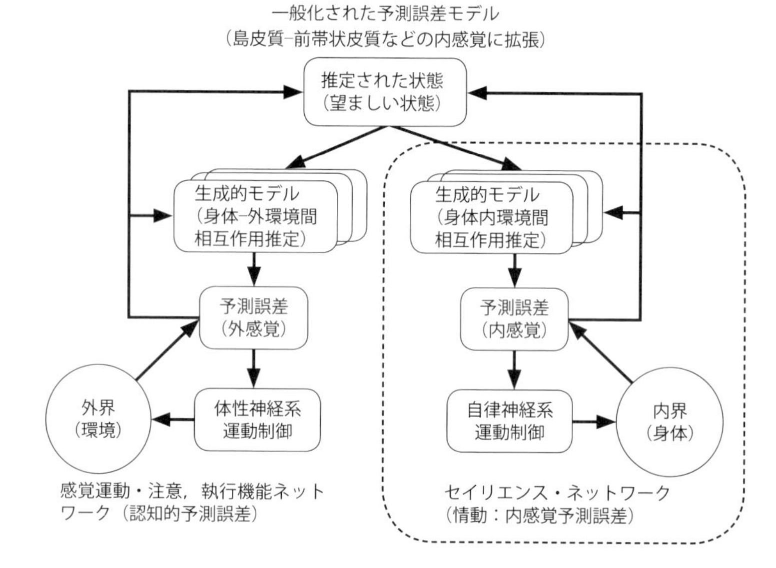

図 6.13　外感覚運動系と内感覚自律運動系の予測符号化モデル
予測誤差モデルはおもに報酬系や感覚運動，執行機能に関わる注意や認知系で提唱されたが，島皮質，前帯状皮質を含むセイリエンス・ネットワーク，そして内臓感覚などを含む自律神経系に関しても予測誤差モデルが当てはまるとするモデルとする全体を統合したモデルである．(Seth, 2013)

注目してきました．同じ予測誤差モデルは身体の内部環境からの情報と知覚，さらに自律神経の反応に対しても適応できることが次第にわかってきました（図 6.13）（Seth, 2013; Seth and Friston, 2016; Seth *et al.*, 2012）．

痛みにおける例にあるように，情動に関して前島皮質が自己および他者の情動認識（情動表出の自覚）において重要な役割を果たしています．前島皮質は他の大脳皮質と同様に与えられた刺激に対して予測し，予測誤差に基づいて内感覚におけるモデルを改良していきます．情動をトリガーする刺激に対しての予測誤差モデルです．運動系や外感覚系などで知られている計算論モデルは内臓感覚系にも当てはまるのです（Singer *et al.*, 2009）．ボトムアップの内臓からの信号は，トップダウンの予測信号と比較されます．現在の基準参照点からの隔たりがあれば修正します．この場合は意識にも影響がでて，何らかの“気づき”を起こします．

O’Doherty らは嫌悪刺激を用いた学習において，複数の手がかり刺激を連続して与え，その 2 つの刺激の組合せと強い痛みと弱い痛みを関係づける学習をさせました．その際に手がかり刺激の予測誤差を表現している部位を調べたところ，腹側基底核および島皮質と前帯状皮質に認められました．さらに中脳のドーパミン細胞のある部位も関連していました．これより，島皮質，前帯状皮質が基底核系と連携して行動学習に関わることがわかりました（O'Doherty *et al.*, 2003）．

最近では島皮質を背側と腹側に分けて機能的な違いがあるとする研究があります．背側島皮質は背側前帯状皮質や帯状皮質中部の前方と密に関連し，腹側注意ネットワークの一つに含まれると考えられます．トップダウンで外界とのやり取りにも関わる背側注意ネットワークと違い，ボトムアップで来た予想外の刺激情報に注意を向けるために，現在の注意の状況からシフトするはたらきに関わります．またデフォルト・モード・ネットワークと，背側注意ネットワークとの切替えに関わる可能性が示唆されます．一方で腹側は前帯状皮質の傍膝部に関わり，内感覚や自律神経などと関わります．したがって，より情動に関わる部位であり，いわゆるセイリエンス・ネットワークとしてのはたらきと考えられます（Shulman *et al.*, 2009; Touroutoglou *et al.*, 2012; 2016）．

島皮質を含むセイリエンス・ネットワークは身体の状態をモニタリングしながら，脳の中のリソースを振り分け，注意の向きを内外で切り替え，情報処理の最適化を図っていると考えます．その機構がアロスタシスとよばれ，身体内外の異なったそれぞれの場所で予測やモニタリングした結果との照合をしていると考えます．うつ病では，このようなセイリエンスのはたらきがうまくいかず，注意は内向きに向かってばかりになって，ロック・オンされた状態と思考えられます（Barrett *et al.*, 2016; Kleckner *et al.*, 2017）．

▸▸▸ Q & A ◂◂◂

Q　ここでは，フレーム効果や，アイオア・ギャンブリング課題での被験者がしばしば示す賭博的性向について述べられておりますが，ギャンブル依存症の人は眼窩前頭前野の活動に問題があると思われます．治療法はあるのでしょうか．

依存症とは，物質や行為に関してそこから得られる報酬刺激を求めて，物質や行為を繰り返し求め，自己統制が効かなくなった状態です．人は，ある程度長期的な報酬を求めて短期的な報酬を我慢することができます．しかし依存症になると，報酬価値の時間割引が大きくなり，衝動的に繰り返しギャンブルやお酒など依存性の高い物質に走ることになります．いくら周囲でだめと言ってももはや自分で自分を止められなくなります．

実は依存症のことで興味深い研究があります．通常は依存性のある物質の含まれた水と，普通の水を選べるように置いておくと，孤立ケージのネズミはすぐに依存性の物質の含まれている水を飲み，依存症になります．

ところが仲間が大勢いて，さまざまな遊具もある豊富な環境で飼育しながら同様に普通の水と依存性の物質の含まれた水を置いておくと，依存性になるネズミは少なくなりました．実は依存性の危険因子で重要なのが社会からの孤立や過度のストレスだと考えられています．依存症の人が多くの場合自尊心が低いことも知られています．治療には，ストレスを減らし，同様の経験をした人たちや依存症の回復を支援する人たちと人との繋がりによって治療することで治すことができます．「アディクションの逆はコネクション」という言葉があります．依存症の予防や治療には人との繋がりが不可欠であることを意味しています．

眼窩前頭前野は腹内側前頭前野と結びついており，腹内側前頭前野には自分に関する知識があります．社会的な承認を受けたりすると人は自尊心を上げ，拒絶されると自尊心を下げます．それは社会的な報酬の履歴といえます．社会的報酬から報酬を得られない人は，物質やギャンブルのかたちで報酬を自分に与えた結果依存症に陥るのかもしれません．

イヌを実験動物に用いて，学習性無気力を作製する Seligman の実験が述べられています．ペット動物を実験動物として用いる際，実験内容が動物虐待になるのではないかという問題が多く生じています．イヌを無気力にすることは虐待として問題にはならないのでしょうか．

Seligman が研究をしていた時期は 20 世紀半ばのころで，まだそのころは現在ほど動物愛護の認識が進んでいない時期だったと思われます．今ならこのような実験は愛護の観点から実験手続きに関して改善するように指摘されるでしょう．動物にストレスを与える実験には，現在できるかぎり苦痛を伴わないように配慮がなされています．

彼が，その後うつ病動物モデルの研究より，同じ実験からわかったレジリエントな動物の所見から，以後ポジティブ心理学という方向に研究を変えたのは結果としては良かったのかもしれません．うつになる原因の理解より，それを防ぐ，折れにくい心を育成する研究は，Seligman の仕事の人類にもたらした大きな功績といえます．

引用文献

Apps MA, Rushworth MF, Chang SW (2016) The anterior cingulate gyrus and social cognition: Tracking the motivation of others. *Neuron*. **90**(4), 692-707. doi: 10.1016/j.neuron.2016.04.018

Barrett LF (2018) "How Emotions Are Made: The Secret Life of the Brain—2018", Pan Books.

Barrett LF, Quigley KS, Hamilton P (2016) An active inference theory of allostasis and interoception in depression. *Philos Trans R Soc Lond B Biol Sci*. **371**(1708). pii: 20160011.

Barrett LF, Russell JA, Eds (2014) "Psychological Construction of Emotion", Guilford.

Bartra O, McGuire JT, Kable JW (2013) The valuation system: A coordinate-based meta-analysis of BOLD fMRI experiments examining neural correlates of subjective value. *Neuroimage*. **76**, 412-427.

Bechara A, Damasio H, Tranel D, Damasio AR (1997) Deciding advantageously before knowing the advantageous strategy. *Science*. **275**(5304), 1293-1295.

Bechara A, Damasio H, Tranel D, Damasio AR (2005) The Iowa Gambling Task and the somatic marker hypothesis: Some questions and answers. *Trends Cogn Sci*, **9**(4), 159-162.

Botvinick M, Nystrom LE, Fissell K, Carter CS, Cohen JD (1999) Conflict monitoring versus selection-for-action in anterior cingulate cortex. *Nature*, **402**(6758), 179-181.

Bouret S, Richmond BJ (2010) Ventromedial and orbital prefrontal neurons differentially encode internally and externally driven motivational values in monkeys. *J Neurosci*. **30**(25), 8591-8601.

Bush G, Vogt BA, Holmes J, Dale AM, Greve D, Jenike MA, Rosen BR (2002) Dorsal anterior cingulate cortex: A role in reward-based decision making. *Proc Natl Acad Sci USA*, **99**(1), 523-528.

Cavanagh JF, Frank MJ (2014) Frontal theta as a mechanism for cognitive control. *Trends Cogn Sci*. **18**(8), 414-421.

Chang SW, Gariépy JF, Platt ML (2013) Neuronal reference frames for social decisions in primate frontal cortex. *Nat Neurosci*. **16**(2), 243-250.

Cohen MX (2014) A neural microcircuit for cognitive conflict detection and signaling. *Trends Neurosci*. **37**(9), 480-490.

Craig AD (2003) Interoception: the sense of the physiological condition of the body. *Curr*

Opin Neurobiol. **13**(4), 500-505.

Craig AD (2009) How do you feel - now? The anterior insula and human awareness. *Nat Rev Neurosci*. **10**(1), 59-70.

Damasio, A (1994) "Descartes' Error: Emotion, Reason, and the Human Brain", Putnam, revised Penguin edition,

De Martino B, Kumaran D, Seymour B, Dolan RJ (2006) Frames, biases, and rational decision-making in the human brain. *Science*. **313**(5787), 684-687.

Ebitz RB, Platt ML (2015) Neuronal activity in primate dorsal anterior cingulatecortex signals task conflict and predicts adjustments in pupil-linked arousal. *Neuron*. **85**(3), 628-640.

Eilam-Stock T, Xu P, Cao M, Gu X, Van Dam NT, Anagnostou E, Kolevzon A, Soorya L, Park Y, Siller M, He Y, Hof PR, Fan J (2014) Abnormal autonomic and associated brain activities during rest in autism spectrum disorder. *Brain*. **137**(Pt1), 153-171.

Eisenberger NI, Lieberman M, Williams KD (2003) Does rejection hurt? An fMRI study of sodal exclusion. *Science*. **302**, 290-292.

Euston DR, Gruber AJ, McNaughton BL (2012) The role of medial prefrontal cortex in memory and decision making. *Neuron*. **76**(6), 1057-1070.

Festinger L (1957) "A Theory of Cognitive Dissonance." Stanford University Press.

Fletcher PC, Happé F, Frith U, Baker SC, Dolan RJ, Frackowiak RS, Frith CD (1995) Other minds in the brain: A functional imaging study of "theory of mind" in story comprehension. *Cognition*. **57**(2), 109-128

Hare TA, Camerer CF, Rangel A (2009) Self-control in decision-making involves modulation of the vmPFC valuation system. *Science*. **324**(5927), 646-648.

Hassanpour MS, Simmons WK, Feinstein JS, Luo Q, Lapidus RC, Bodurka J, Paulus MP, Khalsa SS (2018) The insular cortex dynamically maps changes in cardiorespiratory interoception. *Neuropsychopharmacology*. **43**(2), 426-434.

Hayden BY, Pearson JM, Platt ML (2009) Fictive reward signals in the anterior cingulate cortex. *Science*. **324**(5929), 948-950.

Johnson SC, Baxter LC, Wilder LS, Pipe JG, Heiserman JE, Prigatano GP (2002) Neural correlates of self-reflection. *Brain*. **125**(Pt 8), 1808-1814.

Kahnt T, Chang LJ, Park SQ, Heinzle J, Haynes JD (2012) Connectivity-based parcellation of the human orbitofrontal cortex. *J Neurosci*. **32**(18), 6240-6250.

Keysers C, Kaas JH, Gazzola V (2010) Somatosensation in social perception. *Nat Rev Neurosci*, **11**(6), 417-428.

Kleckner IR, Zhang J, Touroutoglou A, Chanes L, Xia C, Simmons WK, Quigley KS, Dickerson BC, Barrett LF (2017) Evidence for a large-scale brain system supporting allostasis and interoception in humans. *Nat Hum Behav*. **2017**, 1.

Klein TA, Ullsperger M, Danielmeier C (2013) Error awareness and the insula: Links to neurological and psychiatric diseases. *Front Hum Neurosci*. **7**, 14.

Kringelbach ML (2005) The human orbitofrontal cortex: Linking reward to hedonic experience *Nat Rev Neurosci*. **6**(9), 691-702.

Lazarus RS, Folkman, S (1984) "Stress, Appraisal, and Coping", Springer.

Lee D (2008) Game theory and neural basis of social decision making. *Nat Neurosci*. **11**(4), 404-409.

Lieberman MD, Eisenberger NI (2015) The dorsal anterior cingulate cortex is selective for pain: Results from large-scale reverse inference. *Proc Natl Acad Sci USA*. **112**(49), 15250-15255.

MacDonald AW 3rd, Cohen JD, Stenger VA, Carter CS (2000) Dissociating the role of the dorsolateral prefrontal and anterior cingulate cortex in cognitive control. *Science*. **288** (5472), 1835-1838.

Maier SF, Seligman ME (2016) Learned helplessness at fifty: Insights from neuroscience. *Psychol Rev*. **123**(4), 349-367.

Markowitsch HJ, Vandekerckhove MM, Lanfermann H, Russ MO (2003) Engagement of lateral and medial prefrontal areas in the ecphory of sad and happy autobiographical memories. *Cortex*, **39**, 643-665.

Matsumoto M, Matsumoto K, Abe H, Tanaka K (2007) Medial prefrontal cell activity signaling prediction errors of action values. *Nat Neurosci*, **10**(5), 647-656.

Meyer-Lindenberg A, Domes G, Kirsch P, Heinrichs M (2011) Oxytocin and vasopressin in the human brain: Social neuropeptides for translational medicine. *Nat Rev Neurosci*. **12** (9), 524-538.

Mitchell JP, Heatherton TF, Kelley WM, Wyland CL, Wegner DM, Neil Macrae C (2007) Separating sustained from transient aspects of cognitive control during thought suppression. *Psychol Sci*. **18**(4), 292-297.

Ochsner KN, Bunge SA, Gross JJ, Gabrieli JD (2002) Rethinking feelings: An FMRI study of the cognitive regulation of emotion. *J Cogn Neurosci*. **14**, 1215-1229.

O'Doherty J, Critchley H, Deichmann R, Dolan RJ (2003) Dissociating valence of outcome from behavioral control in human orbital and ventral prefrontal cortices. *J Neurosci*, **23** (21), 7931-7939.

O'Doherty JP, Dayan P, Friston K, Critchley H, Dolan RJ (2003) Temporal difference models and reward-related learning in the human brain. *Neuron*. **38**, 329-337.

O'Doherty JP, Kringelbach ML, Rolls ET, Hornak J, Andrews C (2001) Abstract reward and punishment representations in the human orbitofrontal cortex. *Nat Neurosci*. **4**, 95-102.

Panksepp J (2004) "Affective Neuroscience: The Foundations of Human and Animal Emotions", Oxford University Press.

Paulus MP, Stein MB (2006) An insular view of anxiety. *Biol Psychiatry*. **60**(4), 383-387.

Paus, T (2001) Primate anterior cingulate cortex: Where motor control, drive and cognition interface. *Nat Rev Neurosci*. **2**(6), 417-424.

Pavuluri M, May A (2015) I feel, therefore, I am: The insula and its role in human emotion, Cognition and the sensory-motor system, *AIMS Neurosci*. **2**(1), 18-27.

Picard N, Strick PL (1996) Motor areas of the medial wall: A review of their location and functional activation. *Cereb Cortex*. **6**(3), 342-353.

Platt ML. Plassmann H (2014) Multistage valuation signals and common neural currencies, *In*: Chapter 13 - "Neuroeconomics", 2nd Edition, Decision Making and the Brain, Glimcher PW. ed. p.237-258, New York University.

Reznik SJ, Nusslock R, Pornpattananangkul N, Abramson LY, Coan JA, Harmon-Jones E (2017) Laboratory-induced learned helplessness attenuates approach motivation as indexed by posterior versus frontal theta activity. *Cogn Affect Behav Neurosci*. **17**(4), 904-916.

Ridderinkhof KR, Ullsperger M, Crone EA, Nieuwenhuis S (2004) The role of the medial frontal cortex in cognitive control. *Science*. **306**(5695), 443-447.

Rilling J, Gutman D, Zeh T, Pagnoni G, Berns G, Kilts C (2002) A neural basis for social cooperation. *Neuron*. **35**(2), 395-405.

Robert A (1984) "The Evolution of Cooperation", Basic Books.

Rolls ET (2004) The functions of the orbitofrontal cortex *Brain Cogn*. **55**(1), 11-29.

Roy M, Shohamy D, Wager TD (2012) Ventromedial prefrontal-subcortical systems and the generation of affective meaning. *Trends Cogn Sci*. **16**(3), 147-156.

Rushworth MF, Kolling N, Sallet J, Mars RB (2012) Valuation and decision-making infrontal cortex: One or many serial or parallel systems? *Curr Opin Neurobiol*. **22**(6), 946-955.

Salzman CD, Fusi S (2010) Emotion, cognition, and mental state representation in amygdala and prefrontal cortex. *Annu Rev Neurosci*. **33**, 173-202.

Schachter S, Singer JE (1962) Cognitive, social, and physiological determinants of emotional state. *Psychol Rev*. **69**(5), 379-399.

Schoenbaum G, Roesch MR, Stalnaker TA, Takahashi YK (2009) A new perspective on the role of the orbitofrontal cortex in adaptive behaviour. *Nat Rev Neurosci*. **10**(12), 885-892.

Seth AK (2013) Interoceptive inference, emotion, and the embodied self. *Trends Cogn Sci*. **17**(11), 565-573.

Seth AK, Friston KJ (2016) Active interoceptive inference and the emotional brain. *Philos Trans R Soc Lond B Biol Sci*. **371**(1708), pii: 20160007.

Seth AK, Suzuki K, Critchley HD (2012) An interoceptive predictive coding model of conscious presence. *Front Psychol*. **2**, 395.

Shackman AJ, Salomons TV, Slagter HA, Fox AS, Winter JJ, Davidson RJ (2011) The integration of negative affect, pain and cognitive control in the cingulate cortex. *Nat Rev Neurosci*. **12**(3), 154-167.

Shulman GL, Astafiev SV, Franke D, Pope DL, Snyder AZ, McAvoy MP, Corbetta M (2009) Interaction of stimulus-driven reorienting and expectation in ventral and dorsal frontoparietal and basal ganglia-cortical networks. *J Neurosci*. **29**(14), 4392-4407.

Singer T, Critchley HD, Preuschoff K (2009) A common role of insula in feelings, empathy and uncertainty. *Trends Cogn Sci.* **13**(8), 334-340.

Stanovich KE (2010) "Rationality and the Reflective Mind", Oxford University Press.

Tomlin D, Kayali MA, King-Casas B, Anen C, Camerer CF, Quartz SR, Montague PR (2006) Agent-specific responses in the cingulate cortex during economic exchanges. *Science.* **312**(5776), 1047-1050.

Touroutoglou A, Bliss-Moreau E, Zhang J, Mantini D, Vanduffel W, Dickerson BC, Barrett LF (2016) A ventral salience network in the macaque brain. *Neuroimage.* **132**, 190-197.

Touroutoglou A, Hollenbeck M, Dickerson BC, Barrett FL (2012) Dissociable large-scale networks anchored in the right anterior insula subserve affective experience and attention. *Neuroimage.* **60**(4), 1947-1958.

Vogt BA (2005) Pain and emotion interactions in subregions of the cingulate gyrus. *Nat. Rev. Neurosci,* **6**(7), 533-544.

Vogt BA, Ed (2009) "Cingulate Neurobiology and Disease", Oxford University Press.

Vogt BA (2016) Midcingulate cortex: Structure, connections, homologies, functions and diseases. *J Chem Neuroanat.* **74**, 28-46.

Wallis JD (2007) Orbitofrontal cortex and its contribution to decision-making. *Ann Rev Neurosci.* **30**, 31-56.

Will GJ, Rutledge RB, Moutoussis M, Dolan RJ (2017) Neural and computational processes underlying dynamic changes in self-esteem. *Elife.* **6**. pii:e28098.

Yeung N, Botvinick MM, Cohen JD (2004) The neural basis of error detection: conflict monitoring and the error-related negativity. *Psychol Rev.* **111**(4), 931-959.

Zald DH, McHugo M, Ray KL, Glahn DC, Eickhoff SB, Laird AR (2014) Meta-analytic connectivity modeling reveals differential functional connectivity of the medial and lateral orbitofrontal cortex. *Cereb Cortex.* **24**(1), 232-248.

基底核，扁桃体，小脳と前頭葉 —手続き的学習と認知的柔軟性

7.1 誤差から学ぶ脳のしくみ

これまで前頭葉を分けて，関連する大脳皮質ネットワークと連携したはたらきを見てきました．しかし前頭葉を含め，大脳皮質がその柔軟な機能を果たすには，実は皮質下の領域との連携が不可欠であることがわかってきました．

皮質下としては基底核，扁桃体，小脳をおもに取り上げますが，これらと前頭葉とはどのような機能連携が果たされているのでしょうか？

脳–身体系はホメオスタシスに基づいて，環境にさまざまな方略をもって適応行動を行います．その最たるものは大脳皮質であり，大脳皮質は予測符号化をしていると考えられています．予測符号化とは，対象となる入力があれば予測信号と比較して誤差があれば誤差を減らすように予測を更新し，さらに必要に応じて上位の領域に信号を回し，さらに高次の予測信号によりその誤差をなくすようにこの過程を繰り返します．

実際には変化し続けるこの環境世界に生きているかぎりは，予測からずれ，ホメオスタシスからずれつつも，懸命に適応し，予測しようともがいている状態にあります．しかし，どんなに予測しても世界は予測できないともいえます．たとえ現状と予測すべき目標がわかっても，それらを結ぶ軌跡を予測する信号は無数になるので，予測が一意に決められません．難しい言葉では不良設定問題といって，世の中は回答が 1 つに定まらない世界です．われわれに与えられた情報は限りがあり，しかし知りたい対象は多くの知らない背景をもって変化し続けます．大脳皮質の予測符号化は，そのような外界，内界の変化を予測し，適応しようとします．このように大脳皮質は予測しようとしますが，そこには意味や価値を導入しないと方向性を間違ってしまいます．そこで必要になるのが皮質下のさまざまな領域です．

皮質下の基底核，扁桃体，小脳は，系統発生的にも古くから存在し，大脳皮質における長期の学習にとって大切な領域です．これらにより学ばれた長期記憶は伝統的には手続き記憶とよばれています．海馬が宣言的記憶とよばれるのと対照的です．これらの領域は，基本的には，予測される結果と違うさまざまな信号を検出し，そこに予測誤差を見出すと身体や大脳皮質にはたらきかけて，適応的行動を取ります．そして大脳皮質とこれらの皮質下の縦のループを回しながら，予測と実際の結果との誤差を小さくするように，さまざまな学習をし，大脳皮質の長期記憶とそれに基づいた予測形成に貢献します．

予測符号化では，これまでの経験からの予測値と実際のフィードバックとの差分が正になったり負になったりと線形に変化して単調増加（減少）するように考えられます．ドーパミンニューロンの表す活動は符号のある報酬予測誤差ですが，符号をもたず，とにかく予測値より隔たっていることを示す符号のない予測誤差信号も存在します．これは正であれ負であれ，予測値より大きくずれることには注意を向ける必要があることから，**サプライズ（驚き）シグナル**，ないしは**セイリエンス**ともよばれます（図 7.1）(Rangel and Clithero, 2013;

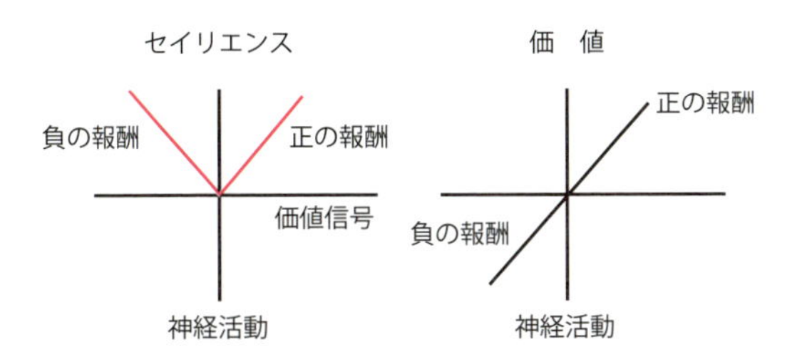

図 7.1　報酬予測誤差とセイリエンス
通常は報酬の価値は正から負に極性をもって変化する．しかしセイリエンスという概念では，正の報酬も負の報酬も際立っているという点では共通の意味があると考える．実際に細胞活動のレベルでは，価値タイプの応答もセイリエンスタイプの応答も存在する．

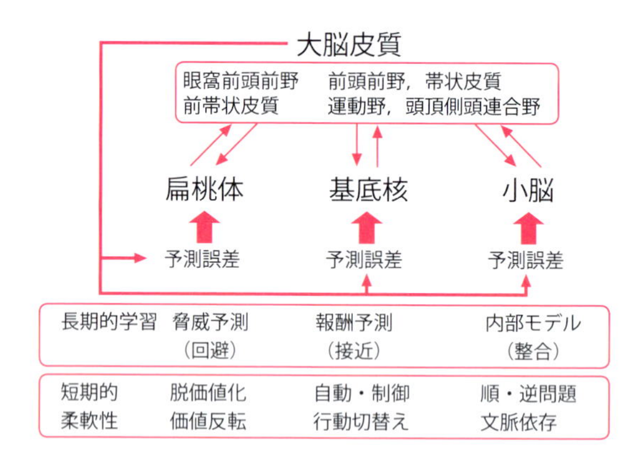

図 7.2　扁桃体，基底核，小脳と大脳皮質の長期的学習と柔軟性？
皮質下の扁桃体，基底核，小脳はそれぞれが大脳皮質と回路をもち予測誤差とそれに伴う長期的学習，記憶に関わる．海馬の関わる明示的な記憶とは異なり，暗黙的記憶または手続き的記憶といわれる．一方でこれらが短期的な行動調節にも関わるという考え方がある．扁桃体は対象と価値の突然の変化や価値の反転，基底核は自動的過程と制御的過程の切替え，小脳でも行動と行動結果の順問題や逆問題をその都度計算して調整するなどのオンラインの役割が注目される．

Litt *et al.*, 2011; Kahnt and Tobler, 2016).

皮質下にあるさまざまな種類の予測誤差がきっかけになって，大脳皮質–皮質下の回路の長期的な学習が進行します．しかしこれから述べるように，皮質–皮質下の連携は，長期的な変化で習慣化するような手続き的記憶だけでなく，短期的で柔軟な行動の切替え，すなわち認知的調節にも関わることがわかってきました．前頭葉のもつ行動調節の柔軟性は，実は皮質下の領野がもっている回路の状態を切り替える機能に依存しているともいえます（図 7.2）．

7.2　前頭葉と基底核のアウトカムによる強化学習

基底核系は，前頭葉をはじめとする多くの領域と関連して，運動，認知，情動などの機能に関わっています．ドーパミンによる調節を受け，報酬をアウトカムとする価値づけの学習に関わります．ドーパミンによる強化学習は，大脳皮質–基底核回路の可塑性を利用した学習としてよく知られています．

基底核内の回路は直接路と間接路という 2 つの相反する機能的回路を形成

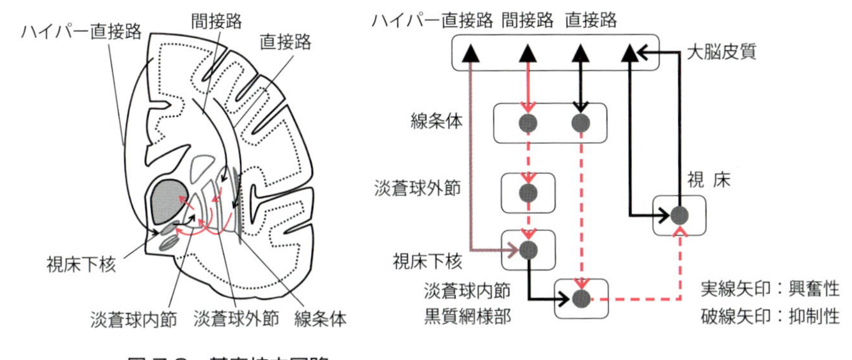

図 7.3 基底核内回路
基底核内部にある直接路（黒矢印），間接路（赤矢印）および
ハイパー直接路（灰赤色矢印）.

します．直接路は線条体から淡蒼球内節と黒質網様部とに抑制系の出力をします．その後さらに淡蒼球内節と黒質網様部は基底核の主要な出力であり，視床へ出力して大脳皮質に投射します．直接路には抑制性の投射が 2 回あり，脱抑制により結果としては興奮系のループ回路になります．一方で間接路では線条体から淡蒼球外節は，さらに視床下核を介して淡蒼球内節に向かい，視床に出力します．こちらは途中に抑制性投射が 3 回あり，結果としては抑制性のループ回路になります（Mink, 1996）．直接路と間接路以外に，大脳皮質から視床下核に直接入力するハイパー直接路という経路もあります（図 7.3）（Nambu *et al.*, 2002）.

大脳皮質–基底核回路では，アクセルとブレーキのような 2 つの回路があるため，広い抑制（ブレーキ）と選択的な興奮（アクセル）により特定の運動の発現を促し，関連しない，むしろ拮抗するような運動を抑制することになります．Mink は感覚系によく見られる側方抑制になぞらえてこの過程をモデル化しました．そしてハイパー直接路は，大脳皮質から最も早くこの選択過程に干渉することで，トップダウンの制御をしていることが示唆されます.

線条体の投射ニューロンには直接路に関わる細胞と間接路に関わる細胞との 2 種類が存在します．直接路のニューロンはドーパミン D1 受容体を，間接路のニューロンはドーパミン D2 受容体をもっています．現在の説では，黒質緻密部からのドーパミン作動性ニューロンによる投射は，直接路ニューロンには

D1 受容体を介して興奮性に，間接路ニューロンには D2 受容体を介して抑制性にはたらくとされます．ドーパミンの作用により，線条体へ投射するシナプスは可塑的な変化を示すことが知られています．

パーキンソン病では，ドーパミンが不足するため直接路より間接路が強くはたらき，バランスが崩れ，結果としてさまざまな運動障害が出ると考えられています（Albin *et al.*, 1989; DeLong, 1990）．

中脳の黒質緻密部や腹側被蓋野のドーパミンニューロンは，突然与えられた報酬には一過性なバースト発火反応します．しかし学習して何らかの手がかり刺激から報酬が予測されると，報酬には応じなくなります．その代わり今度は手がかり刺激自体に応じることになります．また興味深いことに，さらに学習後に手がかり刺激の後に報酬を与えないと，ドーパミンニューロンは抑制されます．Schultz の発見から，これは単に報酬に反応する細胞でなく報酬期待と実際の報酬との差を表現している報酬予測誤差と考えられました（Schultz, 2000）．

7.2.1　辺縁系，認知系，運動系の機能ループによる学習と柔軟な行動調整

大脳皮質と基底核の経路には“大脳皮質→大脳基底核→視床→大脳皮質”というループが形成されています．ここでは直接路，間接路，ハイパー直接路の分類を細かく考えずに，大脳皮質からの入力と視床から大脳皮質への戻りのループ回路，という視点で検討します．

大脳皮質-基底核回路に関して，機能解剖学的には 4 つのループが同定されています．運動系ループ（motor loop），前頭前野系ループ（prefrontal loop），眼球運動系ループ（oculomotor loop），辺縁系ループ（limbic loop）です．運動系ループは運動野（一次運動野，補足運動野，運動前野）から始まって運動野に戻るループです（Alexander *et al.*, 1986）．前頭前野ループはさらに眼窩前頭前野ループと背外側前頭前野ループとに分けることもあります．辺縁系ループは前帯状皮質が起始部になっています（図 7.4）．

その後の研究により“大脳皮質→大脳基底核→視床→大脳皮質”には感覚系の回路も同定されました．その一つとしては，視覚の皮質経路の腹側路の側頭葉から線条体へ出力し，視床前腹側核を介してふたたび側頭葉に戻る経路が同

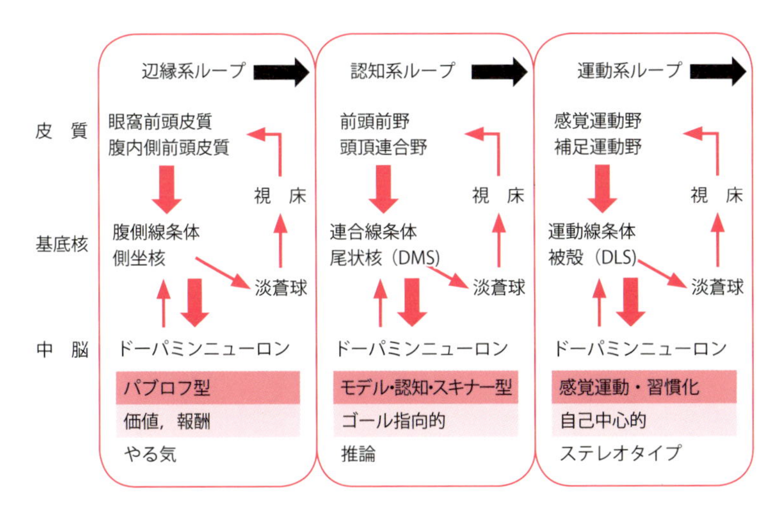

図 7.4　基底核–皮質ループ
基底核と皮質の 3 つの代表的な回路とはたらきを示す（眼球運動系ループは割愛した）．辺縁系ループは，感覚入力（S）とアウトカム（O）から刺激の価値（S–O）をパブロフ型学習（図左），認知ループはゴール指向的にアウトカム（O）に至る行動（R）のゴール指向あるいはモデル指向的な関係（R–O）をスキナー型（図中央），インストラメンタル学習，運動系ループでは刺激（S）と行動（R）をおもに学習（S–R）し習慣化（図右）するという，ステレオタイプな応答になる．これらは並列的に起こっているとも考えられるし，一方で互いに連動しているとも捉えられる．（Yin and Knowlton, 2006）

定されています．この回路にも直接路，間接路が同定されています．このバランス次第では，視覚系に対して大きな影響があることが考えられます．

これらのループ回路は互いに相互の連絡が乏しく，並列処理回路であるとみなされました．しかし機能的に見ると，辺縁系ループでは報酬に関しては S–O 連合（図 7.4 の説明参照）を学ぶパブロフ型学習に関わります．また認知系ループでは行動と報酬の関係 R–O 連合を学ぶインストラメンタル学習（解説参照）に関わります．単に連合でなく認知モデルを学習してのモデル基盤型の学習や，認知モデルに応じた柔軟な行動決定に関与するとも考えられています（Gruber and McDonald, 2012）．運動系ループではアウトカムのためというより習慣化された行動としての感覚と運動の関連性 S–R 連合の学習に関わると考えられます．これらは独立であるというより，S–O から R–O，さらに S–R というように学習が影響を与える可能性が示唆されています．それは

解説　パブロフ連合学習，インストラメンタル学習および パブロフ－インストラメンタル転移

パブロフ連合学習とは，Pavlov が見出した学習で，本来は反応と結びつかない刺激（S）と反応の関係を学習させるものです．Pavlov はイヌに餌を与える前にベルの音を鳴らし，この関係を繰り返すとイヌは次第にベルの音を聞くだけで唾液を分泌するようになるという条件反射を見つけました．すなわち，条件刺激（CS）としてベルを，無条件刺激（US）として餌を与えて無条件反応（UR）により唾液を分泌する反応を誘導する学習です．

インストラメンタル学習は，報酬や嫌悪刺激（罰）を適応することによって，ある反応を自発的に行うように学習することです．ある行動(R)(たとえばレバーを押す）を行うと報酬（O）（たとえばジュース）が与えられると，次第にレバーを押すことを自発的に行います．すなわち R–O の関係を学習します．

パブロフ–インストラメンタル転移（pavlovian-to-instrumental transfer: PIT）では，パブロフ学習とインストラメンタル学習を組み合わせると，S–R–O の頻度が上がることを示しています．

具体的な例としては　ある刺激（S）が与えられると食べ物の報酬（O）がもらえます．すると，S–O の連合が形成されます（パブロフ学習）．その後，レバーを押す反応（R）と食べ物の報酬（O）の関係 R–O の連合を学ばせます（インストラメンタル学習）．するとある刺激（S）後にレバーを押す（R）の確率が増えます．この S–R という関係は，S–O と R–O とから新たな関係が転移して生成されたと考えられます．

パブロフ–インストラメンタル転移という学習の転移現象です（解説参照）(Cartoni *et al.*, 2016; Watson *et al.*, 2014)．

このような行動は，学習が辺縁系ループから認知系ループそして運動系ループに影響を与えることで説明できます．一つの可能性は，辺縁系ループであるオブジェクトと報酬価値を学び，これに基づいて今度はオブジェクトを獲得するための手がかりと行動の関係を認知系ループで学習し，その結果を受けてさらに運動系ループが学習するという連鎖的な学習スキームです．

また，互いのループ間の影響は大脳皮質–視床での相互の連絡も考えられます．McFarland らのモデルでは，視床背内側核（MD），前腹側核（VA），外側腹側核吻側部（VLo）と辺縁系，眼窩前頭前野からの入力が外側前頭前野に向かい，さらに外側前頭前野から VA を経て　前頭葉の運動関連領野に向かうことで，辺縁系–前頭前野–運動野が関連し合うようになります．S–O の動機づけ，R–O でのゴール指向的な認知行動，そして S–R の習慣的行動までのつながりが説明できます（McFarland and Haber, 2002）．

Yin らはドーパミンレベルでの連携モデルを提案しています．辺縁系ループの出力が認知系ループの中脳ドーパミン含有細胞に入力し，これがいわば認知系ループの教師信号となって外側前頭前野での学習に関与し，さらに外側前頭前野からの出力が中脳ドーパミン細胞に向かうと，これが今度は運動系ループの教師信号となって運動学習が進行します．この結果，辺縁系–前頭前野–運動野が階層的に関連し合うようになります．このようなモデルでも S–O の動機づけ，R–O でのゴール指向的な認知行動，そして S–R の習慣的行動までのつながりが説明できます（Yin and Knowlton, 2006）．

大脳皮質–基底核回路の理解が深まるとともに，基底核は単に手続き的学習の長期学習だけでなく，状況に応じてモデルに基づいた柔軟な行動の切替えに関わると考えられます．Hikosaka らは報酬価値にガイドされた柔軟な行動と習慣行動とそれぞれに基底核が関わるという説を提案しています．これによると，長期的な報酬との関連性を学ぶ大脳皮質–基底核回路と，短期的で柔軟な報酬変化の情報に対応した大脳皮質–基底核回路が存在しています．前者はこれまでに知られた習慣行動に至るもので，自動的過程です．しかし後者は，習慣行動から制御行動に切り替わるような報酬状況の変化を察知して，行動様式を制御的過程にするものです．これは執行機能に関与するもので，従来は前頭前野が関わる機能とされていました．現在の理解では前頭葉–基底核の回路で調整されると考えられています（Hikosaka *et al.*, 2014）．

デフォルト・モード・ネットワーク（DMN）は柔軟な行動選択に関わることが指摘されています．これも調べてみると DMN のもつ柔軟な行動調節は，実は基底核系との関わりで可能になっていることが判明しています（Vatansever *et al.*, 2016）．

7.2.2　線条体におけるパッチとマトリックス構造による行動切替え

線条体は細胞化学的に 2 つのコンパートメントに分けられます．1 つは島

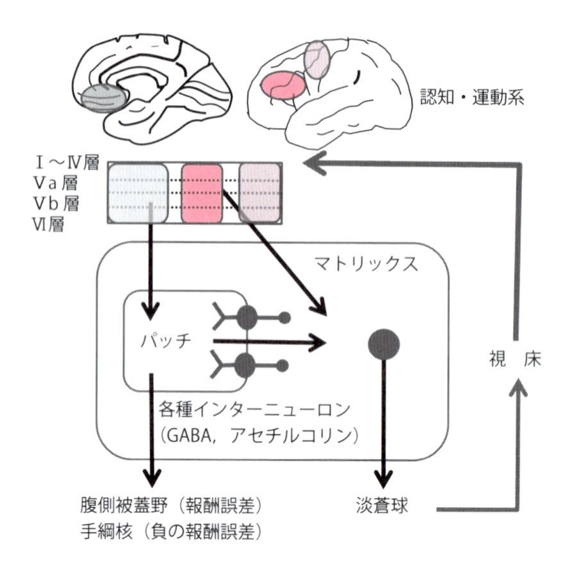

図 7.5　パッチとマトリックス
辺縁系から基底核には線条体のパッチに投射があり，前頭前野，運動野は線条体マトリックスに投射する．パッチとマトリックスにはインターニューロンによる連絡があり，パッチへの入力はマトリックス側の行動や運動の変化を起こす．さらにはパッチは腹側被蓋野へ報酬誤差を伝えたり，手綱核には負の報酬誤差情報があり，そちらの系からでも行動に影響を与える．(Leckman and Riddle, 2000)

状のパッチ・コンパートメントであり，もう一つはその周囲を覆うようなマトリックス・コンパートメントです（図 7.5）(Gerfen, 1992; 2000)．パッチは主として眼窩前頭皮質や島皮質などの辺縁系大脳皮質に由来する入力を受けます．パッチはストリオソームとよばれることもあります．マトリックスへの入力は運動系皮質，体性感覚野，頭頂葉など広範囲な大脳新皮質に由来するとされ，“大脳皮質→大脳基底核→視床→大脳皮質”のループ回路のおもな構成要素です．

一方で出力に関しても，パッチとマトリックスは異なっています．マトリックスの出力は直接路であれば淡蒼球内節と黒質網様部に投射し，大脳皮質とループを形成するか，脳幹へ出力します．これに対してパッチの投射ニューロンは，黒質のなかでもドーパミンニューロンが存在する黒質緻密部に直接投射しています．このような投射様式の違いは，皮質–基底核系の強化学習のモデルにとって重要な意義があります．すなわち，強化学習ではドーパミンが学習のいわば教師として，その向かう方向を定めます．パッチのニューロンが報酬系のドーパミンを駆動することで価値情報を担い，この駆動力でマトリックスの皮質–線条体路が学習し，たとえばその行為の価値（action value）を担うことになります．眼窩前頭前野，前帯状皮質から腹側線条体にいく経路やパッチへの投射は，基底核での認知回路，運動回路の強化学習に関わります．

Crittenden らはこのパッチの細胞を選択的に操作して行動への影響を調べたところ，パッチの細胞は行動の柔軟な切替えに関与することが示唆されました．パッチは辺縁系関連の皮質として眼窩前頭前野，帯状皮質からの入力を受けており，これらの入力により，パッチを介して全大脳皮質–基底核回路のゲインを更新し，行動戦略を変更するように導ける可能性が示唆されます．報酬と刺激の関係を逆転するいわゆる報酬逆転学習などによって環境が動的に変更するときに眼窩前頭前野からの信号はパッチへ出力しており，マトリックスにおける対象と価値の関係を柔軟に切り替えるように作用すると思われます．また逆転学習には扁桃体も関わっており，腹外側前頭前野にはたらきかけるにしても，基底核系のループを介すると視床–大脳皮質を経て，広い領域に影響が与えられます（Crittenden and Graybiel, 2011）．

Leckman らは，パッチーマトリックスの機構が異常になることが，トゥーレット（Tourette）症候群の主徴であるチックなどの繰り返し行動が発生する原因ではないかと推測しています．基底核系は柔軟な切替えによりさまざまな行動を切り替えるのに役立っており，これが機能不全になるとたとえ不合理な思考や行動であっても，一度始まると切り替えられず脅迫的な運動や行動になると考えられます（Leckman and Riddle, 2000）．

7.3　前頭葉と扁桃体による脅威，恐怖からの学習

扁桃体（amygdala）は，ヒトを含む高等脊椎動物の側頭葉内側の奥に位置するアーモンドの形態をした大きな領域で，複数の核から成り立っています．情動反応，とくに嫌悪刺激やストレスの処理や不安などにおいて主要な役割をもち，大脳辺縁系に含まれます（LeDoux, 2015）．

扁桃体は眼窩前頭前野の後方部，腹内側前頭前野，前帯状皮質，腹外側前頭

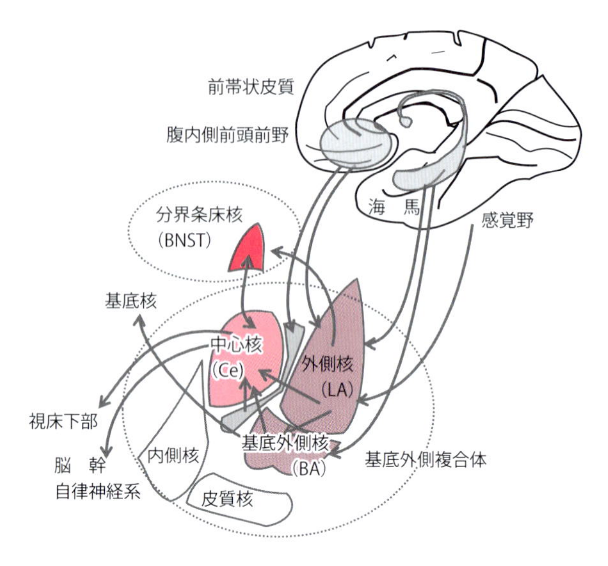

図 7.6　扁桃体回路
扁桃体は腹内側前頭前野，前帯状皮質と密な結合があり，また海馬の前方部ととくに結合が密である．扁桃体の外側核，基底外側核などの系が，感覚野，感覚野に投射する視床から比較的短い潜時で早い情報を受けることで，中心核から視床下部や脳幹，自律神経系に出力して身体反応をひき起こす．また扁桃体は分界条床核とも連携している．

前野などと結合をもち，前頭前野に影響を与えると同時に，前頭葉の諸領域から影響を受けます（図 7.6）．価値形成に深く関わります．

扁桃体は，異なる機能的特徴をもった複数の神経核から構成されます．このような神経核のなかに基底外側複合体，内側核，中心核，皮質核があります．基底外側複合体はさらに外側核，基底核，介在核に分けられます．解剖学的には，扁桃体の中心核と内側核はしばしば大脳基底核の一部とみなされます．

神経結合としては扁桃体から視床下部室傍核への出力があり，いわゆるストレスホルモンなどの分泌，さらに交感神経系の活性化に関わります．また脳幹の中脳中心灰白質に出力して，いわゆる “fight or flight” response（戦うか回避か）または “freeze or faint” というすくみ，失神などの反応が起こります．前者は交感神経系がおもに関わり，後者では副交感神経系が関わります．三叉神経と顔面神経は恐怖などの表情出力に関わります．さらに脳幹では，腹側被蓋野，青斑核と外背側被蓋核にドーパミン，ノルアドレナリン，アドレナリンの放出を促し，これらが投射する大脳皮質の状態を制御します．

扁桃体の基底外側複合体は感覚系から入力を受け，扁桃体基底核と中心核，内側核に送ります．前頭葉などの大脳皮質にも出力しており，大脳皮質-扁桃体ループを形成して，さまざまな感覚刺激を情動的な出来事に関連づけ，情動的意味を付与して，刺激やイベントの記憶の形成に関わります．情動的意義は脅威と報酬の両方に関わります．恐怖条件づけの際，感覚情報は扁桃体の基底外側複合体，とくに外側核へと送られ，そこで刺激の記憶と関連づけられます．嫌悪的な出来事との連合は，持続的な興奮性シナプス後電位によりシナプス応答性を上げる長期増強を介して行われます．

扁桃体中心核はより出力側に近く，脳幹などに出力しますが，さらには拡張扁桃体とよばれる分界条床核（bed nucleus of the stria terminalis: BNST）にも出力を送ります．連合学習の行動表出に関わるとされますが，基底外側複合体とは並行的にはたらきながら，しかもより一般的な動機づけに関わるともされています．いずれにしても扁桃体は，刺激の生物的な意味づけをする点では基底核に類似した点があります．実際パブロフ型連合学習（S-O），インストラメンタル連合学習（R-O）に関わり，さらに両者の転移現象であるパブロフ-インストラメンタル転移（PIT）にも関わります（Balleine and Killcross, 2006）.

扁桃体と眼窩前頭前野の連携がさまざまな刺激-アウトカムの連合学習に関わっています．Schoenbaum らによれば，とくに眼窩前頭前野の傷害で目立つのが刺激-アウトカム（報酬または嫌悪）の関係を逆転する学習が障害されることです．一度刺激-アウトカムの組合せを学習しても，簡単な再学習でその関係を変更できることは，柔軟な行動といえます（Schoenbaum, 2009）.

報酬逆転学習には扁桃体と腹外側前頭前野も関わります．腹外側前頭前野は行動抑制など行動面での制御であり，眼窩前頭前野は価値の更新と記憶に関わります（Murray and Rudebeck, 2018）．脱価値化手続きでは，2 種の報酬に関して一方の報酬を多量に与えて飽きさせてしまうことで，その価値を下げる方法です．報酬逆転，脱価値化は扁桃体-眼窩前頭前野，腹外側前頭前野が関わっており，報酬価値の更新には扁桃体がさまざまな対象の価値をモニタリングしながら適宜記憶し更新し，そして行動として選択行動を柔軟に変更します（Rudebeck *et al*., 2017）．腹外側前頭前野は随伴的な報酬と行動の学習に関わっています．扁桃体–眼窩前頭前野の傷害で，報酬逆転，脱価値化が障害され，腹外側前頭前野では行動と報酬の随伴性の学習に障害が出ます（Murray and Rudebeck, 2018）．

7.3.1　拡張扁桃体である分界条床核と不安の回路

扁桃体と機能的に密に関連するいくつかの核が近傍にあります．その一つとして分界条床核という名の核（BNST）が発見されています．BNST は扁桃体とほぼ同じ出力をもち，自律神経系や，視床下部，中脳水道灰白質などに出力します．一方で BNST への入力は扁桃体と異なり，感覚情報は認知的な処理を経た海馬，前頭前野腹内側領域，眼窩前頭前野などから受けることがわかっています（図 7.7）．

Klumpers らは，実際の嫌悪刺激の体験と嫌悪刺激の予測や不安を分けて調べ，BNST は予測不安で活性化することがわかりました．脳活動を調べると扁桃体は予測不安より実際の嫌悪刺激で活性化する一方で，BNST は予期不安な

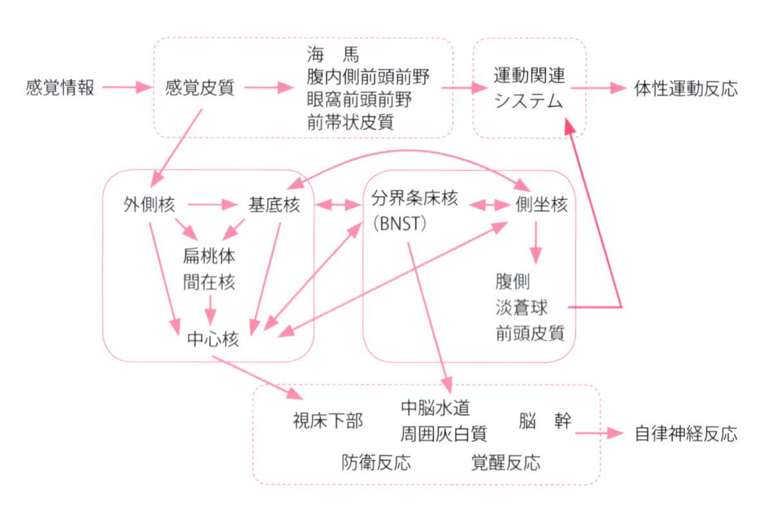

図 7.7　扁桃体と拡張扁桃体，基底核の連携による情動反応
感覚情報が感覚情報として感覚皮質連合野と運動関連システムに向かう認知行動経路に対して，扁桃体の関連回路は側副路のように多様な身体反応を導く経路が発達している．分界条床核への経路がさらに基底核と結びつき，体性運動反応をひき起こす．情動反応における身体反応の部分を担う経路である．

どの，また特定対象への恐怖というより不確定な状況への情動表出に関わり，回避しようとすることに関与しています（Klumpers *et al.*, 2017）．一方で両者の結合から Shackman らは，両方とも不安形成に関わると考えています（Shackman and Fox, 2016）．

扁桃体は海馬さらには大脳皮質と連携して過去の恐怖のエピソードの記憶を想起することで，恐怖と関連する行動を誘発することにも関わります．この場合は眼前の恐怖の刺激に対しての応答ではなく，恐怖体験の記憶を想起することによって，海馬と扁桃体ともに連携して行動抑制（behavioral inhibition system）が起こるという，不安に関する仮説が Gray らにより提案されていました（Gray and McNaughton, 2003）．このような記憶に伴う漠然とした不安との関連性が実は BNST と深く関わることがわかってきました．また海馬と密に結合のある中隔核も，パブロフ型の古典的条件づけで不安との関連性があります．このように海馬についても不安との回路が具体的に理解できるようになってきました．

実際に扁桃体中心核と BNST は相互に結合があり，BNST は不確定な不安および扁桃体で関係する特定の眼前の対象に対する恐怖にも関わります．このことから BNST は拡張性扁桃体として捉えられています（Apps and Strata, 2015）．

7.3.2　扁桃体と前頭葉による恐怖反応の制御と内面化による予期的不安

扁桃体で獲得した恐怖条件づけは，条件刺激と無条件刺激とを無関係に提示する，または無条件刺激や電気ショックなどの嫌悪刺激を与えないと行動上フリーズや回避する運動が見られなくなり消去したように見えます．しかし，実際には大脳皮質によって抑制されていることがわかっています．

扁桃体は内側前頭前野，前帯状皮質から入力を受け調節されています．消去の過程では，その皮質からの入力によって抑制を受けることで，自律神経の応答やフリーズなどの行動が見られなくなります．しかし扁桃体のシナプスの学習時の変化がまったくなくなったわけではないので，再度学習すると初回より速く学習することになります．

長期的なストレスは脳全体にさまざまな変化をもたらします（Grupe and

Nitschke, 2013)．扁桃体と BNST を含む拡張扁桃体の活動も高まり，これらの出力先である中脳水道灰白質，青斑核，前脳基底部などの活動が高まることになります．脅威への過敏な応答性も形成されます．前頭内側部と頭頂葉内側部のいわゆる DMN は安静時にエピソード記憶の想起や将来の展望記憶に関わるため，慢性的なストレスが負の情動に強く影響された回想記憶や展望記憶を構成することになります．すると，安静時も気が滅入ることになります．前頭前野はこのような慢性的なストレスで，はたらき方がすっかり変容してしまうのです．

長期のストレスなどでうつ病になると，いわゆる過剰な思考反芻が起こります (Koster *et al.*, 2011)．その際に情動的にネガティブな内容のことが多く，扁桃体の活動が高いことがわかっています．それと同時に DMN が活性化しており，自分に関連した内的な注意に偏ってしまい，外界への注意や活動に向かわなくなります (Hamilton *et al.*, 2011)．

一方で，オキシトシンというホルモンがストレスに抵抗する力を与えることが知られています (Heinrichs *et al.*, 2003; Kosfeld *et al.*, 2005; Meyer-Lindenberg *et al.*, 2011; Olff *et al.*, 2010))．これは授乳時に母親でできるホルモンですが，人との信頼関係を築くことに関わる役割もあり，男性，女性関係なく分泌することが知られています．このホルモンは扁桃体と関係の深い内側前頭前野や前帯状皮質にはたらき，抗ストレスホルモンとして作用し，扁桃体のはたらきを抑えることが知られています．慢性的ストレス時に社会的な支援，対人的な支援で信頼関係を築く際には，実は支援者も被支援者もこのオキシトシンというホルモンを分泌します．ストレスを感じるときに互いに信頼性築くことができる人が周りにいることがとても大切だといえます．

7.3.3　手綱核―負の報酬と自律神経系

基底核が中脳の腹側被蓋野，黒質緻密部などに分布するドーパミンという正の報酬に基づいて行われる強化学習に対して，近年ドーパミンニューロンを抑制するきわめて強力な系があることがわかってきました (Hikosaka, 2010; Baker *et al.*, 2016; Mizumori and Baker, 2017)．その一つが手綱核です (図 7.8)．

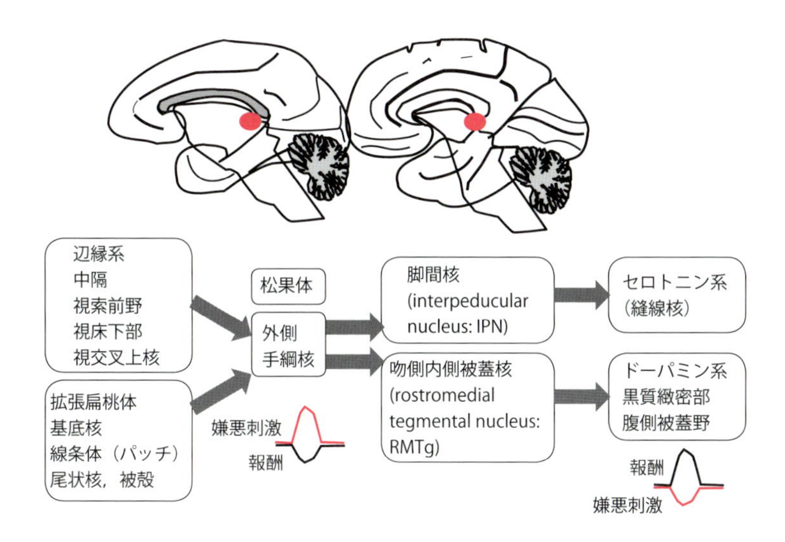

図 7.8　手綱核
手綱核は皮質下の脳梁後部の下に位置している．辺縁系，視床下部，扁桃体，基底核などから入力を受け，さらにセロトニン系，ドーパミン系にはたらく．(Hikosaka, 2010)

手綱核は視床の後背部に位置し，視床上部を形成する松果体の近くでもあります．手綱核は，とくに中脳ドーパミンニューロンに負の報酬情報を伝えます．手綱核は内側と外側に分かれていて，前脳基底部の中隔核に投射しており，アセチルコリンなどによる覚醒に関わることが知られています．手綱核はブローカー対角帯（diagonal band of Broca; DBB），メラトニンを合成する松果体からの入力も受けてサーカディアン・リズムと関係しています．

手綱核には外側視床下部（LH），辺縁系，基底核系，内側前頭葉（MPFC）などから入力があります．出力は内側，外側で異なっています．外側手綱核は中脳ドーパミンニューロンへの投射があります．さらにセロトニンニューロンを含む縫線核への投射が見られます．手綱核には吻側内側被蓋核（rostromedial tegmental nucleus）を介するドーパミン，セロトニン系への抑制回路もあります．中脳のドーパミンニューロンには，報酬で増え，嫌悪刺激で減るタイプのいわゆる報酬予測誤差を符号化する細胞と，報酬と嫌悪刺激のどちらでも増える細胞が存在します．後者は報酬でも嫌悪刺激でもよいのですが，少なくとも，予測より偏位しているために際立っていることが大事であることを示しています．そのことから，セイリエンス（際立ち）を符号化する細胞と考えられています．

手綱核は空間記憶にも関わることが知られています．海馬とは直接つながりはありませんが，セロトニン，ノルアドレナリンなどのアミン系を介して影響を与えることが考えられます．手綱核には局所電場電位の振動であるシータ波が確認されています．これが海馬のシータ波と同期することも知られています．この同期により学習が促進されることも示唆されています．手綱核は，前頭葉からの行動文脈に依存した入力を受けることで，予想どおりか予想外かでドーパミンニューロンとは逆の符号化を示します．

手綱核の活動は概日変化に伴った変化があり，サーカディアン・リズムと深く関わります．破壊によりレム（rapid eye movement; REM）睡眠などが障害されます．また手綱核は不適応状態としてのうつ状態に関わります．うつ病患者では手綱核の活動が増大しています．動物実験で，うつ病モデルの動物は手綱核の破壊で症状が改善することが報告されています．また物質依存の離脱症状にも関わっています．手綱核への入力の興奮・抑制バランスが，GABA（α-アミノ酪酸）の減少により興奮性に傾くとさまざまな病態，たとえばうつ状態になることが考えられますが，いずれにせよ手綱核–ドーパミン系–基底核–皮質系を考慮すると，広範な精神状態に関わると考えられます．

Hong らは基底核のストリオソームから手綱核に興奮性・抑制性の信号を送っていることを明らかにしています．眼窩前頭前野や前帯状皮質からの基底核の出力がドーパミン系と手綱核の両方に投射することで，報酬系への下行路として，報酬予測誤差を正，負のどちらに変化するのかを柔軟に制御できる可能性が示唆されます（Hong *et al.*, 2019）．

7.4 前頭葉と小脳による適応学習

小脳（cerebellum）は脳幹の橋の部分に接続し，大脳皮質後頭葉に覆われて外観には多数のシワが見られる小さな器官です．小脳は脳幹の橋のすぐ背中に位置し，その間には第四脳室が存在します．重さは 120～140 g で，脳全

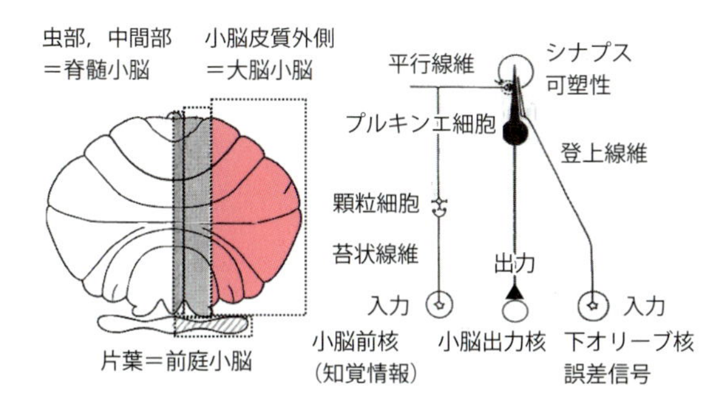

図 7.9　小脳の構造

小脳は片葉の前庭小脳，虫部と中間部が脊髄小脳，小脳の皮質部分も外側は大脳小脳と3つの区分に分かれる．入出力が異なるものの，内部の回路は右に示すように苔状線維の入力，下オリーブ核の入力を受け，プルキンエ細胞から小脳核へ出力する．プルキンエ細胞の出力は抑制性だが，小脳入力は一部が小脳核へ興奮性入力するので，合計が正負どちらかかで最終的な効果が決まる．下オリーブ核からの入力はそのバランスを決める教師信号としてはたらく．

体の重さの 10% 強をしめます．しかしその重さは大脳の 10 分の 1 もないのですが大脳の神経細胞よりもはるかに多くの神経細胞があります．大脳皮質の細胞数は 160 億個であるのに対して小脳は 690 億個もあります．小脳は脳全体のなかのスーパーコンピュータといえます．また状況に合わせた前庭動眼反射などの適応機構も詳しく理解されています（Ito, 2008）．

小脳のミクロな構造を説明します（図 7.9）．基底核，海馬でも同様ですが，小脳の基本回路は共通で，入力と出力が異なります．回路はまず，プルキンエ（Purkinje）細胞を中心に考えます．プルキンエ細胞の細胞体は，小脳皮質の中で 1 層に並び，プルキンエ細胞層を形成しています．プルキンエ細胞の樹状突起は矢状面上で数回枝分かれし，扇状の形態となっています．一方で内外の方向では樹状突起は広がりがありません．したがってプルキンエ細胞は 2 次元状で，平面の広がりをもつまさに扇のようになっています．その出力は小脳核であり，前庭核，内側核，中位核，外側核（歯状核）に抑制性の投射をします．入力には 2 系統あり，顆粒細胞の軸索が平行線維という内外に伸びる線維が多数プルキンエ細胞に樹状突起に興奮性の入力をします．これとは別に下オリーブ核からの登上線維が 1 つのプルキンエ細胞に 1 本入力し，細胞体に近い近位樹状突起に興奮性に入力します．顆粒細胞は橋核などの脳幹の細胞からの軸索が苔状線維となって興奮性入力を受けています．登上線維の入力は複雑型スパイクという多相性の活動電位を誘発します．それに対して苔状線維の入力を受けた顆粒細胞から伸びた平行線維からプルキンエ細胞への入力には単純型スパイクが生成されます．これらの入力により，とくに平行線維からプルキンエ細胞のシナプスが可塑性を示すと考えられています（Ito, 2008）．

小脳のとくに運動系と関連する場所は，豊富な感覚情報をもとに環境に適応した運動を調節するための予測信号を生成することに関わっています．大脳皮質からの入力が橋から苔状線維となって入力し，一部は小脳核，一部は顆粒細胞にシナプスをつくりプルキンエ細胞に投射します．プルキンエ細胞は小脳核には強い抑制をかけます．結果として小脳核は，脳幹からの興奮性入力とプルキンエ細胞からの抑制性入力のバランスで出力することになります．このバランスを変える機構としては下オリーブ核からの登上繊維による入力があります．この入力は，小脳が出力した信号と行動結果からフィードバックされた信号とを比較して，予測どおりであったか予測誤差があったかを計算した結果を運んでいます．これが教師信号となって，入力と出力とのゲインを調整します．

小脳は入力の一つになっている下オリーブ核では，アルファ波の帯域で同期する傾向があります．大脳皮質と小脳で注意に関してはアルファ波，運動に関してはベータ波，さらに前頭前野の認知機能に関してはシータ波の同期が認められ，大脳皮質や機能によって同期する周波数が柔軟に変化しています．(Chen *et al.*, 2016; Edagawa and Kawasaki, 2017; Cebolla *et al.*, 2016)

通常の脳の場所では情報を発火頻度の増減で表現することが多いのですが，小脳は時空間パターンになっているという機能仮説があります（De Zeeuw *et al.*, 2011）．

7.4.1　プリズム適応に見る小脳の適応学習

小脳は大脳皮質との間で，感覚情報とそれに基づく運動結果を適合させる適応学習に関わるという所見があります．

Thach らはプリズム適応学習時に小脳半球の機能を選択的にはたらかなくすることでプリズム適応に障害が出ることを見つけました（Thach *et al.*,

1992; Martin *et al.*, 1996)．すなわち通常であれば，シフトプリズムを装着した後にダーツを投げるとターゲットから逸れます．しかし試行を重ねると次第に学習が進みターゲットに到達するようになります．シフトプリズムを装着すると見えた部位と実際の標的の位置がずれているために，見えたところに投げると到達しません．次第に見えたところから一定のずれた部位に投げることを学習します．しかしいったん学習が成立した後でプリズムを外すと，今度は逆の方向にずれてしまいます．脳はすっかり見えたところと違うところにダーツを投げることを学習してしまったので，また何回かダーツを投げてズレを確認すると，次第に補正して何回かの再学習後の試行で，ようやくシフトプリズム装着の前の状態に戻ります．このような課題では，到達位置とターゲットの位置の誤差信号が小脳での学習を導くと考えられます．

一方で Kurata らは腹側運動前野におけるシフトプリズムによる適応学習に関しては，運動前野の不活性化でも適応運動に障害が出ることを報告しています．小脳からの出力核である歯状核から，視床を経て運動前野へ向かう経路が知られています．この運動前野と小脳が機能的に連関することは解剖学的に十分考えられます（Kurata and Hoshi, 1999）．

プリズム適応課題では，運動すると運動結果がどのような感覚情報をもたらすか予測とその更新が必要でした．このような予測問題を順問題といいます．また運動目標が感覚入力として与えられたときに，どのようにすればその感覚入力に適合する運動結果を得るための運動を構成できるか，すなわち逆問題を解く必要があります．そして，それらの問題を解くための入力と出力を結びつけるメカニズムが大脳皮質に基本的に存在するとすれば，誤差が生まれれば状況に応じてそれを解消するように適応的に変化させる機構が必要と考えられます．それが小脳ではないかと考えられています．

このような小脳の学習機構を Wolpert らは内部モデルとよびました．入力と出力結果の差を誤差信号として，これをいわば教師と考えてそれに従って小脳の回路のシナプスを適応的に変化させる機構です．教師あり学習とよばれています．この学習によりその課題の遂行に必要な内部モデルを形成すると考えられています（Wolpert *et al.*, 1998）．

小脳は基底核系と密接な関係があることがわかってきました（図 7.10）

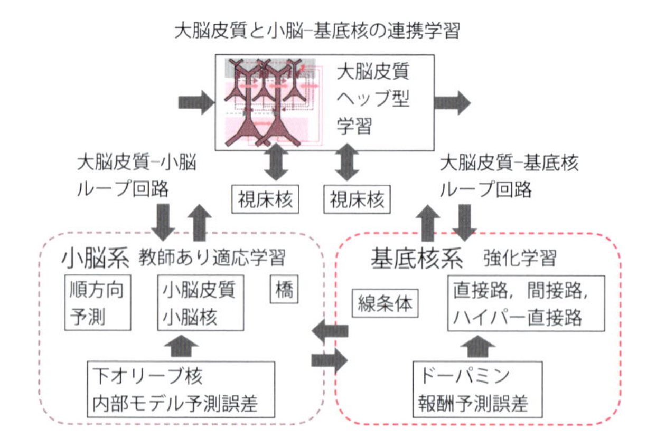

図 7.10　大脳皮質と小脳–基底核系のループ回路
小脳と基底核は，どちらも大脳皮質と回路を形成している．教師あり学習の小脳と強化学習の基底核は大脳皮質と連携し，柔軟な学習を支えている．さらに小脳と基底核は直接連絡しあっていることがわかっており，行動調節には皮質下の連携により，意識に上らないところで多くの情報のやり取りがされていると考えられる．

(Bostan and Strick, 2018)．基底核には報酬に基づいた強化学習がありました．小脳の誤差に基づいた適応学習は，互いに相補的な役割をして大脳皮質の回路のチューンアップをしていると考えられます（Doya, 2000; Doyon *et al.*, 2003)．大脳皮質には，小脳系の出力も基底核の出力もそれぞれの関係する視床から入力を受けています．とくに基底核からの視床入力は皮質浅層に向かい広く投射し，小脳は比較的基底核より狭い範囲の入力で，両者の協調的な入力で大脳皮質が活動を調節しています．

7.4.2　小脳と認知情動機能による身体性認知機能説

霊長類では小脳と大脳皮質とのループが運動系によらず，認知機能にも関わる前頭前野とも強く関係していることが解剖学的な研究から示唆されています．Strick らによると小脳と大脳皮質は，運動系のみならずその半数以上で非運動系すなわち認知機能に関わる前頭葉の領域や他の感覚連合野との結合が発達しています（Strick *et al.*, 2009; Bostan and Strick, 2018)．fMRI の手法で見た機能的結合性では，小脳のとくに皮質部と大脳皮質は広範に結合性が認められています（Brucker *et al.*, 2011)．しかし，実際に小脳と認知や情動などのはたらきがどのように関わるかはよくわかっていませんでした．

しかし近年，神経心理学，解剖学，電気生理学などの発展により，小脳が運動機能以外にもさまざまな認知過程に関与することが明らかになってきました．実は歴史的には 1998 年にすでに Schmahmann と Sherman が小脳病変によって高次機能障害が起こる可能性を提唱しています．すなわち執行機能障害，空間認知障害，言語障害，人格障害などの機能で，小脳性認知・情動症候群（Cerebellar Cognitive Affective Syndrome）として提唱しました（Schmahmann *et al.*, 1998）．

表情から情動を読み取るテストで小脳の障害が見つかり，社会性機能にも小脳が関わることが示唆されています．執行機能も作業記憶や思考の柔軟性に関わる点で障害が見られたと報告しています．言語的にも意味の障害というより単語の発話の流暢さなど，また情動調節にも関わることが指摘されています（Wang *et al.*, 2014）．

小脳が深く身体調節に関わることから，新たな認知，情動，社会機能に関して，身体性に基づいた認知（embodied cognition）ということが Guell らにより仮説として提案されています．運動，認知，社会機能はそれぞれ小脳の中で並列化しています．運動による障害が予測誤差としての推尺異常のような障害から他の機能へも類推できると思われます．すなわち認知，情動，社会機能に関しても小脳は高度な予測を行っており，それぞれ高次元の認知情報です．小脳障害では高次元の認知情報の予測障害が起こると考えます．運動障害の考え方を認知に拡張したような発想で理解できると考えます（Guell *et al.*, 2018a; b）．

安静時の脳活動は，大脳皮質の各ネットワークの安静時活動に注目した分類でした．しかしよく調べると DMN，執行系ネットワーク，背側注意ネットワーク，セイリエンス・ネットワークなど，おもな安静時のネットワークは小脳の皮質や核と連携があることが示唆されています（図 7.11）（Buckner *et al.*, 2011; Stoodley, 2012）

安静時以外で，睡眠中にも大脳皮質–小脳間の皮質下のレベルでの連携が示唆されています（Canto *et al.*, 2017）．日中に運動適応学習をして活性化した小脳–大脳皮質が，睡眠中に再度活性化することが観察されました．大脳皮

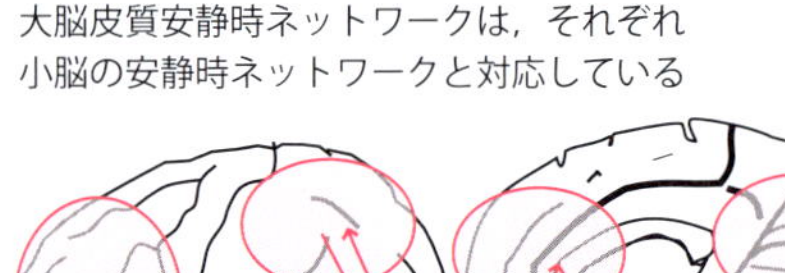

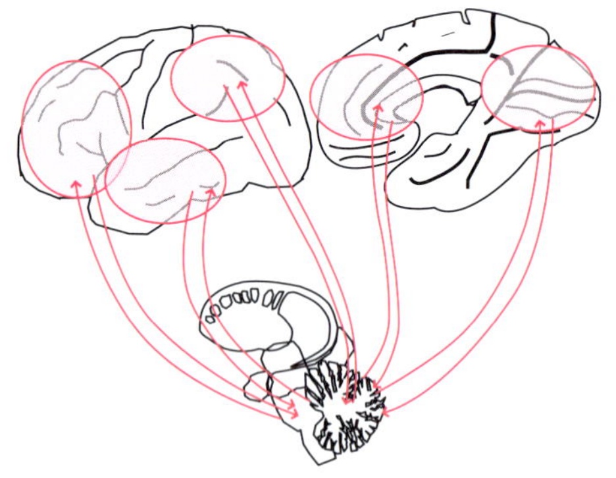

図 7.11　大脳皮質と小脳の安静時に認められる大規模ネットワーク
安静時のネットワーク解析から，小脳はほぼ大脳皮質の対応する部位と連動して活動を変動させていることがわかってきた．ほぼ全脳にわたる影響で，まだ未知の側面が多数ある．

質-海馬において，日中の学習後，関連する場所細胞が睡眠中に活性化する，いわゆるリプレー現象に類似した現象とも考えられます．

Dayan らによれば，運動学習もある程度間欠的に学習してもそのオフの間に学習が進行することが知られています．安静時も含め，睡眠中も大脳皮質-皮質下の間で覚醒時の記憶の情報の再構成をしていることを示唆しています．実際，広い空間でナビゲーションするような場合は，小脳，海馬は場所細胞の形成に必要な頭部の方向を符号化する細胞や，加速度の情報などを介して認知地図の形成に関わります（Dayan and Cohen, 2011）．

身体性に基づいた認知，身体性認知では，抽象化された認知も実は身体的な起源をもつことが想定されています．海馬も齧歯類では空間認知でしたが，ヒトでは社会的な人間関係の多次元な情報，物語のプロットなど，複雑で多次元な関係を表現することができることが示唆されています．小脳の大脳皮質の認知領域との関連性に関してはまだ今後の研究が必要です．

7.5 海馬の認知的ナビゲーションによる脳内情報空間の探索

長期記憶の分類では，基底核，扁桃体，小脳は手続き的な記憶，海馬は明示的な記憶，とくにエピソード記憶と意味記憶に関わるとされていました．しかし，これらのシステムは互いに密に連絡があり，長期記憶以外の認知機能で連携しあっていることが解明されてきました．さらに前頭葉の執行機能には，これらの皮質下の領域との連携が不可欠であることが示唆されています．

実際に，大脳皮質の巨大化により大脳皮質は多くのモジュールのネットワークが形成されました．このような巨大ネットワークが柔軟にはたらくとはどのような状態でしょうか？　一つの回答は何かで予測誤差が検出されたらネットワークの状態を更新し，さらに必要なリソースを求めて脳内，外界を探索し問題解決するということでしょう．

ナビゲーションシステムは齧歯類からヒトまでよく保たれたシステムの一つです（Murray *et al.*, 2017）．齧歯類などの動物が採餌の際にはこのナビゲーションシステムがはたらいて空間を探索します．そして探索中には基底核と扁桃体が報酬，嫌悪刺激の検出，小脳は身体の移動に関して重要で，海馬と連携してはたらいています．おもに海馬と皮質のシータ波−ガンマ波を基調にしたと連携が大切です．探索中にはシータ波で関連領域は連携することになります．一方で齧歯類からヒトに進化したときに，餌を探して物理的に空間移動する以上に情報を探索することがきわめて大切な世の中になっています．

海馬には今動物のいる空間の特定の場所にだけ反応する細胞，すなわち場所細胞，そして海馬の密な相互結合のある内嗅野には今いる空間を格子状に埋め尽くして，その交点で活動するグリッド細胞とよばれる細胞があります．このような細胞が実はヒトの海馬システムでも存在すること，そして海馬に関する時間や物語理解やエピソード構築などからさまざまな認知機能に関わることから“認知ナビゲーション”という概念を提案しています（Bellman *et al.*, 2018）（図 7.12）．その特徴として，空間のナビゲーションと同じで始点と終点を与えて，その経路を探索することがよく行われます．抽象的な概念のなかでも始点の状態と終点の状態を思い浮かべて経路を探索することは，よくある問題解決の思考ではないかと思います．そこには事実思考も反事実思考も含

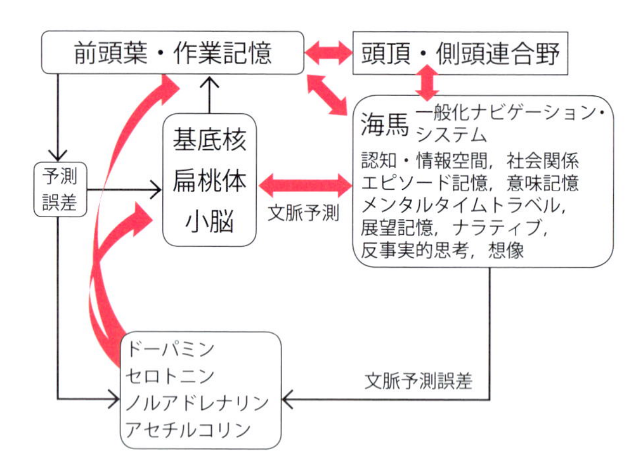

図 7.12　海馬の認知ナビゲーションシステム
海馬は系統発生的にも，空間のナビゲーションシステムとして発達してきた．霊長類，とくにヒトになり，扱える空間が単に周囲の空間だけでなく，人間の関係性，他の情報の関係性も扱え，さらに時間も比較的遠い過去から未来を展望するまで延びたために時空間のナビゲーションのためメンタルタイムトラベルともいうべきはたらきを担っている．さらには実際の空間でなく事実と反対の状況（反事実的状況）を想像して構築された空間も含むため，反事実的思考，時間的な展開を含む物語の理解，さらに自分が語る際のナラティブ（Key Word 参照）を支えるはたらきがある．海馬はエピソード記憶のみならず側頭葉のセマンティック・ネットワークにも繋がり意味記憶の形成にも関わる．海馬は親近性・新規性の判断で予測誤差があれば皮質下の神経修飾因子にはたらきかけて，皮質，基底核，扁桃体，小脳などと連携して実空間を探索したり，情報空間を探索する機能を果たす．（Mizumori and Jo, 2013）

まれ，内側前頭前野と海馬の連携でさまざまなエピソードの構築や想像が“認知ナビゲーション”により可能になります．認知空間のナビゲーションでは自経路を収束させるような機能だけでなく，さまざまな可能性を探索する発散的な思考（マインド・ワンダリング）のような側面も説明できます．物理空間から認知空間の拡張によりさまざまな情報探索のようなこともあるかと思われます．

Schaferra らによれば，認知的なナビゲーションが対人関係などの社会的な関係にも拡張できると提案し，社会的なナビゲーションという概念を提案しています．自己と他者の所属や上下関係の近さや接近の仕方が，物理的な空間が異なるかたちで海馬で表現されていることを示唆しています（Schaferra and Schiller, 2018）．

海馬はエピソード記憶，意味記憶にアクセスでき，それは時間的に過去でも未来の事象でもよく，回想記憶，展望記憶などメンタルタイムトラベルともよべる柔軟性があります．また一つのシナリオによらない反事実的思考でもよく，想像することに関わります．さまざまな対象のもつ定量的な関係があれば，それをグリッド細胞や場所細胞のように空間的に表現できることが示唆されています（Bellmund *et al.*, 2018）．

海馬は，さまざまな記憶にアクセスし，与えられた状況の文脈を予測します．文脈に変化があり文脈の予測との差があれば，大脳皮質，基底核，扁桃体などと連携して，脳状態の更新に役立てます．一方で，海馬は脳幹のアミン系・コリン系などにも文脈予測誤差を検出すると信号を出して，皮質–皮質下への神経活動の修飾を促します．前頭葉の作業記憶には，さまざまな皮質下との連携によって，その情報が更新されることになります．

脳幹に存在するドーパミン，セロトニン，ノルアドレナリンさらにはアセチルコリンも含め，皮質下領域と大脳皮質に広く影響を与える広範な神経修飾因子の投射系は，誤差検出に伴い活性化することが知られています．ドーパミンニューロンが報酬予測誤差を符号化していることは以前より指摘されています（Schultz, 2000）．しかし Bromberg-Martin によれば，ドーパミンニューロンには，符号のない誤差信号，セイリエンス信号も含まれることが知られています（Bromberg-Martin *et al.*, 2010）．またノルアドレナリン細胞も高次の脳内状態の誤差信号であることが指摘されています（Sales *et al.*, 2019）．またセロトニン，アセチルコリン細胞も報酬情報に関連した誤差信号を含んでいることがわかってきました（Fischer and Ullsperger, 2017; Hangya *et al.*, 2015）．ただしセロトニン，アセチルコリンは符号のない誤差信号，セイリエンス信号だと推測されています．

皮質下の領域は，大脳皮質の長期記憶の更新とともに，リアルタイムで予測誤差を検出し，長期の記憶の更新と同時に今直面する状態への対応に関わる重要な役割を担っています．

Q & A

Q　オキシトシンが帯状皮質や前頭前野に作用することが述べられています．前頭葉に作用するホルモンは，オキシトシン以外には見出されているのでしょうか．

A　オキシトシン以外にバソプレッシンも知られています．オキシトシンが身体には授乳ホルモン，陣痛ホルモンとして知られているように，バソプレッシンは抗利尿ホルモンとして身体に作用しています．バソプレッシンというホルモンは活動を高め，外敵から母子を守るために攻撃や探索行動を活発化します．オキシトシンには信頼性のはたらきが知られていますが，バソプレッシンは攻撃性や行動力で安全を守ることに関わります．男性的な役割に関わると考えられます．オキシトシンとバソプレッシンは相反的な作用といえます．

エンドルフィンも前帯状皮質に作用します．母子分離の際の行動では，モルヒネを与えてエンドルフィンの作用が強まると痛みが取れるように，社会的な痛み（孤立）が辛くなくなります．

引用文献

Albin RL, Young AB, Penney JB (1989) The functional anatomy of basal ganglia disorders. *Trends Neurosci*. **12**, 366-375.

Alexander GE, DeLong MR, Strick PL (1986) Parallel organization of functionally segregated circuits linking basal ganglia and cortex. *Annu Rev Neurosci*. **9**, 357-381.

Apps R, Strata P (2015) Neuronal circuits for fear and anxiety — the missing link. *Nat Rev Neurosci*. **16**(10), 642.

Baker PM, Jhou T, Li B, Matsumoto M, Mizumori SJ, Stephenson-Jones M, Vicentic A (2016) The lateral habenula circuitry: Reward processing and cognitive control. *J Neurosci*. **36**(45), 11482-11488.

Balleine BW, Killcross S (2006) Parallel incentive processing: An integrated view of amygdala function. *Trends Neurosci*. **29**(5), 272-279.

Bellmund JLS, Gärdenfors P, Moser EI, Doeller CF (2018) Navigating cognition: Spatial codes for human thinking. *Science*. **362**(6415). pii: eaat6766

Bostan AC, Strick PL (2018) The basal ganglia and the cerebellum: Nodes in an integrated network. *Nat Rev Neurosci*. **19**(6), 338-350.

Bromberg-Martin ES, Matsumoto M, Hikosaka O (2010) Dopamine in motivational control: Rewarding, aversive, and alerting. *Neuron*. **68**(5), 815-834.

Buckner RL (2013) The cerebellum and cognitive function: 25 years of insight from anatomy and neuroimaging. *Neuron*. **80** (3), 807-815.

Buckner RL, Krienen FM, Castellanos A, Diaz JC, Yeo BT (2011) The organization of the human cerebellum estimated by intrinsic functional connectivity. *J Neurophysiol*. **106** (5), 2322-2345.

Canto CB, Onuki Y, Bruinsma B, van der Werf YD, De Zeeuw CI (2017) The sleeping cerebellum. *Trends Neurosci*. **40** (5), 309-323. doi: 10.1016/j.tins.2017.03.001. Epub 2017 Apr 18. Review

Cartoni E, Balleine B, Baldassarre G (2016) Appetitive pavlovian-instrumental transfer: A review. *Neurosci Biobehav Rev*. **71**:829-848.

Cebolla AM, Petieau M, Dan B, Balazs L, McIntyre J, Cheron G (2016) Cerebellar contribution to visuo-attentional alpha rhythm: insights from weightlessness. *Sci Rep*. **6**, 37824.

Chen H, Wang YJ, Yang L, Sui JF, Hu ZA, Hu B (2016) Theta synchronization between medial prefrontal cortex and cerebellum is associated with adaptive performance of associative learning behavior. *Sci Rep*. **6**, 20960.

Crittenden JR, Graybiel AM (2011) Basal Ganglia disorders associated with imbalances in the striatal striosome and matrix compartments. *Front Neuroanat*. **5**, 59.

Dayan E, Cohen LG (2011) Neuroplasticity subserving motor skill learning. *Neuron*, **72** (3), 443-454.

De Zeeuw CI, Hoebeek FE, Bosman LW, Schonewille M, Witter L, Koekkoek SK (2011) Spatiotemporal firing patterns in the cerebellum. *Nat Rev Neurosci*. **12** (6), 327-344.

DeLong MR (1990) Primate models of movement disorders of basal ganglia origin. *Trends Neurosci*. **13**, 281-285.

Doya K (2000) Complementary roles of basal ganglia and cerebellum in learning and motor control. *Curr Opin Neurobiol*, **10** (6), 732-739.

Doyon J, Penhune V, Ungerleider LG (2003) Distinct contribution of the cortico-striatal and cortico-cerebellar systems to motor skill learning. *Neuropsychologia*. **41** (3), 252-262.

Edagawa K, Kawasaki M (2017) Beta phase synchronization in the frontal-temporal-cerebellar network during auditory-to-motor rhythm learning. *Sci Rep*. **7**, 42721.

Fischer AG, Ullsperger M (2017) An update on the role of serotonin and its interplay with dopamine for reward. *Front Hum Neurosci*. **11**, 484.

Gerfen CR (1992) The neostriatal mosaic: Multiple levels of compartmental organization. *Trends Neurosci*. **15** (4), 133-139.

Gerfen CR (2000) Molecular effects of dopamine on striatal-projection pathways. *Trends Neurosci*. **23**, S64-70

Gray JA, McNaughton N (2003) "The Neuropsychology of Anxiety: An Enquiry into the Functions of the Septo-Hippocampal System", 2nd Edition, Oxford Psychology Series, Oxford University Press.

Gruber AJ, McDonald RJ (2012) Context, emotion, and the strategic pursuit of goals:

Interactions among multiple brain systems controlling motivated behavior. *Front Behav Neurosci*. **6**, 50.

Grupe DW, Nitschke JB (2013) Uncertainty and anticipation in anxiety: An integrated neurobiological and psychological perspective. *Nat Rev Neurosci*. **14** (7), 488-501.

Guell X, Gabrieli JDE, Schmahmann JD (2018a) Embodied cognition and the cerebellum: Perspectives from the dysmetria of thought and the universal cerebellar transform theories. *Cortex*. **100**, 140-148.

Guell X, Gabrieli JDE, Schmahmann JD (2018b) Triple representation of language,working memory, social and emotion processing in the cerebellum: Convergent evidence from task and seed-based resting-state fMRI analyses in a single large cohort. *Neuroimage*. **172**, 437-449.

Hamilton JP, Furman DJ, Chang C, Thomason ME, Dennis E, Gotlib IH (2011) Default-mode and task-positive network activity in major depressive disorder: Implications for adaptive and maladaptive rumination. *Biol Psychiatry*. **70** (4), 327-333.

Hangya B, Ranade SP, Lorenc M, Kepecs A (2015) Central cholinergic neurons are rapidly recruited by reinforcement feedback. *Cell*. **162** (5), 1155-1168.

Heinrichs M, Baumgartner T, Kirschbaum C, Ehlert U (2003) Social support and oxytocin interact to suppress cortisol and subjective responses to psychosocial stress. *Biological Psychiat*. **54** (12), 1389-1398.

Hikosaka O (2010) The habenula: From stress evasion to value-based decision-making. *Nat Rev Neurosci*. **11** (7), 503-513.

Hikosaka O, Kim HF, Yasuda M, Yamamoto S (2014) Basal ganglia circuits for reward value-guided behavior. *Annu Rev Neurosci*. **37**, 289-306.

Hong S, Amemori S, Chung E, Gibson DJ, Amemori KI, Graybiel AM (2019) Predominant striatal input to the lateral habenula in macaques comes from striosomes. *Curr Biol*. **29** (1), 51-61.e5.

Ito M (2008) Control of mental activities by internal models in the cerebellum. *Nat Rev Neurosci*. **9** (4), 304-313.

Kahnt T, Tobler PN (2016) Reward, value and salience. *In*: "Decision Neuroscience: An Integrative Perspective", Dreher JC, Tremblay L, Eds, pp. 109-118, Academic Press.

Klumpers F, Kroes MCW, Baas JMP, Fernández G (2017) How human amygdala and bed nucleus of the stria terminalis may drive distinct defensive responses. *J Neurosci*. **37** (40), 9645-9656.

Kosfeld M, Heinrichs M, Zak PJ, Fischbacher U, Fehr E (2005) Oxytocin increases trust in humans. *Nature*. **435** (7042), 673-676.

Koster EHW, De Lissnyder E, Derakshan N, De Raedt R (2011) Understanding depressive rumination from a cognitive science perspective: The impaired disengagement hypothesis. *Clin Psychol Rev*. **31** (1), 138-145.

Kurata K, Hoshi E (1999) Reacquisition deficits in prism adaptation after muscimol microinjection into the ventral premotor cortex of monkeys. *J Neurophysiol.* **81**, 1927-1938.

Leckman JF, Riddle MA (2000) Tourette's syndrome: when habit-forming systems form habits of their own? *Neuron.* **28**(2), 349-354.

LeDoux, J (2015) "Anxious: Using the Brain to Understand and Treat Fear and Anxiety", Viking.

Litt A, Plassmann H, Shiv B, Rangel A (2011) Dissociating valuation and saliency signals during decision-making. *Cereb Cortex.* **21**(1), 95102.

Martin TA, Keating JG, Goodkin HP, Bastian AJ, Thach WT (1996) Throwing while looking through prisms. I. Focal olivocerebellar lesions impair adaptation. *Brain.* **119**(Pt 4), 1183-1198.

McFarland NR, Haber SN (2002) Thalamic relay nuclei of the basal ganglia form both reciprocal and nonreciprocal cortical connections, linking multiple frontal cortical areas. *J Neurosci.* **22**(18), 8117-8132.

Meyer-Lindenberg A, Domes G, Kirsch P, Heinrichs M (2011) Oxytocin and vasopressin in the human brain: Social neuropeptides for translational medicine. *Nat Rev Neurosci.* **12** (9), 524-538.

Mink J W (1996) The basal ganglia: Focused selection and inhibition of competing motor programs. *Prog Neurobiol.* **50**(4), 381-425.

Mizumori SJ, Jo YS (2013) Homeostatic regulation of memory systems and adaptive decisions. *Hippocampus.* **23**(11), 1103-1124.

Mizumori SJY, Baker PM (2017) The lateral habenula and adaptive behaviors. *Trends Neurosci.* **40**(8), 481-493.

Murray E, Wise S, Graham K (2017) "The Evolution of Memory Systems: Ancestors, Anatomy, and Adaptations", Oxford University Press.

Murray EA, Rudebeck PH (2018) Specializations for reward-guided decision-making in the primate ventral prefrontal cortex. M *Nat Rev Neurosci.* 1-14.

Nambu A, Tokuno H, Takada M (2002) Functional significance of the cortico-subthalamo-pallidal 'hyperdirect' pathway. *Neurosci Res.* **43**(2), 111-117.

Olff M, Langeland W, Witteveen A, Denys D (2010) A psychobiological rationale for oxytocin in the treatment of posttraumatic stress disorder. *CNS Spectr.* **15**(8), 522-530.

Rangel A, Clithero JA (2013) Computation of stimulus values in simple choice by 125-146 In "Neuroeconomics", 2nd edition: Glimcher PW, Fehr E Eds, Decision Making and the Brain, Academic Press.

Rudebeck PH, Saunders RC, Lundgren DA, Murray EA (2017) Specialized representations of value in the orbital and ventrolateral prefrontal cortex: Desirability versus availability of outcomes. *Neuron.* **95**(5), 1208-1220.e5.

Sales AC, Friston KJ, Jones MW, Pickering AE, Moran RJ (2019) Locus Coeruleus tracking of prediction errors optimises cognitive flexibility: An Active Inference model. *PLoS Comput*

Biol. **15**(1), e1006267.

Schafer M, Schiller D (2018) Navigating social space. *Neuron.* **100**(2), 476-489.

Schmahmann JD, *et al* (1998) The cerebellar cognitive affective syndrome. *Brain.* **121**, 561-579.

Schoenbaum G, Roesch MR, Stalnaker TA, Takahashi YK (2009) A new perspective on the role of the orbitofrontal cortex in adaptive behavior. *Nat Rev Neurosci.* **10**(12), 885-892.

Schultz W (2000) Multiple reward signals in the brain. *Nat Rev Neurosci.* **1**, 199-208.

Shackman AJ, Fox AS (2016) Contributions of the central extended amygdala to fear and anxiety. *J Neurosci.* **36**(31), 8050-8063.

Stoodley CJ (2012) The cerebellum and cognition: evidence from functional imaging studies. *Cerebellum.* **11**(2), 352-365.

Strick PL, Dum RP, Fiez JA (2009) Cerebellum and nonmotor function. *Ann Rev Neurosci.* **32**, 413-434.

Thach WT, Goodkin HP, Keating JG (1992) The cerebellum and adaptive coordination of movement. *Annu Rev Neurosci.* **15**, 403-442.

Vatansever D, Manktelow AE, Sahakian BJ, Menon DK, Stamatakis EA (2016) Cognitive flexibility: A default network and basal ganglia connectivity perspective. *Brain Connect.* **6**(3), 201-207.

Wang SS, Kloth AD, Badura A (2014) The cerebellum, sensitive periods, and autism. *Neuron.* **83**(3), 518-532.

Watson P, Wiers RW, Hommel B, de Wit S (2014) Working for food you don't desire. Cues interfere with goal-directed food-seeking. *Appetite.* **79**, 139-148.

Wolpert DM, Miall RC, Kawato M (1998) Internal models in the cerebellum. *Trends Cogn Sci.* **2**(9), 338-347.

Yin HH, Knowlton BJ (2006) The role of the basal ganglia in habit formation. *Nat Rev Neurosci.* **7**(6), 464-476.

8 前頭葉を巡る動的ネットワーク —脳内，脳–身体，そして脳と社会

前頭葉を脳内のネットワークの一員として，さまざまな領域に分けてそのはたらきを紹介してきました．そして，いかに脳はホメオスタシスを目指して調整機能を発達させてきたかを見てきました．しかし，前頭葉には，オーケストラのコンダクター，絶対的な会社の CEO（Chief Executive Officer：最高経営責任者）や COO（Chief Operating Officer：最高執行責任者）のようなものは見当たりませんでした．すると改めて疑問になることが多数あるかと思われます．

前頭葉のはたらきの柔軟性の基盤にあるメカニズムは何なのでしょうか？そして，個体として“人間”を捉えるのに，ネットワークとしての前頭葉のはたらきをどのように考えればよいでしょうか？

これまでの前頭葉のはたらきを総合的に捉えつつ，改めて脳がコンダクターのいないオーケストラとして名演奏ができるのか考えてみたいと思います．

8.1 前頭葉ネットワークの柔軟な脳内連携と活動リズム

8.1.1 脳内リズムの共鳴によるネットワークの連携

脳にはコンダクターがいないとはいうものも，コンダクターが実際に演奏で見せる指揮棒の律動的な動き，すなわちリズムはとても大切かもしれません．もちろんオーケストラの演奏者は演奏の前に練習をしているので，指揮者のリズムの意味を学習しているかもしれません．それでも，毎回の演奏には必ず即

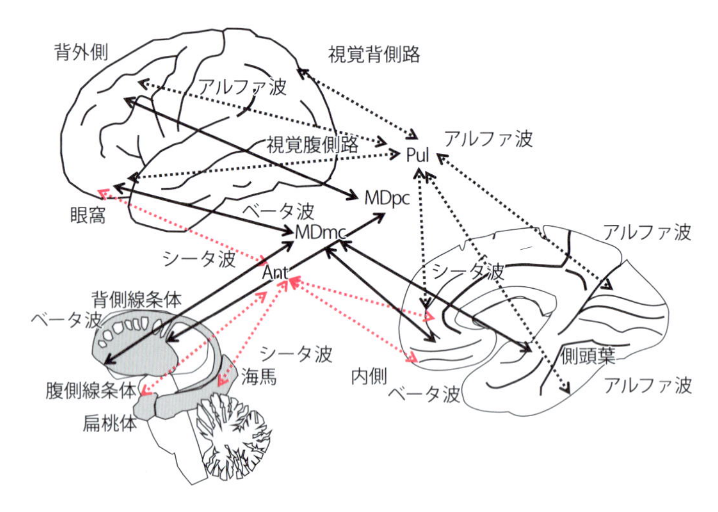

図 8.1　視床を介した前頭前野間および他の領域との振動帯域別の連携仮説
前頭葉は関連する視床との間で海馬とはシータ波，基底核であればベータ波などでおもに連携している．一方で感覚連合野とは，視床を介してアルファ波で機能的に連携している．もちろん一つの振動だけでなく，複数の振動のシータ波とガンマ波，アルファ波とガンマ波などが振動間でも機能連携している．振動の存在下では位相関係が機能連携に重要になり，位相が合う者どうしが機能連携し，位相が合わないと別の処理になってしまうので，これらが情報の選択，また並列処理に関わると考えられる．
Pul：視床枕，MDpc：背内側核小細胞部，MDmc：背内側核大細胞部，Ant：前核．

興性があるともいえます．脳はコンダクターがいなくても多重なリズムを媒介に自己組織化しているのです．

ベータ波がトップダウン，そしてボトムアップとしてはガンマ波帯域が一つのモティーフとして繰り返し現れてきました．またアルファ波，ベータ波は自発的に現れる波でもあり，またそれぞれ知覚側または運動側のイベントに同期して見られる振動でした．運動野のアルファ波はミュー波とよばれ，視覚系の階層的なフィードバック信号としてはベータ波が認められています．

Ketz らは前頭前野の領域の連携には，特有の振動帯域で視床がコーディネータとしてはたらくことが重要であると考えました（Ketz *et al.*, 2015；Pergola *et al.*, 2018）（図 8.1）．前核，背内側核，視床枕の 3 つの核はそれぞれ　眼窩前頭前野，内側前頭前野，外側前頭前野と関連しつつ他の皮質，皮質下の領域とも関連しています．Womelsdorf らも，注意に関わる神経機構には回路としてのモティーフがあり，特有の振動と対応すると考えています

(Womelsdorf and Everling, 2015)

アルファ波は視床のなかの基本周波数ですが，とくにこの図式では感覚系の連合核の視床枕との連携で関わる振動としています．実際感覚入力の多くがアルファ波の位相タイミングで感度が調節されています．しかし，刺激間隔の時間が長くなれば，シータ波，デルタ波などの遅い振動が重要になることが予想されます．

ベータ波は背内側核と基底核系の連携で重要になる振動と考えられます．実際，運動系，前頭前野後方部の注意に関わる領域ではベータ波とガンマ波の相反性でトップダウンとボトムアップ制御を行っていました．さらには前頭前野の作業記憶も，浅層のガンマ波と深層のベータ波が相反的な関係をもちながら，情報の維持や遷移に関わると考えられます．細胞レベルでは，持続的に情報が保持されるだけでなく，むしろバケツリレー的に次々に情報を表現する細胞のグループが変化しているため，作業記憶の情報の維持と遷移を制御するのにもベータ波とガンマ波のはたらきが連携していると考えられます．Parnaudeauらは海馬と内側前頭前野で符号化し，視床との間で作業記憶として維持し，さらに運動野に伝わり実行に至る情報伝達を明らかにしました（Parnaudeau *et al.*, 2018）（図 8.2）．

シータ波は視床のなかでは海馬との投射関係のある前核と深く関わります．海馬と眼窩前頭前野，内側前頭前野，前帯状皮質近傍とが機能連携して，エピソード記憶やスキーマそして自己に関する情報，価値などを記憶します．Zheng らは海馬のシータ波には 2 つの種類のガンマ波が見られ，現在の情報と過去未来の情報に関わる異なる情報を含むことを見出していました．Voloh らは前帯状皮質と内側と外側前頭前野のシータ波による同期性と適切な注意のシフトに関連を見出しています（Voloh *et al.*, 2015）．Solomon らによれば，シータ波の同期は広いネットワークでも認められますが，ガンマ波がそのなかで同期に加わる部位は課題に関連するほんの一部でしかないことを見出しています（Solomon *et al.*, 2017）．

Hahn らは特定の周期に着目するより，高い周波数のガンマ波とそれより遅い周波数のベータ波，アルファ波，シータ波を一括して，互いに周波数カップリングすることを前提に，早い周波数と遅い周波数の 2 次元で領域間のコミュ

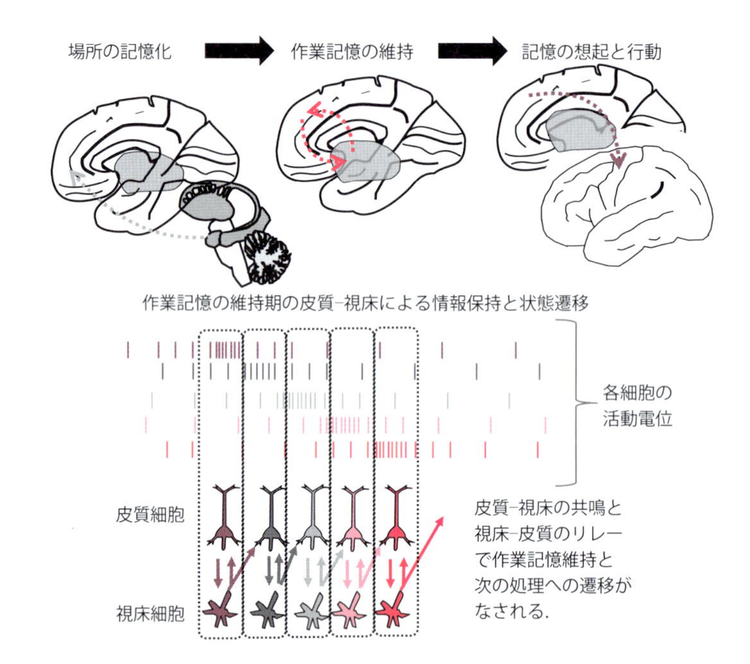

図 8.2　視床を介した前頭前野のカスケード型の情報表現または遷移？
作業記憶は古典的には持続的な細胞活動で維持されると考えられていたが，多くの例ではカスケード型の多数の細胞が時間を分けて維持している描像も明らかになりつつある．このようなカスケードの活動が視床を介して行われているのではないかと考えられている．またこのようなカスケードであれば，途中から情報表現が変化する，あるいは作業記憶に参加するネットワークが遷移することも容易に理解できる．(Parnaudeau *et al.*, 2018)

ニケーションが行われると考えました．実際これまでの多くの研究では，ガンマ波は遅い波（たとえばアルファ波，シータ波など）と多くの場合カップリングしています．ガンマ波は実際の情報のキャリアになっていることが多いため，遅い波のどの位相にガンマ波が乗っているかで，遅い振動によって連携させる脳のネットワークの中で同じ位相のグループ間でガンマ波の情報のやり取りをすることになります．すなわち，高周波の振動が低周波の振動に入れ子状に含まれることで，さまざまな情報を遅い周期の位相によって分けて情報処理できることは，解剖学的な結合性とは異なる機能的な自由度があるといえます (Hahn *et al.*, 2019)．また遅い振動系は比較的広範囲にネットワークを関連づけることに関わり，高周波の振動はそのなかでもほんの一部しか関わらないようにして，拡散的な情報処理と収束的な情報処理を使い分けているように思われます．

前頭葉ネットワークに認められる多様な振動は，多様な記憶，認知のシステムの反映とも考えられます（Headley and Paré, 2017）．そのはたらきに応じて，さまざまな周期の振動が見られます．振動とはたらき方が循環的なものだとすると，どちらが先に原因になっているかを判定するのは難しいかもしれません．

8.1.2 動的ネットワーク—過程特異的アライアンス

脳をオーケストラよりむしろ即興のジャス演奏になぞらえると良いと思うのは，演奏のアンサンブルが常に変化することにその即興性と柔軟性があるからです．脳も柔軟にメンバーを変えて演奏をします．

脳には解剖学的なネットワークだけでなく，機能的なネットワークも同時に多数定義できます．脳局所血流量を反映したの BOLD は第 1 章で述べたように ISO とよばれるきわめて遅い振動またはゆらぎを示します．安静時ネットワークはその名が示すように，安静時の BOLD 信号のゆらぎから独立したネットワークを抽出して定義しました．このような安静時のネットワークは実際の課題中の脳活動のネットワークともある程度関連しますが，必ずしも一致しないことも多いのです．

さらに課題によっては一つの領域が複数のネットワークと一緒にある課題の神経過程に関わりますが，他の課題では別なネットワークの一員となって別のはたらきを営むこともわかってきました．そのような動的ネットワークを Cabeza らは**過程特異的連携**（process-specific alliance：PSA）とよびました（Cabeza *et al.*, 2018）．

たとえば腹外側前頭前野は側頭連合野とネットワークとなって，言語機能に関わります．しかし，それとほぼ同じような領域が，扁桃体とは自己統制という衝動的な行動を抑えたりすることに関わります．さらには頭頂葉と一緒になるとミラーシステムといって他者の行動を解釈したり，同じ行動を自己が行うときに関わるという場所でもあります．fMRI の解像度から実はそれぞれが細かく別れている可能性もあります．しかし同じ領域が複数の機能に関わることはほかの例もあります．

また腹内側前頭前野はデフォルト・モード・ネットワーク（DMN）の一部として，自己の関連する回想記憶に関わります．しかし報酬や価値判断では，腹側基底核とともに自分の好みなどを判断し，さらにはそれが検討という価値判断と拮抗すると，外側前頭前野からの信号を受けて自己統制の回路としてはたらくこともあります．社会認知では，自分の属するグループのメンバーのことに関する判断は腹側でしましたが，他のグループに属する人の想像では背内側前頭前野が関わるというような機能特性が出てきます．

脳内のネットワークを過程特異的に動的に連携するための機構に関してはまだ不明な点が多くあります．しかし DMN が皮質のネットワークの再編成に関わるという仮説を Vatansever らは唱えています（Vatansever *et al.*, 2016）．この際には認知過程に DMN 自身が直接積極的に関わるというよりも，脳のグローバルなネットワーク状態を動的に再構成することに関わっていると考えられます．その点で過程特異的連携は，比喩的には LEGO® ブロックのように繋がったり離れたりすることで新しいオブジェクトをつくるようなものだと考えられます．その結果，一つの領域が多様な機能に関わることになります．

8.1.3　変動するホメオスタシス/アロスタシスによる脳–身体のゆらぎ

脳のはたらきの目的は，単に情報処理をすることではなく，根底にあるのは持続可能なエネルギーの供給，個体の生存維持，ホメオスタシスを守ることなのです（Damasio, 2018）．この制約条件を守りつつ，脳は結果として，さまざまなゆらぎによる一見わかりにくい，柔軟で独特な調節機構を発達させたといえます．

安静時ネットワークはインフラ・スロー・オシレーションとよばれる，きわめて遅い特徴的な振動で，脳ではある程度ネットワーク単位で，血流のゆらぎが認められます．DMN とセイリエンス・ネットワークは安静時のゆらぎのなかでも最も多くの時間活性化することを Raichle らは推定しています．DMN は安静時も含めて脳のエネルギーを多く消費することから，脳の“ダーク・エネルギー”とよばれています．脳のエネルギー消費問題と血流のゆらぎが深く関わっていることを示唆しています（Zhang and Raichle, 2010）.

Friston らは，変分原理を用いた自由エネルギー原理が，脳内のエネルギーと情報処理を結びつける原理ではないかと提案しています. 変分原理によれば，限られたリソースという拘束条件下で対象の変動をモニターし，最もエネルギーを下げるようにシステムを最適化することで，最も効率よく予測制御ができます．脳内のさまざまなモニタリングのしくみと調節機構は，この変分原理を用いた自由エネルギー原理で説明できるとされています（Ramstead *et al.*, 2018）．実際には予測誤差や最小エネルギーから隔たりが起こり，そのためにさまざまな行動により学習や適応するための可塑性が発揮されます.

しかし生命においては初期状態と目標状態を 1 つ与えたとしても，それを満たす最適解は 1 つには決まらない不良設定問題がほとんどです．運動制御のところでも述べましたが，運動の始点と終点があるときにその間の運動軌跡はゆらぎをゼロにするような制御はせずに，ゆらぎの多様体を運動に合わせて変動をもったままで調節していました.

アロスタシスという新しいホメオスタシスの概念は，脳を含む調節系は環境を予測し，予測からのズレを補正するように自身のモデルを修正し続ける動的な過程と考えます（McEwen, 2007）．拘束条件下で対象の変動をモニターして，最もエネルギーを下げるようにシステムを最適化する変分原理を用いた自由エネルギー原理とは，実はアロスタシスとよく整合的な概念といえます.

しかし脳には神経のネットワークのみならずグリアのネットワーク，血管のネットワークから構成されており, さまざまな代謝物質の流れや変換のなかで，平衡点に陥ることなく非平衡な状態で揺らぎ，自己組織化し続けています．脳全体としてのグローバルな視点で，物資などをどう分配するかというロジスティックス，物流調節の問題は，局所での計算の最適化では対応できない可能性があります．安静時の脳内の血流のゆらぎは，まさにロジスティックスのゆらぎともいえます．脳機能全般を維持し，さらには可塑的に環境に適応させつつ，なお限りある物資をいかに必要なところに届けるかという問題とも捉えられます.

安静時の脳活動から，脳の各ネットワークは，ただ活動し続けてリソースを独り占めしないように，適宜シーソーのようにエンゲージメントとディスエン

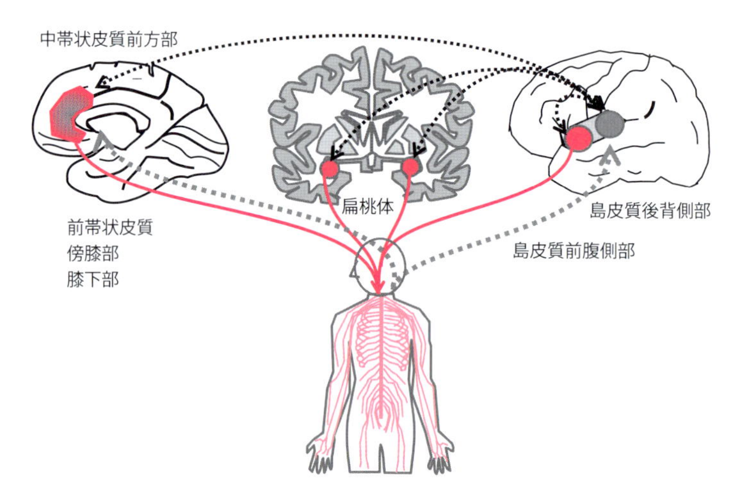

図 8.3　アロスタシス
アロスタシスは帯状皮質，島皮質，扁桃体などの脳の中でも身体とのやり取りが活発な部位が関わっている．これらは身体の状態をモニタリングしながら予測し，その誤差があれば調節している．（Kleckner *et al.*, 2017）

ゲージメントを能動的に切り替えているよう見えます．全体が平均的にバランスして活動するより，ときには安静時ネットワークはある程度オンとオフに近い大きなゆらぎこそが集中力を高めることになると指摘されています．物流と情報処理を双方的に捉えることは生理的には重要なことと考えられます．物資がなければ機能も十分果たせず，物資が運ばれれば機能が増強することが期待されます．

Kleckner らは，アロスタシスという変動性のなかでの動的な恒常性として安静時のネットワークのゆらぎを捉えています．調整する本体が，調整する対象からのフィードバックを得ながら調節する仕方を変化させていくという循環的な関係により，ホメオスタシスという静的な調節から，自分自身も対象を変化させる動的な調節になります（Kleckner *et al.*, 2017）（図 8.3）.

8.2 個体としての前頭葉―自己と他者のネットワーク

8.2.1　ミニマルな自己とナラティブな自己

コンダクターのないオーケストラが全体で生み出した状態が“セルフ”，自己という特別な感覚といえます．

ところで自己とは何でしょうか？　これは本当に難しい問題です．ここでは神経科学的な観点で議論できるほんの一部を検討してみます．

Gallagher は自己をナラティブセルフとミニマルセルフに分けて理解する考え方を提案しました．ミニマルセルフとは自己の行為主体感（sense of self-agency）と自己身体所有感（sense of self-ownership）を最低限の構成要素に含みます．たとえば，目の前のカップに手を伸ばして取ろうとする場面で，「動いているのは自分の手である」という感覚が自己身体所有感であり，「その手を動かしているのは自分である」という感覚が自己の行為主体感です（Gallagher, 2000）．

ミニマルセルフの自己の行為主体感には，感覚運動系のネットワークが重要なはたらきをすると考えられます．補足運動野，前補足運動野，さらには帯状皮質運動野の自発性，内発性の行動しようとする切迫感，さらに運動前野の具体的な運動を外界との間で選択する機能，そして頭頂葉における身体図式のなかで，自分の行動を前と後で評価して，運動意図と合致するときに自分が運動したと考えられます（図 8.4）．自己の行為主体感は身体的なものであるので，内感覚を含むセイリエンス・ネットワークはミニマルセルフの一部と考えることができます．

一方で Gallagher のいうナラティブセルフは，回想し自己に語る（ナラティブ）自分であり，他者の心を読んだり，他者の自分への思いを考えメンタライズする自己でもあります．脳の中を見渡すと，自己の行動情報と他者の行動の知覚情報がさまざまな同じような場所で表現されています．運動前野，帯状皮質，前頭前野内側のいずれにも，自己の情報がまず表現されていますが，その一部は他者を観察することによっても活動します．そのような，他者を観察している際の細胞活動が自分が同じ動作を行うときにも活動するということは，

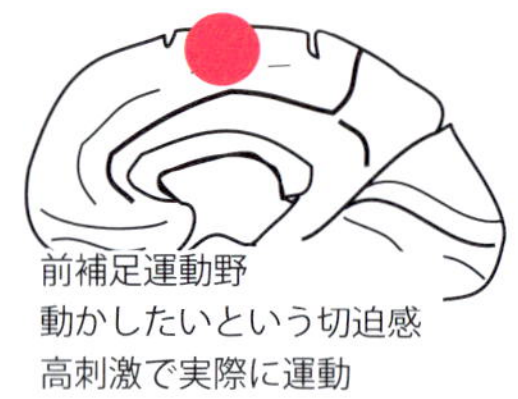

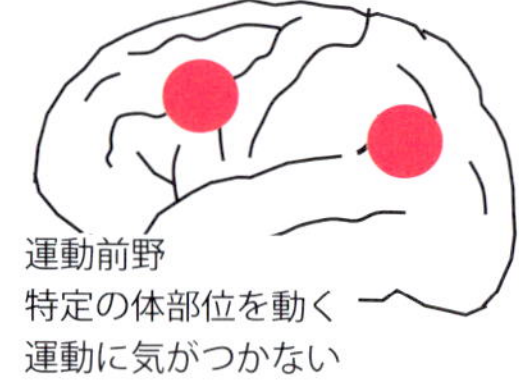

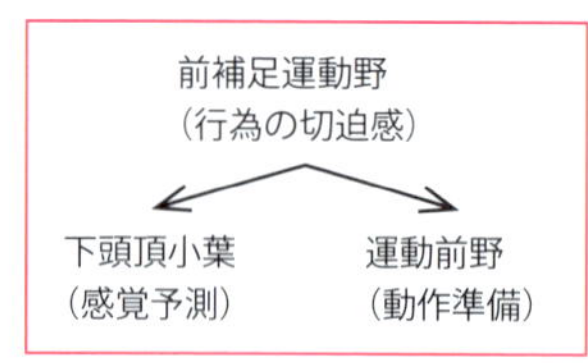

図 8.4　自己の行為主体感に関わる脳領域
自己の行為主体感には 3 つの領域が関わる．補足運動野群の行動を起こそうとする切迫感，運動前野の具体的な運動の準備と頭頂葉の運動野からのエフェレンスコピーで運動結果の際の感覚の変化を予測し，モニターによりそれを確認することで行為連帯感が形成されます．（Desmurget *et al.*, 2009）

他者の行動を自分の行動として認識していることを表しています．

Lombardo らは，ナラティブセルフ，ないしはメンタライジングに関わる部位のなかで，自己と他者の共通して関わる神経機構を調べると，実はミニマルセルフの感覚運動野，ないしは島皮質や帯状皮質などの内感覚に関わる部分が含まれており，ナラティブセルフやメンタライジングという高次の機能も身体性に基盤をもっており，実は互いに影響を与えあっていることを示唆しています（Lombardo *et al.*, 2010）．

執行機能に関して早いシステムのシステム 1 と遅いシステムのシステム 2 という複数のシステム仮説がありました（Key Word「二重過程説」参照）（Kahneman, 2012）．Lieberman によるとメンタライズを含む社会性機能も同様の分類ができるといいます（図 8.5）（Liberman, 2007）．Lieberman の分類ではシステム X は早いシステムで Kahneman のシステム 1 に対応します．システム X は直観的で並列処理で早く活動しますが，学習には時間がかかります．サブリミナルの意識下提示に感受性があり，強い反応傾向があり，随意的に何も調節しなければすぐにその反応が発現します．感覚的で認知負荷に関して非感受性です．系統的に古い起源をもち，共通の事例がある種のステ

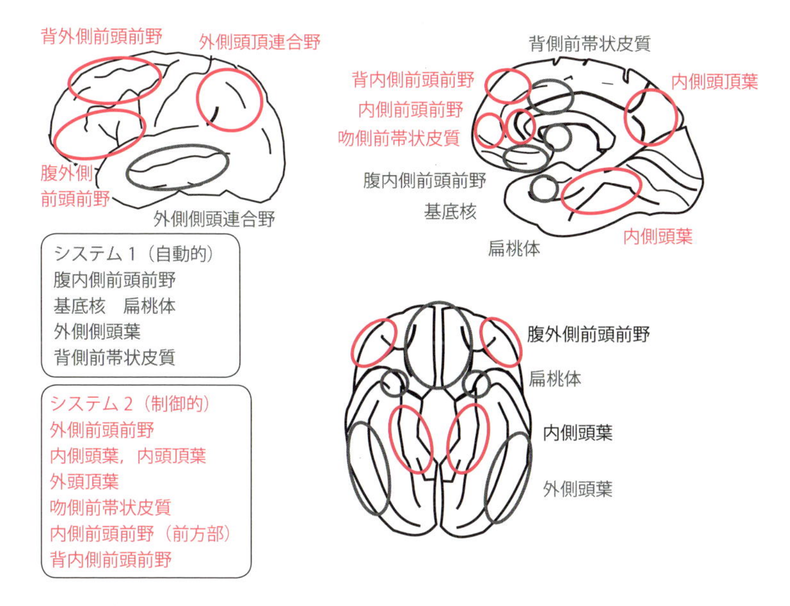

図 8.5　社会性機能のシステム 1 とシステム 2
前頭葉および他の皮質を自動的なシステム 1 と制御的，随意的なシステム 2 に分けたとした場合のマップ．Lieberman により社会性に関する観点で分類されているが，他の認知にも当てはまる一つの捉え方である．（Lieberman, 2007）

レオタイプな反応を示す社会性システムです．

一方，システム C は熟慮システムであり系列処理で発動には時間がかかり遅いのですが，学習は早く進みます．サブリミナルな意識下提示に非感受性で，随意的で強い反応を抑制したりする調節ができ，典型的には言語的な処理が多く，認知的負荷が高く，疲労しやすいのです．ただし高い覚醒ではむしろはたらきが低下してしまいます．系統的に新しいシステムで，例外や特別な事例への対応が主で，基盤には抽象的な表現や概念化のプロセスが関わります．

システム X は，扁桃体，基底核などの皮質下と腹内側前頭前野のネットワーク，そして島皮質などのセイリエンス・ネットワーク，側頭葉外側のセマンティック・ネットワークが関わります．ミラーニューロンシステムは感覚運動に近く，筆者の考えではこれもシステム X に属するのではないかと思われます．

システム C は内側前頭前野，内側頭頂葉，内側帯状皮質などのデフォルト・

モード・ネットワーク，そして執行系ネットワークも含んでいます．これらの分類は，実は執行機能のところでの分類と符合します．なかでも前頭前野前方部は，内側，外側，眼窩前頭前野の前方であり，自己の認知に対する認知であるメタ認知，状況から一度自分を離して（decoupling），自分の信念に捉われずに他の可能性に開放的になって自己を振り返るリフレクティブ思考に関わると考えられます．とくに社会脳の観点からは，リフレクティブ思考は，自分の頭の中だけの認知過程でなく，自分が語ったあとで，聞いていた他者が今度は自分のことを話すのを聞く，という対話（dialogue）の中で繰り返し起こるリフレクションの過程に関わると考えられます．

一方で Lieberman は内側の前頭前野のネットワークが内省的な内焦点化した過程に，外側前頭前野のネットワークが外界へ注意を向けた外焦点化した過程に関わると分類しています．内側前頭前野のメンタライズ機能や，記憶エピソードや想像の構成的側面はすべて内省的な機能といえます．それに対して外界の情報を分析しカテゴリー化, 記号化する機能は外焦点的な機能といえます．ナラティブな自己はおもに内側の前頭前野に関わると考えられますが，自己には外的な側面として身体所属感（ownership of body）や運動主体感（sense of agency）などがあり外側の前頭頭頂領域だけでなく，内側の領域にも関係します（第 2 章の他人の手症候群）．音，視覚，体性感覚が統合されると，人形浄瑠璃のような対象にも心を感じることから，自己，他者理解におけるシステムの分離は難しいのではないかと考えられます．Graziano は，意識や心が高次のシステムに内在するというよりむしろ，低次なシステムが構成的に作り上げ，それにわれわれが気づき，自己にそれを帰属させるときに，それを“自己意識”とよんだ．また構築したものが他者であれロボットであれ，それを自己に帰属させれば，そこに「心を観る」というような，脳の身体関連や注意関連部位と，自己や他者の記憶に関わる部位の間で構成された有用な現象とみなしています（Graziano, 2013）．

そもそも，脳を 2 つのシステムに分けて議論すること，さらには脳の場所に局在化させることには異論もあります．日常の場面では，ヒトにおいてもサルにおいても外側面のミラーニューロンシステム, 内側面のメンタライジング・ネットワーク，さらに腹側部に位置するセイリエンス・ネットワークが状況依

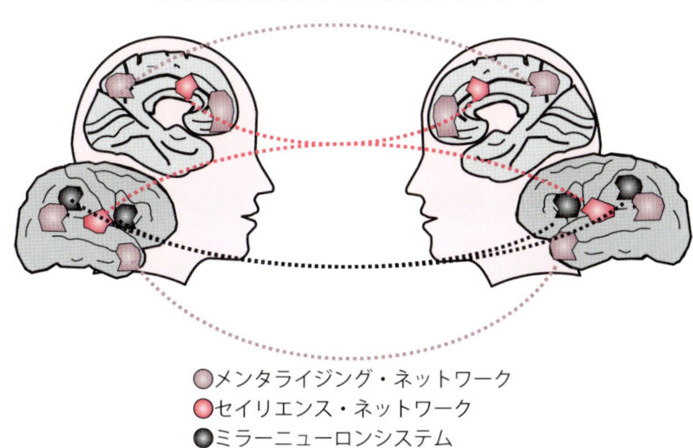

図 8.6　3 つの共感
社会脳には共感性に関わる 3 つのネットワークが含まれている．身体運動的なミラーニューロンシステム，情動・内感覚的なセイリエンス・ネットワーク，そして認知的に他者の意図や信条を理解するメンタライジング・ネットワークである．

存的に連携して共感性の構築に貢献していると思われます（図 8.6）Engen らはこれら社会脳の領域を empathy circuits とよんでいます（Engen and Singer, 2013）．共感に関しても，コアの 3 つのネットワークとしてのダイナミックスが大切であって，ここでもネットワーク間の“対話”のような状態が柔軟な共感性にとって重要と考えられています．リフレクティブな思考に対して，リフレクティブな共感とでもよべると思われます．

8.2.2　メンタライズ 対 自己主体感―忖度する自己

1 人で行う意思決定か，他者がそばにいて行う意思決定かによって，その結果は自分が原因となっているとする行為主体感が変化することが知られています．傍観者の効果といわれていて，2 人で行ったということで，行為の自己帰属感が減少してしまう現象です．いわば，1 人で行う I モードより，2 人で行う we モードでは，コアとなっている自分の関与が減ったような感覚になります．この際の脳変化を調べた研究があります．

Beyer らは，卵が坂道を転がるのをギリギリで止めるゲームを考案して，1 人だけ，または 2 人で協力して行う条件を準備しました．すると，1 人で行

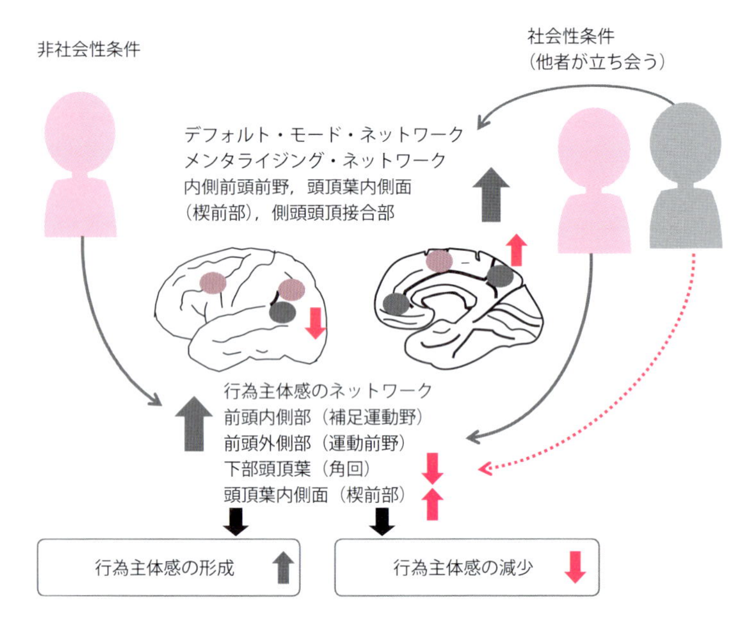

図 8.7　他者の存在と行為主体感
行為主体感は他者の存在で影響を受けることが知られている．それは心理学的にも，神経科学としても捉えられている．他者の存在下では行為主体感を形成する活動が弱まり，デフォルト・モード・ネットワークのなかでもその活動に変化が認められる．（Beyer *et al.*, 2017）

うときに比べ 2 人で行うと結果に対する自分の自己帰属感，行為主体感が減少していました．その際に脳の活動を調べてみると，他者の存在下での意思決定では，楔前部や側頭–頭頂接合部（TPJ）の活動が増加していました．そしてそれとともに行為主体感が減少していました．1 人の条件では，補足運動野，帯状皮質，島皮質などが活動していました．楔前部や TPJ の活動から，いわゆるメンタライジング・ネットワークの活性化が社会性の認知に関わり，それとともに自己主体感が減少することがわかります（Beyer *et al.*, 2018）（図 8.7）．

傍観者の効果とは，このように I モードから we モードに変化するために行為への当事者感が減ってしまい，場合によっては，困っている人がいても誰も助けるヒトがいない，ないしはみんながやるからといって，本来なら悪いことでも平気で行ってしまうということが起こると考えられます．

Hagardらは，歴史的に有名なミルグラム（Milgram）の実験を模した条件で同様の研究を行いました．ミルグラムの実験は，“学習と記憶に関する実験”への参加ということで一般の人に呼びかけました（Caspar *et al.*, 2016）．実験には2人の被験者と実験担当者（権威者）が参加し，被験者2人のうちどちらか1人が「先生」の役，そしてもう1人が「生徒」の役を務めます．生徒役には課題が与えられ，解答を誤る都度，先生役は罰として電気ショックを与えます．生徒役が隣の部屋の実験室で悲鳴をあげたり（実はお芝居）するので，先生役の被験者はペアとなっている権威者に続行するか，刺激を増加するか尋ねると，指示どおりにしてくださいと言われ，どんどん刺激を上げてきます．結果として生徒役に高い電圧を与えてしまうことになるという実験でした（Milgram, 1974）．

この場合も先生の役をもらい，さらにそばに専門家の権威者がいる状況だと，命令に応じて電気ショックを平気で与えるようになってしまいます．そして，このような条件では行為の自己帰属感が減少してしまうため，自分が行ったというよりただ命令に従って行ったというように反応する傾向があります．

Hannah Arendtは，第二次世界大戦の戦争後のホロコーストの首謀者と思われる人々の取材を通して，普通の人がいかに残虐な行為の一部を手伝うことになったかを報告しています．

一方で人が集まることで発揮される集団知ということも指摘されています．個人の知能は多数のドメインに分けられますが，そのどれにも共通して必要になる能力は一般知能といわれ，外側前頭前野−頭頂葉を含む執行系ネットワークが関わります（Duncan *et al.*, 2000）．しかし，集団的知能は，各自の知能の和ということではなく，独立した指標であることが示されています．Woolleyらによれば，実際に共同作業で行う問題解決課題を複数用い，成績の原因として個人個人の知能との関係を調べました．すると参加者の知能の平均値は，全体の集団知能をわずかしか説明できませんでした．また，その参加者のなかの最高の知能指数値も全体の集団知能のほんの一部しか説明できませんでした．これらのことから個人の一般知能以外の独立した集団知能があると考えました（Woolley *et al.*, 2010）．

さらにMaloneらは，いわゆる共感性の指標と集団知能との相関を調べ，高い相関を見出しました（Engel *et al.*, 2014）．このことは，メンタライジング・ネットワークは，互いに共創的に組み合わさると，個人個人の能力以上の創造性を発揮できる可能性を示唆します．このような集団知能の研究はまだ端緒についたばかりですが，先程の傍観者の効果のように個人の集団への依存性のために本来の意思決定の能力を抑えるようにはたらくのではなく，多様な個人の能力を活かすような協働性を発動していると思われます．その点では，メンタライジング・ネットワーク，執行系ネットワークのそれぞれに脳内の多様性を活かす柔軟な心としてリフレクティング・マインドが関わってくると思われます．それは，たとえていえばコンダクターがいなくても即興でオーケストラを奏でているような多数の脳内のネットワークといえるでしょう．各ネットワークは互いに予測しながら，しかし誤差に敏感に反応して，止まることなく創造的にパフォーマンスしています．しかし一方で長期的には学習により日夜変化する環境に適応し，予測力を上げる仕掛けに秘密があると思われます．

8.2.3　脳のネットワークと人のネットワーク

“自己”というものを捉えるには，脳–身体のしくみから見るのは一面的でしかありません．“自己”はある意味では社会的に構築された面があります．自分を説明するのに，その社会ネットワークの所属や役割などで理解していないでしょうか？　もしそのような社会組織に帰属できなければ，人はどのように自分を社会に位置づけるのでしょうか？

現代はソーシャル・ネットワーク・システム，いわゆる SNS が発達して，人のネットワークも広がっているように思われます．しかし一方で本当に友人とよべる人が何人いるのかと考えると，以外に少ないかもしれません．現代はグローバル化しつつも孤独化が進んでいるように思われます．

脳も膨大なネットワークですが，これまでの研究でさまざまな前頭葉のネットワークを見てきました．ところで，人の繋がりとしてのネットワークと，脳の中のネットワークには何か定量的な関連性はあるのでしょうか？

Schmälzle らはの人の繋がりとしてのネットワークと脳のネットワークの結合性の関係を定量的に調べる方法を考案しました．その際に行ったことは，サイバーボール課題（6.3.2 項参照）とよばれる，社会的仲間はずれと仲間になる条件の課題によって，どの程度，脳内のネットワークの結合差があるかを調べました．このような部位が社会性に寄与する領域と考えられるからです．すると社会的な痛みとして活性化するセイリエンジング・ネットワーク内の結合性より，メンタライジング・ネットワークの結合性が優位に変化することを発見しました．さらに彼らは実際の友人の数とこの結合性の変化の相関を調べてみました．すると逆相関が認められ，結合性変化が多いほど友人が少ない孤独の傾向がありました（Schmälzle *et al.*, 2017）．

これだけの結果からではまだ解釈することは難しいかもしれません．しかし，脳のネットワークがどう変化するかは，その人を巡る人間関係にも関わる事態とすると驚くべきことです．

Kleckner らは，いわゆるスーパーエイジャー（65 歳以上でも脳の機能は 20 代と同じレベルという人々の総称）の安静時脳活動を調べ，同世代のヒトの脳活動と比較しました．その結果，情動や内臓からの内感覚に関わるセイリエンス・ネットワークである前帯状皮質，島皮質領域，そして社会認知，エピソード記憶，ナラティブに関わる DMN，海馬に違いを見出しました．執行系ネットワークでは右側に差があり，言語のなかでも抑揚やリズム，自己統制に関わる部位でやはり情動調節に関わる部位です．（Kleckner *et al.*, 2017; Sun *et al.*, 2016）．加齢にもかかわらず能力の高いことと身体感覚，社会情動調節能力が相関し，豊かな人間関係が大切なことを示唆します．

少し以前の調査ですが，2005 年に David らの国際調査の一環として自尊心の国際比較を 53 カ国で行いました（Schmitt and Allik, 2005）．すると日本人は自尊心について最下位に近いことがわかりました．また同じ年の OECD の調査結果では，友人と接する時間がまれな人の割合が日本人が 20 カ国で最高値でした（Society at a Glance OECD, 2005）．両方の国際調査の重複する国を選んで相関関係を見ると，自尊心と孤独の程度は逆相関していました．確かに孤独感と低い自尊心との関連性は指摘されています（Cacioppo and Patric 2008），国際比較として日本人の孤独と自尊心の低さは，特徴を表していると考えられます．これらのことから，その後 10 年以上も経っていますが，日本での孤独と自尊心の低さは今でも特徴なのではないかと思われます．ただしこのような統計を読むときの注意点は平均値の比較であり，個人個人では多様性があるので一概に全員に当てはまるわけでなありません．

世界的な長寿国である日本，そして高齢化している現状を考えると，どのように生きたうえで，長生きするかが問われていると思います．well-being のためにも，脳科学的には DMN，そしてセイリエンス・ネットワークを活性化して，社会的な繋がり，社会参加や日常における身体性の気づきがとても大切と考えられます．すなわち社会情動性機能の重要性が再認識されるのではないかと思われます．

それでは前頭前野の執行機能の意義は何なのでしょうか？　前頭前野外側部は，高次の概念，カテゴリー，そして言語に関する処理に関わります．このような言語，概念を介して人が作り上げてきた制作物は文化というかたちで前頭前野の執行機能の外在化したものだともいえます．われわれは文化という外部情報を継承しながら，世代間で内在化し，思考や行動の道具として活用することなしにはここまでの発達はできなかったと思います．その意味では外側前頭前野の役割として大きいのは，個人の寿命以上に文化というかたちで長く残していくことでしょう．そのようにして，文化が共有され，伝承と同時にブラッシュアップされ，時代によりイノベーションを起こし，創造性に寄与してきたことでしょう．外在化された文化や言語が，次世代の人々のなかで内在化することで，世代を超えた相互作用が営まれているといえます．

前頭葉の運動関連領野も高齢者の認知機能に関わります．Park らは 60～90 歳の人を対象に専門家から指導を受けさせて新しい技術を身に着けると記憶，認知機能が向上し効果が見られると報告しています（Park *et al.*, 2014）．高齢者も社会に関わりながら新しいことにチャレンジをし続けることで，スーパーエイジャーを増やすことができるのではないかと考えられています．実際には，自分のやりたいことにチャレンジしたり，社会的意義と人との繋がりが一度に満たされるボランティアに参加することも良いといわれています．

最近の研究結果からも一人の人の脳のネットワークは社会のネットワークの内在化であり，逆に社会のネットワークは脳のネットワークの外在化と捉えられます（Falk and Bassett, 2017）．人とのネットワークのなかで，自分のなかに多数の視点や声を内在化させ，これが複数の独立したリズムやメロディからなるポリフォニー（多声音楽）のように互いに対話しあって人に豊かな心を育んでいるのではないでしょうか．したがって，いかに孤独化させずに社会の中に参加し続けるかが脳の健康にも，社会にとっても大切なことといえます．さまざまな技術の出現は，身体の状態や地理的な条件によらず社会参加を助けると思われます．そして人は自分の物語をつくり，そのなかでさまざまな人との交流を通して人生に意味を与える活動に従事し，なにか小さいことでも良いので新しい発見，創造があれば脳にも社会にも一番良いのではないかと思います．それは健康な人にも脆弱性を抱える人々にも共通の処方箋のように思われます．

▶▶▶ Q&A ◀◀◀

Q　一つの脳の領域，とくに前頭前野の領域が多様な機能に関わる，と述べられています．このため，機能特異的な脳部位を見出すことは大変難しいことになると思います．実験機器の技術開発などで可能になるでしょうか．

A　機能特異的な場所は，fMRI のような機器などが今後進歩して空間分解能，時間分解能が高くなれば見つけられるかもしれません．一方で，細胞レベルの研究で，文脈，状況，時間によって 1 つの細胞が複数の役割，複数の情報表現をもっていることを本書でも示しました．機能特異性はある程度あるものの，機能多様性も同時に兼ね備えています．その多様性を示す理由としては，1 つの細胞，領域が複数のネットワークのなかで活動するため，相手によって役割を替えることが考えられます．ネットワークは領域間，細胞間の動的な関係性であり，直接的，間接的な結合性を考慮に入れると，膨大な組合せになります．このような関係性の解析には今後計測技術のみならず，事後の解析量を支えるデータサイエンスなどの進歩も不可欠です．

Q　孤独と自尊心に関して，国や民族間で相違がある，とくに孤独と自尊心の低さは日本人の特徴であると述べられています．前頭葉の機能に国際間で差があるということなのでしょうか．国外で行われたヒト脳の高次機能の研究成果は，そのままでは日本人には当てはめることができないということでしょうか．

脳の基本的な解剖や機能は国や民族の違いを超えて共通性が高いと思われます．しかし，状況ごとの脳のはたらき方の細かな違いを見ていくと，とくに社会性の認識に関わる機能は個人差も大きく，さらには文化などの影響を受けることが考えられます．わかりやすい例ではＬとＲの発音は日本人には弁別が困難でも，同じ日本人が幼少時に英語圏の人に育てられた経験をもつとＬとＲが弁別できるように脳が変化します．同じ脳の領域が関わるとしても音のチューニングは個人差，言語圏により異なることになります．

自尊心，孤独感は主観的でかつ社会的です．そのため生活様式が変化したり，海外に行く日本人が増えたり，日本に来る海外の人も増えれば，日本人の孤独感や自尊心も変化していくかもしれません．文化比較する脳神経科学分野も一つの分野として認識されつつあり，文化脳神経科学とよばれることがあります．

引用文献

Beyer F, Sidarus N, Bonicalzi S, Haggard P（2017）Beyond self-serving bias: Diffusion of responsibility reduces sense of agency and outcome monitoring. Soc *Cogn Affect Neurosci*. **12**(1), 138-145.

Beyer F, Sidarus N, Fleming S, Haggard P（2018）Losing control in social situations: How the presence of others affects neural processes related to sense of agency. *eNeuro*. **5**(1). pii: ENEURO.0336-17.2018.

Cabeza R, Stanley ML, Moscovitch M（2018）Process-specific alliances（PSAs）in cognitive neuroscience. *Trends Cogn Sci*. **22**(11), 996-1010.

Cacioppo JT, Patrick, W（2008）"Loneliness: Human Nature and the Need for Social Connection", W W Norton.

Caspar EA, Christensen JF, Cleeremans A, Haggard P（2016）Coercion changes the sense of agency in the human brain. *Curr Biol*. **26**(5), 585-592.

Damasio A（2012）"Self Comes to Mind: Constructing the Conscious Brain", Vintage.

Damasio A（2018）"The Strange Order of Things: Life, Feeling, and the Making of Cultures", Pantheon.

Desmurget M, Reilly KT, Richard N, Szathmari A, Mottolese C, Sirigu A（2009）Movement intention after parietal cortex stimulation in humans. *Science*. **324**(5928), 811-813.

Duncan J, Seitz RJ, Kolodny J, Bor D, Herzog H, Ahmed A, Newell FN, Emslie H（2000）A neural basis for general intelligence. *Science*. **289**(5478), 457-460.

Engel D, Woolley AW, Jing LX, Chabris CF, Malone TW（2014）Reading the Mind in the Eyes or reading between the lines? Theory of Mind predicts collective intelligence equally well online and face-to-face. *PLoS One*. **9**(12), e115212.

Engen HG, Singer T（2013）Empathy circuits. *Curr Opin Neurobiol*. **23**(2), 275-282.

Falk EB, Bassett DS (2017) Brain and social networks: Fundamental building blocks of human experience. *Trends Cogn Sci.* **21**(9), 674-690.

Gallagher, S (2000) Philosophical conceptions of the self: Implications for cognitive science. *Trends Cogn Sci.* **4**(1), 14-21.

Graziano MSA (2013) "Consciousness and the Social Brain", Oxford University Press.

Hahn G, Ponce-Alvarez A, Deco G, Aertsen A, Kumar A (2019) Portraits of communication in neuronal networks. *Nat Rev Neurosci.* **20**(2), 117-127.

Headley DB, Paré D (2017) Common oscillatory mechanisms across multiple memory systems. *NPJ Sci Learn.* **2**. pii: 1.

Kahneman D (2012) "Thinking, Fast and Slow", Turtleback Books.

Ketz NA, Jensen O, O'Reilly RC (2015) Thalamic pathways underlying prefrontal cortex-medial temporal lobe oscillatory interactions. *Trends Neurosci.* **38**(1), 3-12.

Kleckner IR, Zhang J, Touroutoglou A, Chanes L, Xia C, Simmons WK, Quigley KS, Dickerson BC, Barrett LF (2017) Evidence for a large-scale brain system supporting allostasis and interoception in humans. *Nat Hum Behav.* 1.

Lieberman MD (2007) Social cognitive neuroscience: A review of core processes. *Annu Rev Psychol.* **58**, 259-289.

Lombardo MV, Chakrabarti B, Bullmore ET, Wheelwright SJ, Sadek SA, Suckling J;MRC AIMS Consortium, Baron-Cohen S (2010) Shared neural circuits for mentalizing about the self and others. *J Cogn Neurosci.* **22**(7), 1623-1635.

McEwen BS (2007) Physiology and neurobiology of stress and adaptation: Central role of the brain. *Physiol Rev.* **87**(3), 873-904.

Milgram S, (1974) "Obedience to Authority: An Experimental View", Harpercollins.

Park DC, Lodi-Smith J, Drew L, Haber S, Hebrank A, Bischof GN, Aamodt W (2014) The impact of sustained engagement on cognitive function in older adults: The synapse project. *Psychol Sci.* **25**(1), 103-112.

Parnaudeau S, Bolkan SS, Kellendonk C (2018) The mediodorsal thalamus: An essential partner of the prefrontal cortex for cognition. *Biol Psychiatry.* **83**(8), 648-656.

Pergola G, Danet L, Pitel AL, Carlesimo GA, Segobin S, Pariente J, Suchan B, Mitchell AS, Barbeau EJ (2018) The regulatory role of the human mediodorsal thalamus. *Trends Cogn Sci.* **22**(11), 1011-1025.

Ramstead MJD, Badcock PB, Friston KJ (2018) Answering Schrödinger's question: A free-energy formulation. *Phys Life Rev.* **24**, 1-16.

Schmälzle R, Brook O'Donnell M, Garcia JO, Cascio CN, Bayer J, Bassett DS, Vettel JM, Falk EB (2017) Brain connectivity dynamics during social interaction reflect social network structure. *Proc Natl Acad Sci USA.* **114**(20), 5153-5158.

Schmitt DP, Allik J (2005) Simultaneous administration of the rosenberg self-esteem scale in 53nations: Exploring the universal and culture-specific features of global self-esteem. *J Personality Social Psychol.* **89**, 623-642.

Society at a Glance OECD (2005) "Social Indicators 2005 Edition".

Solomon EA, Kragel JE, Sperling MR, Sharan A, Worrell G, Kucewicz M, Inman CS, Lega B, Davis KA, Stein JM, Jobst BC, Zaghloul KA, Sheth SA, Rizzuto DS, Kahana MJ (2017) Widespread theta synchrony and high-frequency desynchronization underlies enhanced cognition. *Nat Commun*. **8**(1), 1704.

Sun FW, Stepanovic MR, Andreano J, Barrett LF, Touroutoglou A, Dickerson BC (2016) Youthful brains in older adults: Preserved neuroanatomy in the default mode and salience networks contributes to youthful memory in superaging. *J Neurosci*. **36**(37), 9659-9668.

Vatansever D, Manktelow AE, Sahakian BJ, Menon DK, Stamatakis EA (2016) Cognitive flexibility: A default network and basal ganglia connectivity perspective. *Brain Connect*. **6**(3), 201-207.

Voloh B, Valiante TA, Everling S, Womelsdorf T (2015) Theta-gamma coordination between anterior cingulate and prefrontal cortex indexes correct attention shifts. *Proc Natl Acad Sci USA*. **112**(27), 8457-8462. doi:10.1073/pnas.1500438112. Epub 2015 Jun 22. PubMed PMID: 261008

Womelsdorf T, Everling S (2015) Long-range attention networks: Circuit motifs underlying endogenously controlled stimulus selection. *Trends Neurosci*. **38**(11), 682-700.

Woolley AW, Chabris CF, Pentland A, Hashmi N, Malone TW (2010) Evidence for acollective intelligence factor in the performance of human groups. *Science*. **330**(6004), 686-688.

Zhang D, Raichle ME (2010) Disease and the brain's dark energy. *Nat Rev Neurol*. **6**(1), 15-28.

索　引

【欧文】

【和文】

あ

か

さ

た

な

は

ま

や

ら

MEMO

MEMO

[著者紹介]

虫明　元（むしあけ　はじめ）

1987年　東北大学大学院医学系研究科博士課程修了

現　在　東北大学大学院医学系研究科教授，医学博士

専　門　神経生理学

ブレインサイエンス・レクチャー 8
Brain Science Lecture 8

前頭葉のしくみ
からだ・心・社会をつなぐネットワーク

Frontal Cortex Functions
— Somato-Psycho-Social Networks —

2019 年 10 月 30 日　初版 1 刷発行
2021 年 9 月 15 日　初版 2 刷発行

検印廃止
NDC 491.371
ISBN 978-4-320-05798-2

著　者　虫明　元　© 2019

発行者　南條光章

発行所　**共立出版株式会社**

〒 112-0006
東京都文京区小日向 4 丁目 6 番 19 号
電話　(03) 3947-2511 (代表)
振替口座　00110-2-57035
URL www.kyoritsu-pub.co.jp

印　刷
製　本　錦明印刷

一般社団法人
自然科学書協会
会員

Printed in Japan